Panorama matemático™

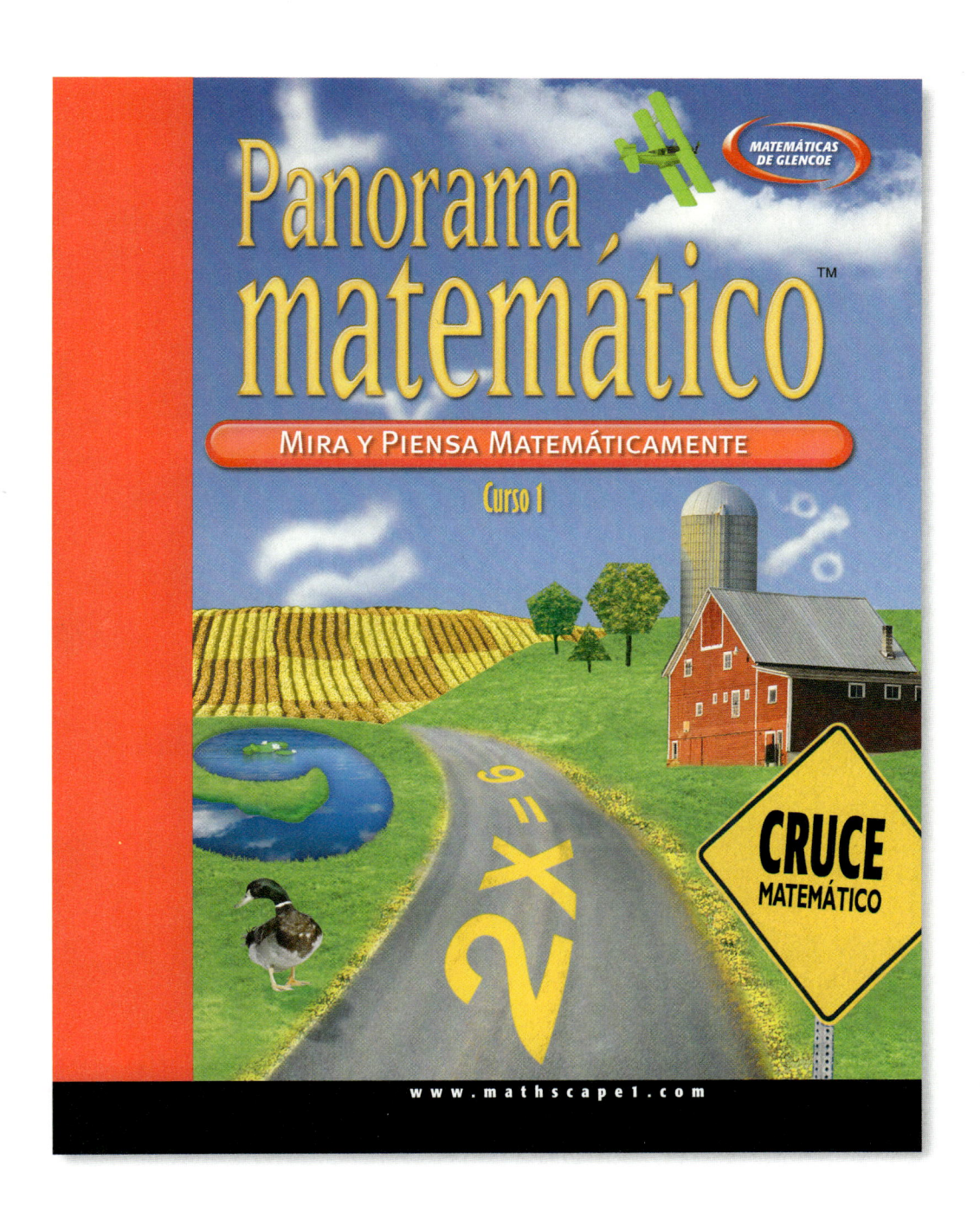

MIRA Y PIENSA MATEMÁTICAMENTE

Curso 1

www.mathscape1.com

McGraw Hill Glencoe

New York, New York   Columbus, Ohio   Chicago, Illinois   Peoria, Illinois   Woodland Hills, California

McGraw Hill Glencoe

The McGraw-Hill Companies

Derechos de impresión © 2007 por The McGraw-Hill Companies, Inc. Todos los derechos están reservados. Impreso en los Estados Unidos de América. A excepción de lo permitido bajo el Acta de Derechos de Impresión de los Estados Unidos, ninguna parte de esta publicación puede ser reproducida o distribuida de ninguna forma o por ningún método, tampoco puede ser almacenada en una base de datos, ni en un sistema de recuperación, sin el previo permiso, por escrito, de la casa publicadora.

Envíe toda correspondencia a:
Glencoe/McGraw-Hill
8787 Orion Place
Columbus, OH 43240

ISBN 13: 9780078756351
ISBN 10: 0-07-875635-9

1 2 3 4 5 6 7 8 9 10   111/058   10 09 08 07 06

TABLA DE **CONTENIDO**

¿Qué indican los datos? 2
Gráficas y promedios

▶ FASE UNO Medidas de tendencia central
- **Lección 1** Sondeo de la clase **6**
- **Lección 2** Intercambio de nombres **8**
- **Lección 3** Programas de televisión **10**

▶ FASE DOS Presenta y analiza datos
- **Lección 4** Comparaciones zoológicas **14**
- **Lección 5** Dos conjuntos de datos **16**
- **Lección 6** Cuestión de edad **18**

▶ FASE TRES Tu desempeño
- **Lección 7** ¿Has mejorado? **22**
- **Lección 8** ¿A qué distancia estás? **24**
- **Lección 9** Lo que nos indican las gráficas **26**

▶ FASE CUATRO Probabilidad y muestreo
- **Lección 10** ¿Cuál es la posibilidad? **30**
- **Lección 11** Cambio de las posibilidades **32**
- **Lección 12** ¿De qué bolsa se trata? **34**

Ejercicios **36**

El idioma de los números 48
Inventa y compara sistemas numéricos

▶ **FASE UNO** Un artefacto misterioso

- Lección 1 Inventa un sistema de artefacto misterioso ..52
- Lección 2 Compara los sistemas del artefacto misterioso 54
- Lección 3 Numerales en diversos idiomas 56
- Lección 4 Examina el sistema de Alisha 58

▶ **FASE DOS** El ábaco chino

- Lección 5 Estudia el ábaco chino 62
- Lección 6 ¿Cuánto puedes acercarte? 64
- Lección 7 Sistemas aditivos 66
- Lección 8 El sistema AM 68

▶ **FASE TRES** El poder de los números

- Lección 9 Pilas y planos 72
- Lección 10 El juego de las potencias 74
- Lección 11 Sistemas eficientes de numeración 76
- Lección 12 Un nuevo sistema de numeración 78

Ejercicios 80

Del todo a sus partes 92
Trabaja con factores, múltiplos y fracciones

▶ FASE UNO Todo el asunto

Lección 1   Figuras y factores 96
Lección 2   La gran caza de factores 98
Lección 3   Enfoques múltiples 100
Lección 4   Lo primero es lo primero 102
Lección 5   Todo junto 104

▶ FASE DOS Entre números enteros

Lección 6   Fracciones en diseños 108
Lección 7   Modelos de área y fracciones equivalentes ..110
Lección 8   Fracciones alineadas 112
Lección 9   Atención a los denominadores 114

▶ FASE TRES Añade y quita partes

Lección 10 Sumas y diferencias en la recta 118
Lección 11 Sólo números 120
Lección 12 No es propio, pero está bien 122
Lección 13 Arréglatelas con la sustracción 124
Lección 14 Calc y los números 126

▶ FASE CUATRO Fracciones en grupos

Lección 15 Imagina la multiplicación de fracciones 130
Lección 16 Fracciones de fracciones 132
Lección 17 Estimación y números mixtos 134
Lección 18 Grupos de fracciones dentro de fracciones .136
Lección 19 Comprende la división de fracciones 138
Lección 20 Multiplicación versus división 140

Ejercicios 142

El diseño de espacios 162
Visualiza, planifica y construye

➤ FASE UNO Visualiza y representa estructuras cúbicas

Lección 1	Planifica y construye una casa modular ...166
Lección 2	Ve alrededor de las esquinas 168
Lección 3	Examina todas las posibilidades 170
Lección 4	Imagínate lo siguiente 172

➤ FASE DOS Funciones y propiedades de las figuras

Lección 5	Figuras con cordeles 176
Lección 6	Caminos poligonales 178
Lección 7	Lados y ángulos 180
Lección 8	Ensambla las piezas 182

➤ FASE TRES Visualiza y representa poliedros

Lección 9	Más allá de las cajas 186
Lección 10	Trucos de dibujo 188
Lección 11	Estructuras misteriosas 190
Lección 12	Todo junto 192

Ejercicios 194

vi TABLA DE CONTENIDO • PANORAMA MATEMÁTICO

Punto por punto 206
Trabaja con decimales, porcentajes y enteros

▶ FASE UNO Los decimales

Lección 1   La conexión entre fracciones y decimales .210

Lección 2   ¿Cuál es el punto? 212

Lección 3   Ordénalos 214

Lección 4   Suficientemente cercano 216

▶ FASE DOS Calcula con decimales

Lección 5   Ubica el punto 220

Lección 6   Más al punto 222

Lección 7   Ubica exactamente el punto decimal 224

Lección 8   Patrones y predicciones 226

Lección 9   Sigue y sigue 228

▶ FASE TRES Porcentajes

Lección 10 Pasa a los porcentajes 232

Lección 11 Trabaja con porcentajes comunes 234

Lección 12 Potencia porcentil 236

Lección 13 Porcentajes menos comunes 238

Lección 14 Dámelo directamente 240

▶ FASE CUATRO Los enteros

Lección 15 El otro extremo de la recta numérica ... 244

Lección 16 Movimientos en la recta numérica 246

Lección 17 Acepta el desafío 248

Lección 18 El significado del signo 250

Lección 19 El modelo del cubo 252

Lección 20 Escríbelo de otra forma 254

Ejercicios 256

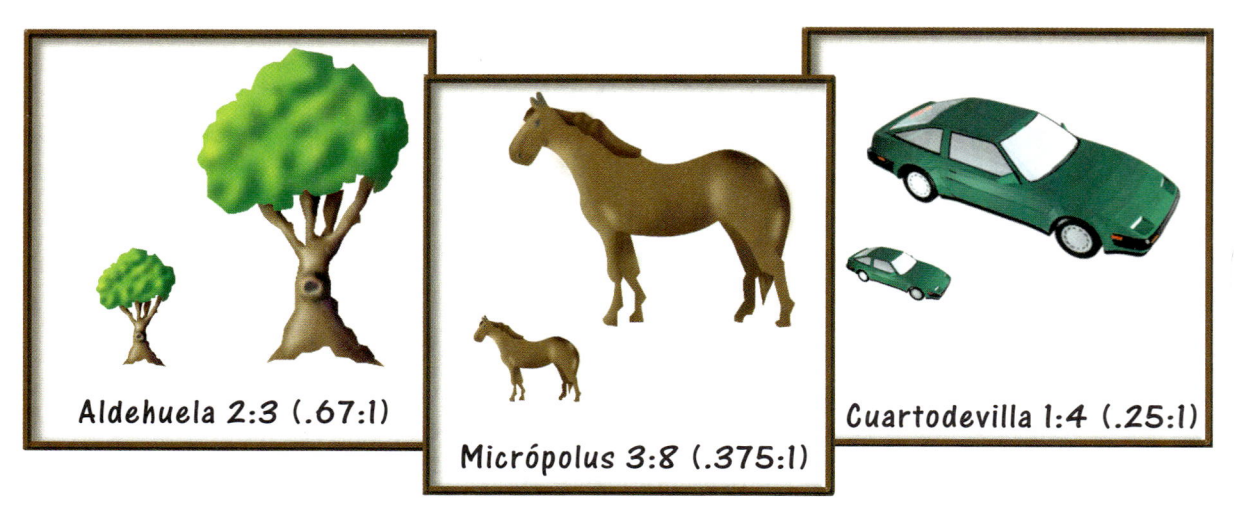

Aldehuela 2:3 (.67:1)
Micrópolus 3:8 (.375:1)
Cuartodevilla 1:4 (.25:1)

Los mundos de Gulliver 276
Medición y transformaciones de escala

▶ **FASE UNO** Brobdingnag

Lección 1 El tamaño de loas cosas en Brobdingnag 280

Lección 2 Un objeto de tamaño natural en Brobdingnag 282

Lección 3 ¿De qué tamaño es la "pequeña" Glumdalclitch? 284

Lección 4 Cuentos en Brobdingnag 286

▶ **FASE DOS** Lilliput

Lección 5 Medidas de los liliputienses 290

Lección 6 Glum-gluffs y Mum-gluffs 292

Lección 7 Alojamiento y alimentación de Gulliver 294

Lección 8 Con los ojos de un liliputiense 296

▶ **FASE TRES** Tierras de lo grande y Tierras de lo pequeño

Lección 9 Tierras de lo grande 300

Lección 10 Tierras de lo pequeño 302

Lección 11 Los Mundos de Gulliver al cubo 304

Lección 12 Entra a los Mundos de Gulliver 306

Ejercicios 308

Patrones en números y figuras 320
Usa razonamiento algebraico

▶ FASE UNO Describe patrones mediante tablas

Lección 1   Trucos de calendario 324

Lección 2   Pintura de caras 326

Lección 3   Atraviesa el río 328

▶ FASE DOS Describe patrones mediante variables y expresiones

Lección 4   Al pie de la letra 332

Lección 5   Embaldosado de arriates 334

Lección 6   Cajas de chocolates 336

▶ FASE TRES Describe patrones con gráficas

Lección 7   Dibujos a partir de puntos en un cuadriculado 340

Lección 8   Puntos, diagramas y patrones 342

Lección 9   Día de pago en el planeta Aventura 344

▶ FASE CUATRO Halla y extiende patrones

Lección 10   Saltándose la fila 348

Lección 11   Vamos de pesca 350

Lección 12   El testamento 352

Ejercicios 354

FASE UNO
Medidas de tendencia central

La compañía Super Data recopila datos, los grafica y los analiza. Como aprendiz de estadígrafo(a), realizarás un sondeo, graficarás los datos que recopiles y los analizarás. Éstas son técnicas importantes en estadística.

¿Cómo podemos usar datos para contestar preguntas sobre el mundo que nos rodea?

¿QUÉ INDICAN LOS DATOS?

FASE DOS
Presenta y analiza datos

Estudiarás gráficas de barras, harás gráficas de barras simples e identificarás errores en varias de ellas. También estudiarás el efecto que puede tener la escala de una gráfica de barras en la interpretación de datos. Al terminar esta fase, realizarás un sondeo de dos grupos etarios distintos, para luego presentar los datos en una gráfica de barras dobles y comparar así las opiniones de ambos grupos.

FASE TRES
Tu desempeño

Empezarás con un juego Nemotécnico con el que averiguarás si tu memoria mejora con el tiempo y la práctica. Harás una gráfica de líneas punteadas donde muestres tu desempeño y la analizarás para ver si mejoraste, empeoraste o te estancaste. Esta fase termina con un proyecto en el que medirás tu desempeño en un tema de tu elección.

FASE CUATRO
Probabilidad y muestreo

Estudiarás las posibilidades de escoger un cubo verde de una bolsa de cubos verdes y amarillos. Luego estudiarás el efecto que tiene el cambio del número de cubos de la bolsa en la probabilidad de escoger un cubo verde. Al final de esta fase, aplicarás lo aprendido ayudando a uno de los clientes de la compañía Super Data a resolver el Lío de la bolsa de dulces.

FASE UNO

A: Los aprendices de estadígrafo
De: Presidente(a), Compañía Super Data

¡Bienvenido a la compañía Super Data! En su trabajo de aprendiz de estadígrafo(a) realizará y analizará sondeos para nuestros clientes.

Hay muchos tipos de preguntas que se pueden hacer en un sondeo; hay también mucha información que se puede obtener de ellos. Su primera tarea consistirá en realizar un sondeo sobre sus compañeros de clase.

Un estadígrafo reúne y organiza datos. Sondeos, cuestionarios, encuestas y gráficas son las herramientas que utilizan para reunir información y analizarla.

En esta Primera fase, empezarás a trabajar como aprendiz de estadígrafo reuniendo datos sobre tu clase. Aprenderás maneras de organizar los datos que reúnas, para luego analizarlos y presentar tus hallazgos en clase.

Medidas de tendencia central

LA MATEMÁTICA DEL ASUNTO

Esta sección se enfocará en:

RECOPILAR DATOS
- Realiza sondeos para recopilar datos
- Recoge datos numéricos

HACER GRÁFICAS
- Haz e interpreta gráficas de frecuencias

ANALIZAR DATOS
- Calcula la media, la mediana, la moda y el rango de un conjunto de datos
- Usa la media, la mediana, la moda y el rango en el análisis de datos

Panorama matemático en línea
mathscape1.com/self_check_quiz

1 Sondeo de la clase

ANALIZA DATOS PARA HALLAR LA MODA Y EL RANGO

¿Conoces bien a tu clase? Los sondeos son formas de obtener información sobre un grupo de individuos. Tú y tus compañeros responderán a algunas preguntas, para luego graficar los datos y analizarlos. Tal vez te asombre lo que descubras sobre tu clase.

Calcula la moda y el rango

¿Cómo puedes calcular la moda y el rango de un conjunto de datos?

Los datos que tu clase obtuvo del cuestionario son una lista de números. El número más frecuente de un conjunto de datos se llama *moda*. El *rango* es la diferencia entre el número más grande y el más pequeño del conjunto de datos. Para los datos de la gráfica de frecuencias de la clase que se muestra, la moda es 10 y el rango es 9.

Examina la gráfica de frecuencias que hiciste para la Pregunta A. Calcula la moda y el rango de los datos de tu clase.

Vasos de gaseosa que bebemos

```
                                    X
                                    X
                                    X
    X                               X
    X                               X
    X               X               X
    X               X               X
    X       X       X               X
    X       X       X               X
    X       X       X               X
  X X       X       X               X
  ─────────────────────────────────────
  1 2 3   4 5   6 7 8   9 10
         Número de vasos
```

6 ¿QUÉ INDICAN LOS DATOS? • LECCIÓN 1

Analiza los datos de la clase

Tu maestro(a) le pasará a tu grupo las respuestas de la clase a una de las preguntas del sondeo. Para hallar lo más posible sobre tu clase, haz lo siguiente.

1 Haz una gráfica de frecuencias de los datos.

   a. Incluye todas las respuestas en ella.

   b. No olvides rotular y titular la gráfica.

2 Analiza los datos de la gráfica.

   a. Halla la moda.

   b. Halla el rango.

¿Cómo puedes usar la moda y el rango en el análisis de datos?

Resume los datos de la clase

Resume claramente lo aprendido de los datos sobre la clase, asegurándote de incluir respuestas a lo siguiente:

- ¿Qué indican los datos sobre la clase? Haz una lista de enunciados sobre los datos. Por ejemplo, "Sólo un alumno tiene 7 mascotas."

- De la moda y el rango, ¿qué descubriste sobre la clase?

palabras **importantes**
moda
rango
gráfica de frecuencias

Ejercicios
página 36

2 Intercambio de nombres

EXPLORA MEDIAS Y MEDIANAS

Una de las preguntas que se hacen a menudo sobre un conjunto de datos es: "¿Qué es lo típico?" Ya sabes cómo hallar la moda de una lista de números. Otro par de medidas de lo típico son la *media* y la *mediana*. Usarás la media, la mediana y la moda para analizar datos sobre los nombres de alumnos en tu clase.

Calcula la media

¿Cómo puedes hallar la longitud media de los nombres?

Una manera de hallar la longitud media de los nombres es haciendo un intercambio de nombres. Para hallar la longitud media o promedio de los nombres de miembros de tu grupo, haz lo siguiente:

1. Escribe cada letra de tu nombre en otro papel.

2. Los miembros de tu grupo deben intercambiar suficientes letras de modo que:

    a. cada miembro tenga el mismo número de letras o

    b. algunos miembros del grupo sólo tengan exactamente *una* letra más que otros miembros.

   Tal vez descubras que algunos miembros del grupo no necesitan en absoluto cambiar letras.

3. Anota la longitud media de los nombres en tu grupo.

> Hay 5 chicas en el grupo, cuyos nombres son
> Sherry   Lorena   Natasha   DAniella   Ann
>   6   6   7   8   3
> NatAsha y Daniella le pasaron letras a Ann, de modo que todas terminaron con 6 letras.
> Sherry   Lorena   Natash-a   Daniel-la   Ann+ala
>   6   6   6   6   6
> La longitud media para este grupo es 6.

¿Qué relación tiene la media de tu grupo con la de la clase?

Calcula la mediana

Cuando se ordenan de menor a mayor los números de un conjunto de datos, el número central es la mediana; si hay un número par de datos, la mediana es la media de los dos números centrales. Responde a estas preguntas usando la gráfica de frecuencias de la longitud de los nombres.

- ¿Cuál es la mediana de dichas longitudes?
- ¿Qué te indica la mediana?

¿Cómo se coteja la media de la clase con su mediana?

> ¿Cómo puedes calcular la mediana de un conjunto de datos?

Escribe sobre los datos de la clase

Ya aprendiste sobre la media, la mediana, la moda y el rango. Piensa en lo aprendido al responder a estas preguntas sobre tu clase:

- ¿Qué indica cada uno de estos números (media, mediana, moda y rango) sobre las longitudes de los nombres de los alumnos de la clase?
- En tu opinión, ¿cuál de estas medidas (media, mediana o moda) refleja mejor lo que es típico para esta clase? ¿Por qué?
- ¿En qué casos sería útil conocer la media, la mediana, la moda o el rango de la clase?

Clase de la Srta. Bryan

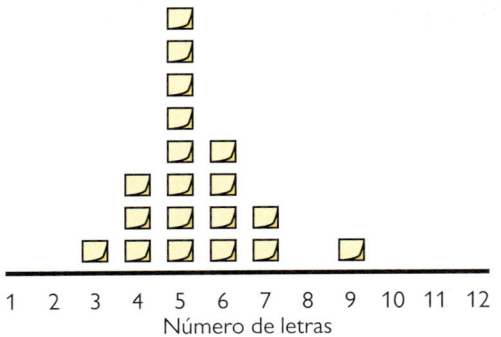

1 2 3 4 5 6 7 8 9 10 11 12
Número de letras

palabras importantes: media, mediana

Ejercicios página 37

¿QUÉ INDICAN LOS DATOS? • LECCIÓN 2

3 Programas de televisión

INVESTIGA ÍNDICES DE AUDIENCIA Y DISTRIBUCIONES

Las escalas de evaluación se usan a menudo para sondear opiniones. Una vez que tu clase haya evaluado algunos programas de televisión, se examinarán algunos datos de evaluación, de otros programas de televisión, hechos por otro grupo de alumnos. Luego aplicarás todo lo aprendido para realizar y analizar tu propio sondeo.

Analiza gráficas misteriosas

¿Qué información puedes obtener al analizar la distribución de los datos de una gráfica?

Estas gráficas muestran cómo algunos alumnos de escuela intermedia evaluaron cuatro programas de TV. Usa la información de las gráficas para responder a estas preguntas:

- En términos generales, ¿cuál es la opinión de los alumnos sobre los programas?

- ¿Están de acuerdo los alumnos en sus opiniones sobre cada programa? Explica tu respuesta.

- ¿Cuál de *tus* programas de TV favoritos pudiera dar los mismos resultados si hubieran sido tus compañeros los que evaluaron los programas?

Gráficas misteriosas

Programa de TV A

```
        X
        X
     X  X  X
  X  X  X  X
X X  X  X  X
-------------
1    2    3    4    5
Malísimo  Aceptable  Fabuloso
```

Programa de TV B

```
   X           X
   X           X
   X           X
   X           X
   X           X
   X           X
   X        X  X
X  X        X  X
-------------
1  2   3   4   5
Malísimo Aceptable Fabuloso
```

Programa de TV C

```
                  X
                  X
            X  X
            X  X
            X  X
         X  X  X
      X  X  X  X
-------------
1  2   3   4   5
Malísimo Aceptable Fabuloso
```

Programa de TV D

```
      X  X  X
   X  X  X  X  X
   X  X  X  X  X
   X  X  X  X  X
-------------
1  2   3   4   5
Malísimo Aceptable Fabuloso
```

Recopila y analiza datos, primera parte

Ahora te toca a ti. Aplicarás lo aprendido sobre recopilación, presentación y análisis de datos para explorar un tema de tu elección. Haz lo siguiente.

¿Cómo puedes realizar y analizar un sondeo?

1 Haz un plan para recopilar datos

Escoge un tema	¿Sobre qué querrías recopilar datos?
Escoge una población	¿A quiénes quisieras sondear? Por ejemplo, ¿a alumnos de sexto o de primero? ¿Cómo hallarás al menos 10 personas de la población?
Haz un cuestionario	Anota cuatro preguntas distintas cuyas respuestas supongan números. Al menos una de ellas debería usar una escala de evaluación. Cerciórate que las preguntas sean fáciles de entender.
Identifica a los interesados en tu sondeo	¿Quién pudiera interesarse en la información que recopilarás? ¿Por qué pudieran interesarse?

2 Recopila y presenta los datos

Recoge datos	Recopila datos para sólo una de las preguntas. Encuesta a 10 personas de la población escogida. Anota los datos.
Gráfica los datos	Haz una gráfica fidedigna de frecuencias de tus datos.

3 Analiza los datos

Escribe un informe que responda a estas preguntas:	¿Qué son la media, mediana, moda y rango? ¿Cómo describirías la distribución o forma de los datos? ¿Qué descubriste? Haz una lista de afirmaciones confirmadas por los datos.

palabras **importantes**
gráfica de frecuencias
distribución

Ejercicios
página 38

¿QUÉ INDICAN LOS DATOS? • LECCIÓN 3

FASE DOS

A: Los aprendices de estadígrafo
De: Presidente, Compañía Super Data

Espero que esté disfrutando de su trabajo en nuestra compañía.
La compañía Super Data está trabajando en una nueva exposición en el zoológico local. Ésta les facilitará a los visitantes el que averigüen y comparen hechos interesantes sobre los animales. Una gráfica de barras es una manera útil de presentar datos. En su próxima tarea, Ud. hará gráficas de barras sobre los animales del zoológico.

En esta fase, explorarás y harás gráficas de barras. También aprenderás sobre el efecto que las escalas de una gráfica de barras tienen en la interpretación de información.

Las gráficas se usan para presentar información sobre muchas cosas, como anuncios, resultados de pruebas y encuestas políticas. ¿Dónde has visto gráficas de barras? ¿Qué tipo de información puede mostrarse con ellas?

Presenta y analiza datos

LA MATEMÁTICA DEL ASUNTO

Esta sección se enfocará en:

RECOPILAR DATOS
- Realiza sondeos para recopilar datos
- Recopila datos numéricos

HACER GRÁFICAS
- Grafica e interpreta gráficas de barras simples y dobles

ANALIZAR DATOS
- Compara datos para hacer recomendaciones

Panorama matemático en línea
mathscape1.com/self_check_quiz

4 Comparaciones zoológicas

INVESTIGA GRÁFICAS DE BARRAS Y ESCALAS

Las gráficas se usan de muchas maneras. Por ejemplo, para mostrar la pluviosidad media o describir resultados de pruebas. Explorarás el efecto que tiene la escala escogida en el aspecto de una gráfica así como en la interpretación de datos.

Presenta datos con gráficas de barras

¿Cómo pueden escogerse las escalas de una gráfica de barras de modo que representen fidedignamente conjuntos de datos distintos?

1 Escoge dos conjuntos de datos sobre animales de un zoológico.

2 Haz una gráfica de barras para cada conjunto de datos, siguiendo estas pautas al hacerlos:

   a. Todos los datos deben presentarse fidedignamente.

   b. Cada gráfica de barras debe caber en una hoja de papel de $8\frac{1}{2}$" por 11". Haz las gráficas lo bastante grandes como para que usen al menos la mitad de la hoja.

   c. Cada gráfica debe rotularse y ser fácil de entender.

3 Una vez que has hecho las gráficas, indica cómo escogiste las escalas.

¿Qué es lo que vale la pena recordar sobre la presentación de datos en una gráfica de barras?

Animal	Peso (libras)
Manatí	1,300
Cocodrilo marino	1,100
Caballo	950
Alce	800
Oso polar	715
Gorila	450
Chimpancé	150

Animal	Peso (onzas)
Murciélago gigante	1.90
Comadreja	2.38
Musaraña	3.00
Topo	3.25
Hámster	4.20
Gerbo	4.41

Animal	Número típico de crías (por camada)
Avestruz	15
Ratón	30
Pitón	29
Cerdo	30
Cocodrilo	60
Tortuga	104

Animal	Velocidad (mph)
Ciempiés	1.12
Araña doméstica	1.17
Musaraña	2.5
Rata doméstica	6.0
Cerdo	11.0
Ardilla	12.0

Investiga escalas

La escala que escojas puede cambiar el aspecto de una gráfica. Para ver el porqué de esto, haz tres gráficas distintas con los datos de esta tabla.

Número de visitantes diarios al zoológico

Zoológico	Visitantes diarios
Animal Arc Zoo	1,240
Wild Animal Park	889
Zooatarium	1,573

¿Cuál es el efecto que tiene el cambio de escala en la interpretación de datos?

1 Haz una gráfica cuya escala dé la presentación más fidedigna de los datos. Titúlala Gráfica A.

2 Haz una gráfica cuya escala haga que las diferencias en el número de visitantes sean más pequeñas de lo que son en realidad. Titúlala Gráfica B.

3 Haz una gráfica cuya escala haga que las diferencias en el número de visitantes sean más grandes de lo que son en realidad. Titúlala Gráfica C.

Resume sobre escalas

Examina las tres gráficas que hiciste para el Número de visitantes diarios al zoológico.

- Explica cómo cambiaste las escalas de la Gráfica A para obtener las de las Gráficas B y C.

- Describe algunos casos en que sería deseable para alguien que se notasen las diferencias en los datos.

- Describe algunos casos en que sería deseable para alguien que no se notasen tanto las diferencias en los datos.

- Enumera sugerencias que darías para la elección de escalas fidedignas de una gráfica.

- Explica cómo verificar que una gráfica de barras presente fidedignamente los datos.

palabras importantes: gráfica de barras

Ejercicios página 39

¿QUÉ INDICAN LOS DATOS? • LECCIÓN 4   **15**

5 Dos conjuntos de datos

CREA E INTERPRETA GRÁFICAS DE BARRAS DOBLES

Una gráfica de barras dobles facilita la comparación de dos conjuntos de datos. Una vez analizada una gráfica de barras dobles, harás recomendaciones basándote en sus datos, para luego hacer y analizar tu propia gráfica de barras dobles.

¿Cómo puede usarse una gráfica de barras dobles para comparar dos conjuntos de datos?

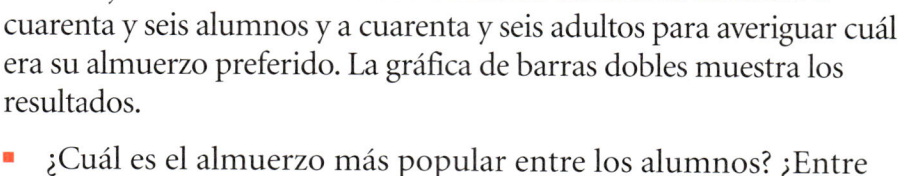

Analiza una gráfica de barras dobles

El consejo estudiantil de la escuela intermedia Brown encuestó a cuarenta y seis alumnos y a cuarenta y seis adultos para averiguar cuál era su almuerzo preferido. La gráfica de barras dobles muestra los resultados.

- ¿Cuál es el almuerzo más popular entre los alumnos? ¿Entre los adultos?
- ¿Cuál es el almuerzo menos popular entre los alumnos? ¿Entre los adultos?
- ¿Por qué no hay barra para adultos en las hamburguesas?

Haz recomendaciones

Usa los datos de la gráfica de barras dobles para hacer recomendaciones al consejo estudiantil sobre cómo servir un almuerzo para padres y alumnos. Asegúrate de usar fracciones para describir los datos.

- ¿Qué le recomendarías al consejo estudiantil que sirviera en el almuerzo de padres y alumnos?
- ¿Qué otras cosas debería tener en cuenta el consejo estudiantil a la hora de escoger alimentos para el almuerzo?

Almuerzos populares de alumnos de escuela intermedia y de adultos

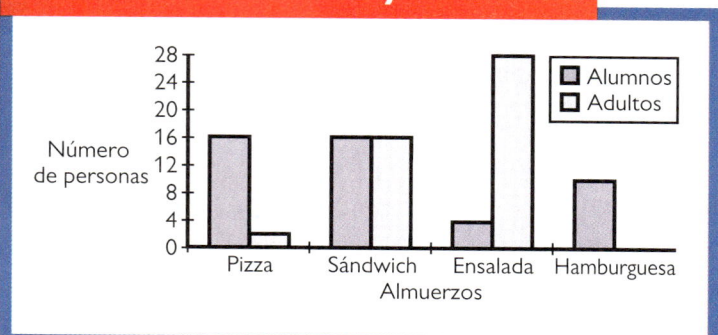

(Gráfica de barras — Número de personas vs Almuerzos: Pizza: Alumnos 16, Adultos 2; Sándwich: Alumnos 16, Adultos 16; Ensalada: Alumnos 4, Adultos 28; Hamburguesa: Alumnos 10, Adultos 0)

¿QUÉ INDICAN LOS DATOS? • LECCIÓN 5

Haz gráficas de barras dobles

Esta tabla muestra datos sobre el número de horas que duerme en una noche típica la gente en diversos grupos etarios.

Horas de sueño	6 años de edad	12 años de edad	14 años de edad	Adultos
5	0	0	3	9
6	0	2	7	15
7	0	16	24	20
8	0	19	36	20
9	3	25	5	9
10	4	12	5	3
11	31	4	0	4
12	37	2	0	0
13	5	0	0	0

¿Cómo puedes crear una gráfica de barras dobles para comparar dos conjuntos de datos?

1 Escoge dos columnas de esta tabla.

2 Haz una gráfica de barras dobles. Cerciorándote de que sea fidedigna y fácil de leer.

3 Una vez que hayas terminado, resume lo que descubriste.

Escribe sobre las gráficas de barras dobles

Los alumnos de la clase de la Srta. Taylor enumeraron estos temas.

Para cada tema, responde estas preguntas:

- ¿Podrías presentar los datos en una gráfica de barras dobles?
- Si se puede hacer una gráfica de barras dobles, ¿cómo titularías los ejes de la gráfica?

A. Número de alumnos y maestros de nuestra escuela este año y el año pasado.

B. Estaturas de los alumnos de una cierta clase.

C. Tiempo que los alumnos dedicaron a hacer tareas y el que destinaron a practicar deportes.

D. Número de horas que los alumnos pasan mirando televisión y número de televisores en sus casas.

E. Número de millas que recorren los alumnos rumbo a la escuela.

palabras importantes: gráfica de barras dobles

Ejercicios página 40

¿QUÉ INDICAN LOS DATOS? • LECCIÓN 5   **17**

6 Cuestión de edad

COMPARA Y RECOMIENDA

¿Crees que los alumnos de escuela intermedia y los adultos piensan lo mismo sobre los videos? En esta lección, analizarás los resultados de un sondeo sobre videos, para luego realizar tu propio sondeo y comparar las opiniones de dos grupos etarios.

¿Cómo se usan las gráficas de barras dobles para comparar las opiniones de dos grupos etarios?

Compara opiniones de dos grupos etarios

El almuerzo de padres y alumnos fue todo un éxito. El consejo estudiantil decidió realizar una velada de videos para padres y alumnos. Para averiguar sus opiniones, encuestaron a unos 100 alumnos de escuela intermedia y a unos 100 adultos. Las gráficas de barras dobles de las notas Escala de evaluación de videos muestran los resultados de la evaluación de cada video por parte de alumnos y de adultos. Usa las gráficas para responder estas preguntas:

- ¿Cuál es la opinión de los alumnos de escuela intermedia sobre cada video? ¿De los adultos?
- ¿Sobre qué video es mayor el desacuerdo entre alumnos y padres? Explica tu razonamiento.
- ¿Qué video debiera escoger el consejo estudiantil para una velada de alumnos y adultos? ¿Por qué?

Haz recomendaciones

Haz recomendaciones al consejo estudiantil de la escuela intermedia Brown, asegurándote que las corroboren los datos.

- ¿Qué video debiera escoger el consejo estudiantil para una velada de alumnos solamente? ¿Por qué?
- ¿Qué video debiera escoger el consejo estudiantil para una velada de adultos solamente? ¿Por qué?
- ¿Qué video debiera escoger el consejo estudiantil para una velada de alumnos y adultos? ¿Por qué?

Recopila y analiza datos, segunda parte

En la Lección 3, realizaste tu propio sondeo. Ahora realizarás el mismo sondeo, pero con otro grupo etario, para luego comparar los resultados de ambos sondeos. Para completar esta actividad, necesitarás el sondeo de la Lección 3.

¿Cómo se comparan los datos de dos grupos distintos?

1 Escoge otro grupo etario.

  a. ¿Qué grupo etario quieres encuestar?

  b. ¿Cómo hallarás gente de dicho grupo? Para comparar equitativamente ambos grupos, debes tener el mismo número de personas que tuviste en el primer sondeo.

2 Predice los resultados.

  a. ¿Cómo crees que responda con toda probabilidad la gente de este grupo etario?

  b. ¿Cuánto crees que se parecerán o diferirán las respuestas de los dos grupos?

3 Recopila y presenta los datos.

  a. Recopila datos sobre este nuevo grupo etario, haciendo las mismas preguntas que hiciste en la Lección 3. Anota los datos.

  b. Haz una gráfica de barras simples con los datos del nuevo grupo.

  c. Haz una gráfica de barras dobles con los datos de ambos grupos.

  d. Explica cómo escogiste las escalas de las dos gráficas.

4 Análisis de los datos.

Escribe un informe en el que incluyas la información siguiente:

  a. ¿Cuáles son la media, mediana, moda y rango del nuevo grupo etario? ¿Qué te indican dichas medidas?

  b. ¿Cómo se cotejan las respuestas de ambos grupos? Haz una lista de las afirmaciones claramente confirmadas por los datos.

  c. ¿Cómo se cotejan los resultados con tus predicciones?

palabras **importantes**
sondeo
gráfica de barras dobles

Ejercicios
página 41

¿QUÉ INDICAN LOS DATOS? • LECCIÓN 6

FASE TRES

A: Los aprendices de estadígrafo
De: Presidente, Compañía Super Data

La calidad de su trabajo en sondeos y gráficas ha sido excelente. Ahora Ud. analizará su desempeño. Cuando se aprende algo nuevo, como dactilografía o a tocar un instrumento musical, se necesita practicar mucho; es un trabajo arduo, así que se quiere saber si es provechosa tanta práctica. La estadística puede ayudar a medir el desempeño. En su próxima tarea, Ud. recopilará datos y analizará su desempeño para hacer ciertas cosas.

¿Has tratado alguna vez de aprender algo nuevo, como mecanografía, malabares o tiros libres? ¿Cómo sabes si estás mejorando o empeorando?

En esta Tercera fase, medirás tu progreso en ciertas cosas y luego usarás técnicas estadísticas para averiguar si mejoraste, te estancaste, tuviste altibajos o empeoraste.

Tu desempeño

LA MATEMÁTICA DEL ASUNTO

Esta sección se enfocará en:

RECOPILAR DATOS

- Recoge datos numéricos

HACER GRÁFICAS

- Grafica e interpreta gráficas de líneas punteadas
- Usa gráficas de líneas punteadas para predecir

ANALIZAR DATOS

- Calcula la media, la mediana, la moda y el rango de un conjunto de datos
- Usa la media, la mediana, la moda y el rango en el análisis de datos

Panorama matemático en línea
mathscape1.com/self_check_quiz

7 ¿Has mejorado?

USA LA ESTADÍSTICA PARA MEDIR EL DESEMPEÑO

El aprendizaje de cosas nuevas requiere mucha práctica.
A veces, es fácil saber si se está mejorando, pero a veces no. La estadística puede ayudarte a medir tu desempeño. Para ver cómo funciona esto, vas a practicar algo y a analizar tu desempeño.

Grafica y analiza datos

¿Cómo puede usarse una gráfica de líneas punteadas para ver si mejoraste de un juego al siguiente?

Una vez que hayas jugado el juego Nemotécnico con tu clase, presenta tus datos en una gráfica de líneas punteadas.

1. Para cada juego o prueba, marca un punto con el que muestres el número de objetos que puedes recordar. Une dichos puntos con segmentos de recta.

2. Una vez terminada la gráfica, analiza los datos. Calcula la media, la mediana, la moda y el rango.

3. Resume tus hallazgos. ¿Qué indican la media, la mediana, la moda y el rango sobre tu desempeño? En términos generales, ¿crees que mejoraste? Usa tus datos para confirmar tus conclusiones. ¿Cómo predecirías tu desempeño en el sexto juego? ¿En el décimo? ¿Por qué?

Un juego Nemotécnico

Instrucciones:

1. Tienes 10 segundos para mirar ilustraciones de 9 objetos.

2. Al cabo de los 10 segundos, escribe los nombres de los objetos.

3. Mira de nuevo las ilustraciones y anota el número de objetos que recordaste correctamente.

Modelo de gráfica de líneas punteadas del juego Nemotécnico

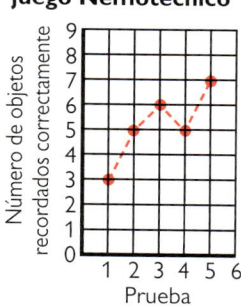

Compara datos

Dos alumnos jugaron 5 veces al juego Nemotécnico. En cada prueba, vieron 9 objetos por 10 segundos. La tabla muestra los resultados. Úsala para medir el desempeño de Tomiko y Bianca.

1 Haz gráficas de líneas punteadas donde muestres el desempeño de cada alumno.

2 Para cada alumno, calcula su media, mediana, moda y rango.

3 Analiza los datos respondiendo a estas preguntas:

  a. ¿Qué alumno, en tu opinión, mejoró más? Usa los datos para corroborar tus conclusiones.

  b. ¿Cuántos objetos crees que cada alumno recuerde correctamente en la sexta prueba? ¿En la décima? ¿Por qué?

> ¿Cómo pueden compararse dos conjuntos de datos?

Resultados de Tomiko y Bianca

Número de objetos recordados correctamente

Prueba no.	Tomiko	Bianca
1	3	4
2	3	6
3	4	5
4	6	9
5	8	7

Diseña un Proyecto de mejoramiento

Es hora de aplicar lo aprendido. Piensa en algo que quisieras mejorar, como malabares, carreras, mantenerse en equilibrio o mecanografiar. Las notas Proyecto de mejoramiento te ayudará a empezar

1 Escribe un plan para un proyecto de práctica de una destreza (véase el Paso 1 de las notas).

2 Practica durante los 5 días siguientes y anota tu desempeño (véase el Paso 2 de las notas).

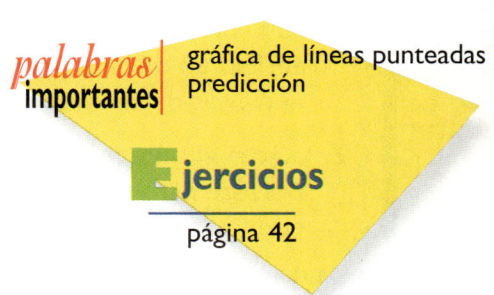

palabras importantes: gráfica de líneas punteadas, predicción

Ejercicios página 42

¿QUÉ INDICAN LOS DATOS? • LECCIÓN 7

8 ¿A qué distancia estás?

GRAFICA Y ANALIZA ERRORES

En la lección pasada, llevaste la cuenta de tu desempeño en el juego Nemotécnico. Ahora jugarás un juego de estimación en el que tratarás de acercarte cada vez más a una meta. Llevarás la cuenta de tu desempeño y graficarás los errores para ver si has mejorado.

Grafica y analiza el desempeño

¿Cómo puedes representar tus errores de modo que veas fácilmente cuánto has mejorado?

Una vez que hayas jugado el juego del Libro abierto, haz una gráfica de líneas punteadas de tus datos, asegurándote de titular ambos ejes.

1. Para cada prueba, marca un punto que represente un error. Únelos con segmentos de recta.

2. Una vez terminada la gráfica, analiza los datos. Calcula la media, la mediana, la moda y el rango.

3. Resume tu desempeño. ¿Qué indican sobre él la media, la mediana, la moda y el rango? En términos generales, ¿crees que mejoraste? Asegúrate de usar los datos para confirmar tus conclusiones. ¿Cómo predecirías tu desempeño en el sexto juego? ¿En el décimo? ¿Por qué? ¿Cómo describirías tu desempeño de un juego al siguiente?

El juego del Libro abierto

Se juega así:

1. Tu compañero te indicará la página del libro en la que lo debes abrir. Trata de abrirlo en dicha página, sin mirar los números de las mismas.

2. Anota el número de la página en que trataste de abrirlo (Meta) y la página en que lo abriste (Estimación).

3. Calcula y anota lo cerca que estuviste de la página meta (Error) hallando la diferencia entre la meta y la estimación. Sustrae el número menor del mayor.

4. Tu compañero te indicará una página distinta en cada prueba. Intercambien papeles al cabo de 5 pruebas.

Estudia datos revueltos

A Kim le encanta correr y quiere correr más rápido. Durante 20 días, corrió alrededor de la manzana y midió su tiempo. Llevó la cuenta de sus mejoras en una gráfica de líneas punteadas y escribió sobre ellas en su diario. Desafortunadamente, su diario se desbarató, desordenándose todas sus anotaciones. ¿Puedes ordenar el diario?

¿Cómo puede usarse lo aprendido sobre gráficas para ordenar la información que es confusa?

Anotaciones del diario de Kim

A | La práctica ha sido provechosa. Estoy mejorando constantemente.

B | Estoy decepcionada porque no he mejorado, pero por lo menos no estoy empeorando.

C | He logrado mi mayor mejora hasta ahora.

D | He empeorado. Espero que sea el resfriado rebelde que tengo.

E | No sé que está pasando. He tenido altibajos en el tiempo que me lleva correr.

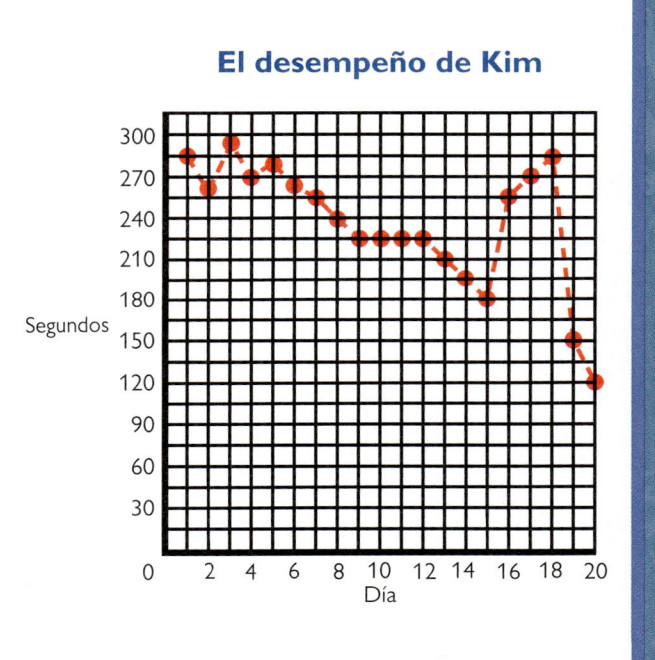

El desempeño de Kim

Lee las anotaciones, examina la gráfica y responde a estas preguntas:

- ¿Qué días crees que correspondan a cada anotación? ¿Por qué? Sugerencia: Cada anotación describe el desempeño de Kim en dos días o más.

- ¿Cómo te las arreglaste para relacionar las anotaciones con los días en la gráfica?

- ¿Cómo describir describirías el desempeño global de Kim durante los 20 días?

- ¿Cómo crees que le vaya a Kim en los días 21, 22, 23 y 24? ¿Por qué? Si fueras Kim, ¿qué escribirías en tu diario sobre tu desempeño en esos días?

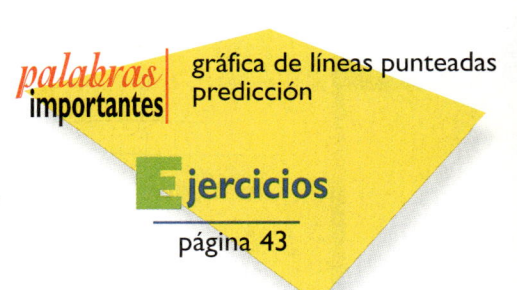

palabras **importantes**
gráfica de líneas punteadas
predicción

Ejercicios
página 43

¿QUÉ INDICAN LOS DATOS? • LECCIÓN 8

9 Lo que nos indican las gráficas

INTERPRETA PRESENTACIONES MÚLTIPLES DE DATOS

¿Puedes examinar una gráfica y determinar lo que indica?
En esta lección, interpretarás gráficas sin título y tratarás de determinar las que corresponden a diversas descripciones de técnicas de aprendizaje que dio la gente. Luego compararás y analizarás gráficas de desempeño y predecirás el rendimiento futuro.

Relaciona descripciones y gráficas

¿Cómo puede determinarse lo que indica una gráfica?

Seis alumnos practicaron para mejorar sus aptitudes, midiendo su rendimiento con el paso del tiempo. Luego describieron por escrito su desempeño, graficaron datos, pero se les olvidó titular las gráficas. Lee las descripciones y estudia las gráficas de las notas Gráficas de desempeño estudiantil.

- Relaciona gráficas y alumnos. Explica tu razonamiento.
- Titula cada gráfica.
- La gráfica extra es de Caitlin. Escógele una aptitud y describe por escrito su desempeño.

Descripciones del desempeño

He estado practicando para correr más rápido alrededor de la manzana. Estoy mejorando cada vez más. — Jian

He estado practicando para patinar en línea más rápido alrededor de la manzana. No he mejorado en absoluto. Mi mejor tiempo fue el del primer día y el peor, el del último día. — Miguel

He estado practicando a equilibrarme en un pie con los ojos cerrados. He mejorado constantemente. — Keishia

He estado practicando a equilibrarme en un pie con los ojos cerrados. Mejoré por unos días, luego empeoré, para mejorar de nuevo. — Natasha

¡Bah! Se me olvidó escribir una descripción. — Caitlin

Estoy practicando malabares con una bola lo más que puedo sin dejarla caer. Me fue muy bien el primer día, luego empeoré, luego me estanqué, para terminar mejorando al final. — Terrence

Analiza datos del Proyecto de mejoramiento

Es hora de examinar los datos que has venido recopilando en los 5 últimos días. Necesitarás las notas Proyecto de mejoramiento. Ingresa los datos de cada día en la tabla de las notas y luego analízalos.

- Completa la tabla con el rango, la media, la moda y la mediana de cada día.

- Examina tu tabla ya completada. Usa datos de ella para hacer dos gráficas. Por ejemplo, puedes graficar la media o el puntaje más alto o el puntaje total de cada día.

Después de practicar algo por 5 días, ¿cómo sabes si has mejorado?

Escribe sobre el Proyecto de mejoramiento

Escribe un informe que compartirás con la clase. Incluye en él respuestas a estas preguntas:

- ¿Cómo determinaste graficar los datos que graficaste? ¿Hay alguna gráfica que muestre más mejora que otra?

- Describe tu desempeño de un día al siguiente.

- En general, ¿crees que mejoraste? Usa los datos para confirmar tus conclusiones.

- ¿Cómo crees que te irá en el sexto día? ¿Por qué?

- ¿Qué útiles matemáticos utilizaste en este proyecto?

palabras importantes
predicción
gráfica de líneas punteadas

Ejercicios
página 44

¿QUÉ INDICAN LOS DATOS? • LECCIÓN 9   27

FASE CUATRO

A: Los aprendices de estadígrafo
De: Presidente, Compañía Super Data

Espero que hasta aquí Ud. haya disfrutado de su trabajo en nuestra compañía.

Ha menudo, se habla de la probabilidad de que ocurra una cierta cosa (hay una posibilidad de lluvia del 80%; se supone que ganen los Lions). Puede ser útil el poder estimar la probabilidad de que ocurra un cierto evento. En su próxima tarea, Ud. calculará la probabilidad de escoger un cubo verde de una bolsa de cubos de colores. En esta tarea, necesitará usar sus aptitudes de recopilación y análisis de datos.

¿Te has puesto impermeable alguna vez porque el informe meteorológico indicó que era probable que lloviera? ¿Has comprado alguna vez un boleto de rifa porque creías que eran buenas tus posibilidades de ganar? Si es así, basaste tus decisiones en la probabilidad que ocurriera un cierto evento.

El cálculo de probabilidades es la matemática del azar. En esta fase, la estudiarás jugando algunos juegos de azar.

Probabilidad y muestreo

LA MATEMÁTICA DEL ASUNTO

Esta sección se enfocará en:

RECOPILAR DATOS

- Recopila y registra datos
- Muestreo de una población

ANALIZAR DATOS

- Usa los resultados de una muestra para formular una hipótesis
- Usa gráficas de barras para hacer una predicción informada

CALCULAR PROBABILIDADES

- Describe las probabilidades
- Calcula la probabilidad teórica y la experimental

Panorama matemático en línea
mathscape1.com/self_check_quiz

10 ¿Cuál es la posibilidad?

CALCULA PROBABILIDADES

El cálculo de probabilidades es la matemática del azar. Las rifas suponen azar. Los boletos se mezclan y se escoge el boleto ganador. Aquí vas a jugar un juego similar a una rifa, para luego calcular la probabilidad de ganar.

Analiza datos de un juego de azar

¿Cómo pueden usarse datos para estimar la probabilidad de escoger un cubo verde?

El juego Verde de suerte es un juego de azar. Las posibilidades de ganar pueden ser grandes o pequeñas. Realizarás un estudio para descubrir cuáles son las posibilidades de ganar.

1 Juega el juego con tu grupo, cerciorándote que cada jugador tenga 5 turnos. Anota en una tabla los resultados de cada jugador.

2 Una vez que cada jugador ha tenido sus 5 turnos, contesta lo siguiente:

a. ¿Cuántos verdes crees que haya en la bolsa? Usa los resultados de tu grupo para formular una hipótesis, asegurándote de explicar tu razonamiento.

b. ¿Cuál de estas palabras usarías para indicar la probabilidad de escoger un cubo verde?

Jamás • Muy improbable • Improbable • Probable • Muy probable • Siempre

¿Cómo puedes analizar los resultados de la clase?

El juego del Verde de la suerte

A tu groupo se le pasará una bolsa con 5 cubos en ella. ¡No mires en la bolsa! Cada jugador debe hacer 5 veces lo siguiente.

1. Sin mirar, escoge un cubo de la bolsa.
2. Ganas si sacas uno verde y pierdes si sacas uno amarillo. Anota los resultados.
3. Devuelve el cubo a la bolsa y agítala.

Analiza datos de Otra bolsa de cubos

La clase de la Srta. Ruiz experimentó con una bolsa que tenía 100 cubos de dos colores distintos. Cada grupo de alumnos escogió un cubo a la vez y anotó su color, devolviendo el cubo a la bolsa. Cada grupo hizo esto 10 veces, luego combinaron sus datos en una tabla como la de las notas Otra bolsa de cubos. Ayuda a la clase de la Srta. Ruiz a analizar los datos, contestando lo siguiente:

1 ¿Cuáles son la moda, la media, la mediana y el rango de los números de cubos de cada color que se escogieron?

2 Basándote en los datos de toda la clase, ¿cuál es la probabilidad experimental de escoger cada color?

3 He aquí una lista de bolsas que tal vez usara la clase. ¿Qué bolsa(s) crees que usó la clase? Explica tu razonamiento.

- **a.** 50 rojos, 50 azules
- **b.** 20 rojos, 80 azules
- **c.** 80 rojos, 20 azules
- **d.** 24 rojos, 76 azules
- **e.** 70 rojos, 30 azules
- **f.** 18 rojos, 82 azules

¿Qué conclusiones puedes sacar de los datos de otra clase?

Tipos de probabilidad

La probabilidad experimental describe la posibilidad de que ocurra algo, basándose en datos recopilados al realizar experimentos, jugar juegos y consultar estadísticas en libros, periódicos y revistas.

La probabilidad experimental de escoger un cubo de un cierto color se calcula con la fracción:

$$\frac{\text{Número de veces que se escogió un cubo de cierto color}}{\text{Número total de cubos que se escogió}}$$

La probabilidad teórica se calcula analizando un caso, como el examen del contenido de la bolsa.

La probabilidad teórica de escoger un cubo de un cierto color se calcula con la fracción:

$$\frac{\text{Número de cubos de ese color en la bolsa}}{\text{Número total de cubos en la bolsa}}$$

palabras importantes: probabilidad experimental, probabilidad teórica

Ejercicios página 45

11 Cambio de las posibilidades

EXPERIMENTA CON PROBABILIDADES

Si se aumenta el número de cubos de la bolsa, ¿aumenta la posibilidad de ganar? En esta lección, cambiarás el número de cubos verdes y amarillos y luego jugarás al Verde de la suerte para averiguar si aumentó o disminuyó la probabilidad de ganar.

¿Cómo cambia la probabilidad de ganar al cambiar el número de cubos de la bolsa?

Compara dos bolsas de cubos

En la Lección 10, calculaste la probabilidad de ganar en el juego del Verde de la suerte. Realizarás ahora un experimento para averiguar cómo cambia la posibilidad de ganar al cambiar el número de cubos de la bolsa. Haz lo siguiente:

1. Cambia el número de cubos de la bolsa que usaste en la Lección 10 (Bolsa A), de modo que tenga 6 cubos verdes y 4 cubos amarillos. Ésta será la Bolsa B.

2. Formula una hipótesis sobre la Bolsa, A o B, que te da la mejor posibilidad de escoger un cubo verde. Explica tu razonamiento.

3. Recopila datos jugando al Verde de la suerte (ver página 30), asegurándote que cada jugador juegue 5 veces y anotando los resultados en las notas Hoja de cambio del número de cubos.

Resume los datos

Una vez que tu grupo haya terminado el experimento, resume los datos de esta manera:

- ¿Cuales fueron el rango, la moda, y la media del número de verdes?

- ¿Cuál fue la probabilidad experimental de escoger un cubo verde?

- ¿Corroboran los resultados tu hipótesis sobre la bolsa (A o B) que da la mejor posibilidad de escoger un cubo verde? ¿Por qué?

Clasifica las bolsas

La clase del Sr. Chin quiere hallar la posibilidad de ganar con diversas bolsas con cubos. En esta tabla, se da el número de cubos en las bolsas que usará esta clase.

Más bolsas con cubos

Bolsa	Cubos verdes	Cubos amarillos	Número total de cubos
B	6	4	10
C	7	13	20
D	14	6	20
E	13	27	40
F	10	30	40

¿Cómo pueden compararse bolsas con distintos números de cubos?

1 Escoge una bolsa (excepto la B). Si escoges 100 veces un cubo de ella, ¿cuántas veces crees que obtendrás un cubo verde? ¿Por qué?

2 Para cada bolsa, calcula la probabilidad teórica de escoger un cubo verde. Explica cómo la hallaste.

3 Ordena las bolsas de la posibilidad mayor a la posibilidad menor que se tenga de escoger de ella un cubo verde (Mejor = 1, Peor = 5). Asegúrate de explicar tu respuesta.

4 Una vez clasificadas las bolsas, haz una que te dé una posibilidad de escoger un cubo verde mayor que la de la bolsa en el segundo lugar, pero no mayor que la mejor. ¿Cuántos cubos verdes y amarillos hay en la nueva bolsa? Explica.

Haz generalizaciones

Usa tus datos para responder estas preguntas:

- Una clase experimentó con una de las bolsas de la tabla, obteniendo 32 cubos amarillos en 100 pruebas. ¿Cuál(es) crees que sea(n) la(s) bolsa(s) que usaron con toda probabilidad? ¿Por qué?

- ¿Qué generalizaciones harías sobre cómo hallar la bolsa que da la mejor posibilidad de escoger un cubo verde?

palabras importantes
posibilidad
probabilidad

Ejercicios
página 46

¿QUÉ INDICAN LOS DATOS? • LECCIÓN 11

12 ¿De qué bolsa se trata?

APLICA EL CÁLCULO DE PROBABILIDADES Y LA ESTADÍSTICA

En las dos últimas lecciones usaste la técnica de muestreo para hacer predicciones. Ahora la usarás para predecir lo que hay en la bolsa, pero, para estar seguro(a), tendrás que compartir tus hallazgos con el resto de la clase.

Estudia el lío de la bolsa de dulces

¿Cómo puede aplicarse lo aprendido sobre muestreo para hacer predicciones?

Las gráficas de las notas Combinaciones de bolsas de dulces muestra el número de dulces que hay en cada bolsa. A cada grupo de tu clase se le pasará una bolsa para que tomen muestras. ¿Puedes indicar la gráfica que corresponde a tu bolsa?

1 Recopila datos tomando muestras de tu bolsa.

2 Compara los datos con las gráficas de barras de las Combinaciones de bolsas de dulces. ¿Qué bolsa crees tener? Explica por escrito lo que te hace pensar que a tu grupo le tocó dicha bolsa. Si no estás seguro, explica por qué.

Muestreo de las bolsas de dulces

Cómo tomar muestras:

Cada alumno debe hacer lo siguiente 6 veces (o sea, debe tomar 6 muestras):

1. Sin mirar, escoge un cubo de la bolsa.
2. En una tabla como la que se muestra, anota el color que escogiste.
3. Devuelve el cubo a la bolsa y agítala antes de tomar la muestra siguiente.

Alumno	Cereza (rojo)	Arándano (azul)	Limón (amarillo)	Lima (verde)
Marie Elena	I	I I I	I	I
Ricardo	I I	I I I	I	
Myra	I	I I	I I	I
Ursula	I	I I	I	I I

Analiza y compara las bolsas

Una vez que la clase ha resuelto el lío de la bolsa de dulces, resume el estudio respondiendo a estas preguntas.

1 Con respecto a la bolsa de tu grupo.

   a. ¿Qué bolsa crees que le tocó a tu grupo? ¿Qué hiciste para averiguarlo?

   b. Usa los datos de tu grupo para calcular la probabilidad experimental de escoger un dulce de cada color.

   c. ¿Cuál es la probabilidad teórica de escoger un dulce de cada color?

2 Con respecto a la comparación de las cinco bolsas.

   a. Ordena las bolsas de la probabilidad teórica mayor a la menor que se tenga de escoger un rojo (Mejor = 1, Peor = 5).

   b. Ordena las bolsas de la probabilidad experimental mayor a la menor que se tenga de escoger un verde (Mejor = 1, Peor = 5).

   c. Explica cómo te las arreglaste para ordenar las bolsas.

   d. Fiona tomó muchas muestras de una de las bolsas, obteniendo 62 rojos, 41 azules, 8 amarillos y 9 verdes. ¿Qué bolsa(s) crees que tenía? ¿Por qué?

palabras importantes: muestreo con sustitución, probabilidad

Ejercicios página 47

¿QUÉ INDICAN LOS DATOS? • LECCIÓN 12

Ejercicios 1

Sondeo de la clase

Aplica destrezas

En los puntos **1 al 5,** calcula el rango y la moda (si existe(n)) de cada conjunto de datos, asegurándote de escribir el rango como diferencia, no como intervalo.

1. 14, 37, 23, 19, 14, 23, 14
2. 127, 127, 117, 127, 140, 133, 140
3. 93, 40, 127, 168, 127, 215, 127
4. 12, 6, 23, 45, 89, 31, 223, 65
5. 1, 7, 44, 90, 6, 89, 212, 100, 78
6. La clase del Sr. Sabot realizó un sondeo en el que se les preguntó a los alumnos el número de vasos de agua que bebían a diario. He aquí los resultados:

Vasos de agua que bebe un alumno
X = respuesta de un alumno

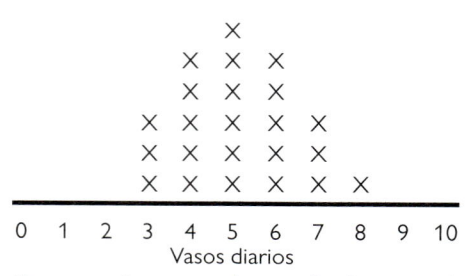

¿Cuáles son el rango y la moda de estos datos?

7. La clase de la Srta. Feiji realizó un sondeo en el que se les preguntó a los alumnos el número de veces que habían viajado en avión, con los resultados de más abajo. Haz una gráfica de frecuencias de los datos y halla su moda y rango.

   - Nueve alumnos no habían viajado jamás en avión.
   - Diez habían viajado una vez.
   - Seis lo habían hecho dos veces.
   - Un alumno había viajado cinco veces.

Amplía conceptos

8. La clase de la Srta. Olvidado realizó un sondeo, pero olvidó titular las gráficas. En tu opinión, ¿qué pregunta(a) corresponde a cada gráfica con toda probabilidad. Explica tu respuesta.

   Pregunta 1: ¿Cuántas horas duermes típicamente?

   Pregunta 2: ¿Cuántas veces desayunas cereal en una semana típica?

   Pregunta 3: En una semana típica, ¿cuántas horas de televisión miras?

   Gráfica desconocida 1
   X = respuesta de un alumno

   Gráfica desconocida 2
   X = respuesta de un alumno

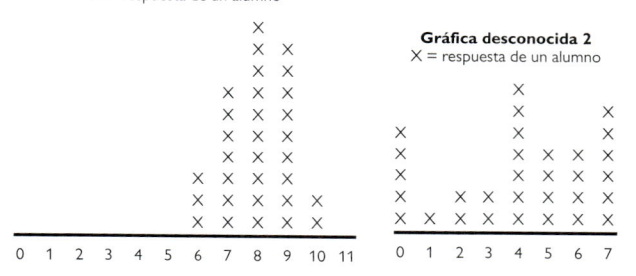

Redacción

9. Contesta esta carta al Dr. Matemático.

   Estimado Dr. Matemático:
   Tratamos de encuestar a 100 alumnos de sexto sobre sus preferencias para el viaje de estudio de otoño, pero, no sé cómo, obtuvimos 105 respuestas. Como si eso fuera poco, algunos se quejaron de que no los habíamos encuestado. ¿En qué nos equivocamos? Le agradeceríamos que nos diera sugerencias sobre cómo realizar sondeos.
   Minnie A. Rohrs

Ejercicios 2: Intercambio de nombres

Aplica destrezas

Calcula la media y mediana de cada conjunto de datos.

1. 10, 36, 60, 30, 50, 20, 40
2. 5, 8, 30, 7, 20, 6, 10
3. 1, 10, 3, 20, 4, 30, 5, 2
4. 18, 22, 21, 10, 60, 20, 15
5. 29, 27, 21, 31, 25, 23
6. 3, 51, 45, 9, 15, 39, 33, 21, 27
7. 1, 4, 7, 10, 19, 16, 13
8. 10, 48, 20, 22, 57, 50

Éstos son los miembros de un grupo de estudio:

<u>Chicas:</u> Alena, Calli, Cassidy, Celina, Kompiang, Mnodima y Tiana

<u>Chicos:</u> Dante, Harmony, J. T., Killian, Lorn, Leo, Micah y Pascal

9. Calcula la media y mediana del número de letras de los nombres de las chicas.
10. Calcula la media y mediana del número de letras de los nombres de las chicos.
11. Calcula la media y mediana del número de letras de los nombres de *todos* los alumnos.
12. Basándote en esta gráfica, del número de galletas saladas Knotty en 10 bolsas, calcula la media y mediana.

Galletas saladas Knotty
X = una bolsa

```
            X
            X
            X       X
    X   X   X   X   X   X
   148 149 150 151 152 153
      Número de galletas saladas
```

Amplía conceptos

El profesor Ratón, un biólogo, pesó los capibaras (el más grande de los roedores) de cuatro regiones del Brasil.

Peso de capibaras

Región	Peso (kg)
A	6, 21, 12, 36, 15, 12, 27, 12
B	18, 36, 36, 27, 21, 48, 36, 33, 21
C	12, 18, 12, 21, 18, 12, 21, 12
D	30, 36, 30, 39, 36, 39, 36

13. Calcula la media y la mediana de los pesos de los capibaras de cada región.
14. Calcula la moda y el rango de cada conjunto de datos y, para cada uno, explica qué indica el rango y qué no indica la moda.

Redacción

15. Contesta esta carta al Dr. Matemático.

> Estimado Dr. Matemático:
> Después de calcular la media, mediana, moda y rango de nuestros datos, algunos resultados fueron fracciones o decimales, aun cuando los datos eran números enteros. ¿A qué se debe esto? Si los datos son números enteros, ¿no es cierto que al menos uno de esos cuatro números tiene que ser un número entero?
> Frank Shun y Tessie Mahl

Ejercicios 3: Programas de televisión

Aplica destrezas

Jeff hizo un sondeo para evaluar programas de TV, del 1 ("una lata") al 5 ("estupendo"), con estos resultados:

Programa 1

Evaluación	Número de alumnos
1	0
2	3
3	7
4	3
5	7

Programa 2

Evaluación	Número de alumnos
1	2
2	2
3	4
4	7
5	5

1. Haz una gráfica de frecuencias de los resultados de cada sondeo.
2. Calcula la(s) moda(s) de las evaluaciones, si existe(n), de cada sondeo.
3. Calcula la mediana de cada sondeo.

La clase de Lara realizó un sondeo en el que se les pidió a los alumnos que evaluaran cuatro actividades distintas, del 1 ("pésima") a 5 ("excelente").

Actividad A
X = respuesta de un alumno

```
X
X
X
X
X
X
X
X    X X
1 2 3 4 5
Evaluación
```

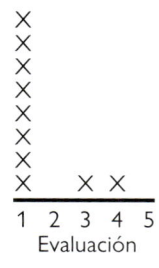

Actividad B
X = respuesta de un alumno

```
        X X X X X
        X X X X X
1 2 3 4 5
Evaluación
```

Actividad C
X = respuesta de un alumno

```
    X X
    X X X
X X X X X
1 2 3 4 5
Evaluación
```

Actividad D
X = respuesta de un alumno

```
X           X
X           X
X           X
X X       X X
1 2 3 4 5
Evaluación
```

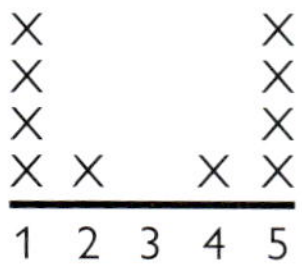

4. Calcula la mediana de las evaluaciones de cada sondeo.
5. Calcula la media de las evaluaciones de cada sondeo.

Amplía conceptos

Los estadígrafos describen las gráficas de datos mediante cuatro tipos de distribuciones.

Distribución normal

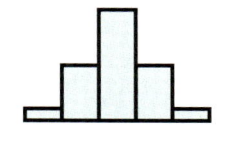

Distribución bimodal

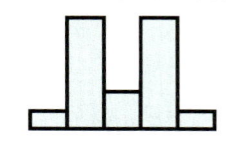

Distribución sesgada

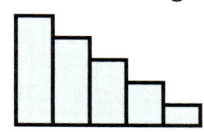

Distribución sesgada

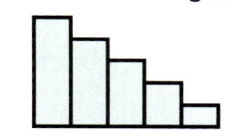

6. Describe la forma de cada gráfica de los datos de la clase de Lara.
7. He aquí cuatro actividades: ir al dentista, escuchar música rap, tomar lecciones de piano y patinar en línea. Indica la actividad que en tu opinión corresponde a cada gráfica y explica por qué.

Ejercicios 4: Comparaciones zoológicas

Aplica destrezas

Aquí se dan algunos datos sobre dinosaurios. "MAA" significa "millones de años atrás".

Dinosaurio	Longitud (pies)	Alzada (pies)	Vivió (MAA)
Afrovenator	27	7	130
Leaellynasaura	2.5	1	106
Tyrannosaurus	40	18	67
Velociraptor	6	2	75

1. Haz una gráfica de barras de las longitudes.
2. Haz una gráfica de barras de las alzadas.
3. Haz una gráfica de barras de las épocas en que vivieron.

He aquí las respuestas de un alumno a los puntos **1 al 3**:

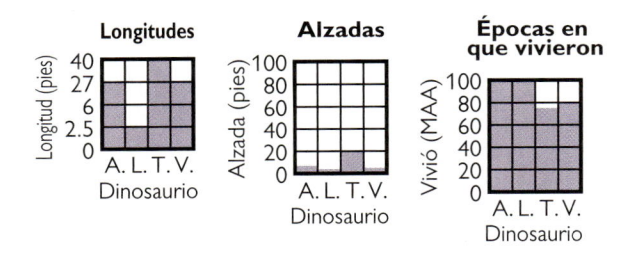

Longitudes — eje Y: 40, 27, 6, 2.5; eje X: A. L. T. V. Dinosaurio

Alzadas — eje Y: 100, 80, 60, 40, 20, 0; eje X: A. L. T. V. Dinosaurio

Épocas en que vivieron — eje Y: 100, 80, 60, 40, 20, 0; eje X: A. L. T. V. Dinosaurio

4. ¿Qué problema hay con la gráfica de barras de las longitudes?
5. ¿Qué problema hay con la gráfica de barras de las alzadas?
6. ¿Qué problema hay con la gráfica de barras de las épocas?

Amplía conceptos

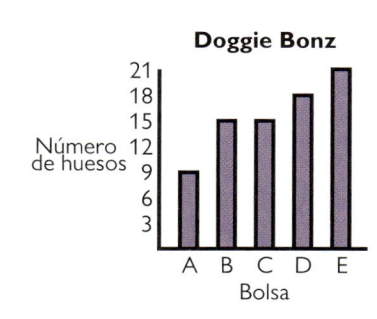

Doggie Bonz — Número de huesos por bolsa (A, B, C, D, E): A=9, B=15, C=15, D=18, E=21 (aproximadamente)

7. Haz una tabla de datos con los de la gráfica del número de huesos en cinco bolsas distintas de Doggie Bonz.
8. Halla el rango, media y mediana del número de huesos en las bolsas de Doggie Bonz.

Haz la conexión

Algunos científicos creen que en el curso de millones de años ha ido disminuyendo el tamaño de los animales terrestres más grandes. Aquí se dan los pesos de los animales *conocidos* más grandes en diferentes épocas de la Tierra.

Animal	MAA	Peso estimado (toneladas)
Titanosaurio	80	75
Indricothere	40	30
Mamut	3	10
Elefante	0	6

9. Haz una gráfica de barras con esta información.
10. ¿Parece la gráfica confirmar la conclusión? ¿Cuáles podrían ser algunas razones que tal vez ésta *no* se cumpla?

Ejercicios 5

Dos conjuntos de datos

Aplica destrezas

A 40 alumnos de cuarto año de escuela intermedia y a 40 adultos se les preguntó sobre sus actividades favoritas, con estos resultados.

Actividades favoritas de alumnos y alumnos

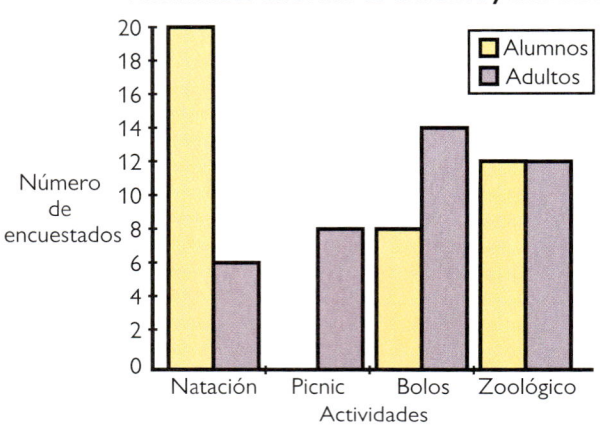

(Gráfica de barras dobles — Alumnos y Adultos)
- Natación: Alumnos 20, Adultos 6
- Picnic: Alumnos 0, Adultos 8
- Bolos: Alumnos 8, Adultos 14
- Zoológico: Alumnos 12, Adultos 12

1. Muestra estos resultados en una tabla (como la de los siguientes puntos **5 al 7**).
2. ¿Cuál es la actividad más popular entre los alumnos?
3. ¿Cuál es la actividad más popular entre los adultos?
4. ¿Por qué no hay barra de Picnics para los alumnos?

A 80 niños de 6 años y a 80 de 12 años se les preguntó sobre el número de horas diarias de TV que veían generalmente, con estos resultados.

Horas	Los de 6 años	Los de 12 años
0	16	4
1	23	9
2	26	15
3	15	38
4	0	14

5. Haz una gráfica de barras dobles con estos datos.
6. Calcula la media, mediana y moda de cada grupo.
7. ¿Qué grupo mira en promedio más TV?

Amplía conceptos

La clase de cocina de la Srta. Cucina evaluó pasteles horneados con 1, 2 ó 3 tazas de azúcar, con estos resultados.

	Pésimo	Aceptable	Riquísimo
1 taza	2	4	14
2 tazas	7	9	4
3 tazas	11	6	3

8. Haz una gráfica de barras triples, con el eje *y* titulado *Número de alumnos* y el eje *x* titulado *Número de tazas*.
9. Haz ahora otra gráfica de barras triples, con el eje *y* titulado *Número de alumnos* y el eje *x* titulado *Pésimo*, *Aceptable* y *Riquísimo*.

Redacción

10. Indica si se puede hacer una gráfica de barras dobles con los siguientes datos. Si se *puede*, indica los títulos posibles de sus ejes rango; si no se puede, explica por qué.

    a. Estaturas de los alumnos al comienzo y al término del año.

    b. Edades de las personas que asistieron a la obra teatral escolar.

Ejercicios 6

Cuestión de edad

Aplica destrezas

Éstas son las evaluaciones dadas a dos bandas por 100 alumnos y 100 adultos.

Banda A

Evaluación	Número de alumnos	Número de adultos
Pésima	3	1
Mala	5	3
Aceptable	40	27
Buena	43	60
Excelente	9	9

Banda B

Evaluación	Número de alumnos	Número de adultos
Pésima	2	26
Mala	10	22
Aceptable	14	20
Buena	21	18
Excelente	53	14

1. Haz una gráfica de barras dobles con los datos de la Banda A, usando colores distintos para alumnos y adultos.

2. Haz una gráfica de barras dobles con los datos de la Banda B, usando colores distintos para alumnos y adultos.

3. Haz una gráfica de barras dobles con las evaluaciones de los alumnos, usando colores distintos para las bandas.

4. ¿Qué banda sería mejor para una fiesta de alumnos?

5. ¿Qué banda sería mejor para una fiesta de adultos?

6. ¿Qué banda sería mejor para una fiesta de alumnos y adultos?

Amplía conceptos

7. Éstos son los resultados de un sondeo que hizo un alumno sobre el número de vasos de leche que 35 alumnos de sexto y 35 adultos beben en una semana típica. Describe el problema con la gráfica y haz una correcta.

Vasos por semana	Número de alumnos de sexto	Número de adultos
0	2	
1	1	7
2	0	0
3	2	1
4	1	7
5	4	0
6	5	7
7	10	4
8	4	6
9	6	2

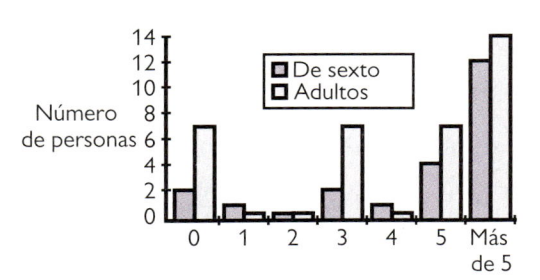

Número de vasos de leche por semana

Redacción

8. Pat quería comparar el número de alumnos de séptimo y párvulos que tenían mascotas. Halló que de 25 de séptimo, 15 tenían mascotas, pero, como no conocía a ningún párvulo, les preguntó a 5 hermanos y hermanas de los de séptimo y dos de ellos tenían mascotas. ¿Qué piensas sobre el sondeo de Pat?

¿QUÉ INDICAN LOS DATOS? • EJERCICIOS 6

Ejercicios 7

¿Has mejorado?

Aplica destrezas

Datos del juego nemotécnico

Prueba	Número de objetos recordados correctamente	
	Ramir	Anna
1	3	6
2	4	5
3	6	5
4	7	8
5	8	7

La tabla muestra cómo les fue a Ramir y a Anna en el juego Nemotécnico.

1. Haz una gráfica de líneas punteadas en la que muestres el desempeño de cada alumno, usando un color distinto para cada uno.

Para cada uno, haz lo siguiente.

2. Calcula la mediana del número de objetos recordados correctamente.

3. Calcula cada media.

Esta gráfica muestra el desempeño de Carlton al jugar el juego Nemotécnico.

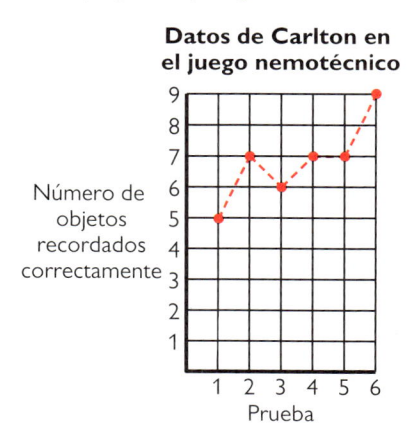

Datos de Carlton en el juego nemotécnico

4. ¿Cuántos objetos recordó correctamente Carlton en la tercera Prueba?

5. ¿Cuántos más objetos recordó correctamente Carlton en la sexta prueba que en la primera?

6. ¿Cuál es la moda?

Amplía conceptos

Katia está tratando de aprender español. Su maestro le pasó una hoja de ejercicios con dibujos de 20 objetos y ella tiene que escribir la palabra española de cada objeto y luego ver cuántas obtuvo correctamente. Esta gráfica muestra su desempeño.

Datos de Katia

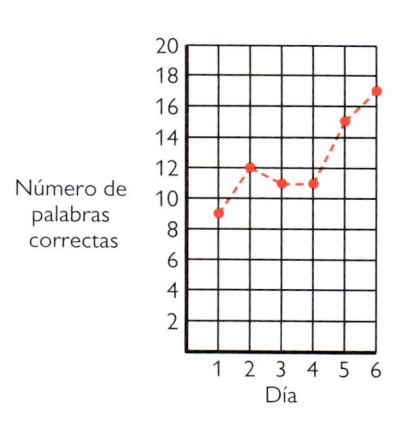

7. Haz una tabla de estos datos.

8. Calcula la media, mediana, moda y rango de los datos de Katia.

Redacción

9. Da ejemplos de cinco tipos distintos de datos en que se pueda usar una gráfica de líneas punteadas, indicando los títulos posibles de los ejes de cada gráfica.

8 Ejercicios

¿A qué distancia estás?

Aplica destrezas

Esta tabla muestra los resultados de un alumno que jugó cinco veces al juego del Libro abierto.

Datos de Dolita

Prueba	Meta	Estimación	Error
1	432	334	
2	112	54	
3	354	407	
4	247	214	
5	458	439	

1. Completa la tabla hallando el error de cada prueba.

2. Haz una gráfica de líneas punteadas de los errores de Dolita.

3. Calcula la media, mediana, moda (si existen) y el rango de errores de Dolita.

Cada día por 12 días, Tomás corrió por la cuadra y midió lo que se demoró.

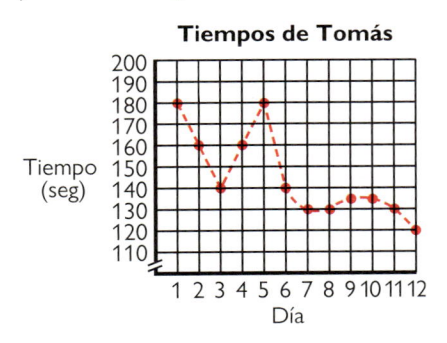

Tiempos de Tomás

4. Usa la gráfica para hallar la moda, mediana y rango de los tiempos de Tomás.

5. Usa una calculadora para averiguar el tiempo medio de Tomás.

6. Predice lo rápido que correrá Tomás el día 15, explicando cómo hiciste tu predicción.

7. Examina los datos de los 5 primeros días. ¿En cuáles Tomás fue más veloz?

8. ¿Qué día(s) corrió más rápido Tomas?

Amplía conceptos

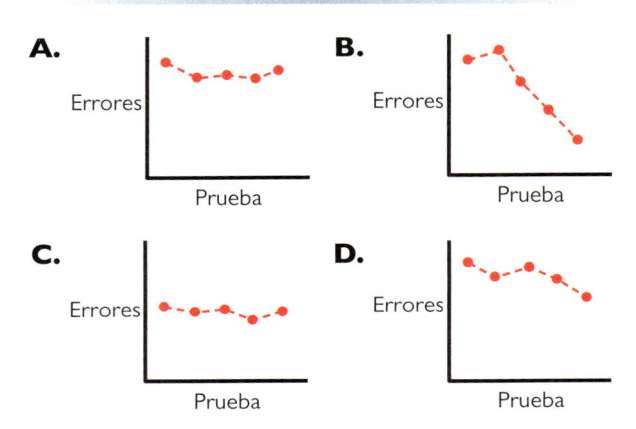

A.   B.
C.   D.

9. Estas gráficas son las del desempeño de cuatro alumnos en el juego del Libro abierto. Describe por escrito el desempeño de cada alumno.

10. ¿Qué gráfica muestra menos progreso? Explica.

11. ¿Qué gráfica muestra más progreso? Explica.

Redacción

12. Dottie notó que cuando mejoraban sus puntajes en el juego Nemotécnico, su gráfica subía y subía, pero que cuando jugaba al juego del Libro abierto, su gráfica bajaba, aun cuando estaba convencida que mejoraba. Explícale a Dottie cómo se lee una gráfica de líneas punteadas.

Ejercicios 9
Lo que nos indican las gráficas

Aplica destrezas

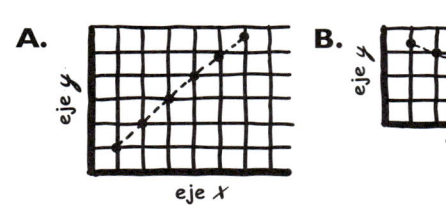

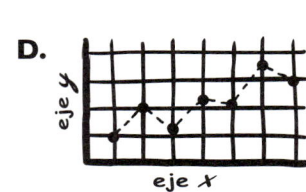

A. B. C. D. (gráficas con eje x y eje y)

Relaciona cada descripción con la gráfica correspondiente e indica cómo titularías cada eje.

1. "He mejorado constantemente en el juego Nemotécnico."
2. "He corrido más rápido cada día."
3. "Mis errores en el juego del Libro abierto han subido y bajado, pero he mejorado en general."
4. "Mi velocidad de natación ha subido y bajado, pero, en general, no parece mejorar."
5. "He medido cuánto puedo permanecer de cabeza, con días malos y buenos, pero he mejorado mi tiempo en su mayor parte."

Amplía conceptos

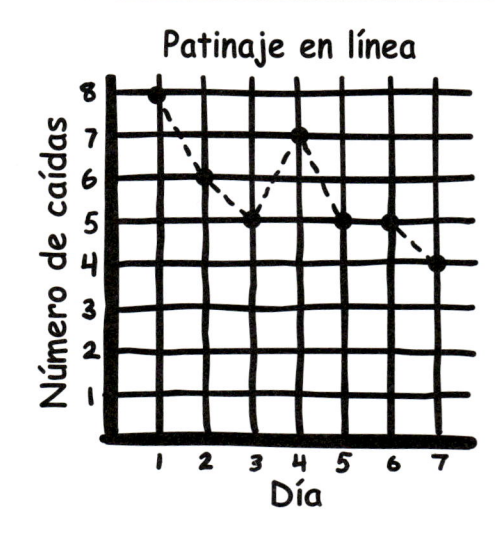

Patinaje en línea

(gráfica: Número de caídas vs Día)

6. Haz una tabla de los datos que presenta esta gráfica.
7. Calcula la media, mediana, moda (si existe(n)) y rango.
8. ¿Mejoró este alumno en el patinaje en línea? Escribe una oración sobre su desempeño.

Redacción

9. Contesta esta carta al Dr. Matemático.

> Estimado Dr. Matemático,
> Estoy confundida. No sé cómo se puede mirar una gráfica de líneas punteadas sin números y averiguar si el alumno está mejorando o no.
> Graf Ita

44 ¿QUÉ INDICAN LOS DATOS? • EJERCICIOS 9

Ejercicios 10: ¿Cuál es la posibilidad?

Aplica destrezas

Cada alumno escogió veinte veces un cubo de una bolsa, devolviendo el cubo antes de cada prueba. Los resultados aparecen en la tabla.

Datos del experimento

Alumno	Número de verdes	Número de amarillos
Anna	15	5
Bina	18	2
Carole	12	8
Dan	16	4
Elijah	14	6

Para cada color, calcula lo siguiente.

1. moda
2. rango
3. media
4. mediana

Usa fracciones para calcular la probabilidad experimental que tiene cada alumno de escoger un **cubo verde**.

Ejemplo: Anna: $\frac{15}{20}$

5. Bina
6. Carole
7. Dan
8. Elijah

Usa fracciones para calcular la probabilidad experimental que tiene cada alumno de escoger un **cubo amarillo**.

9. Anna
10. Bina
11. Carole
12. Dan
13. Elijah

14. Combina los datos de todo el grupo. ¿Cuál es la probabilidad experimental de escoger un **cubo verde**?

Amplía conceptos

Ésta es una lista de bolsas que los alumnos tal vez usaran para recopilar los datos que se muestran en la tabla. Para cada una, decide si es **probable, improbable** o **imposible** que los alumnos la hayan usado. Explica tu razonamiento.

15. 28 verdes, 12 amarillos
16. 10 verdes, 30 amarillos
17. 8 verdes, 2 amarillos
18. 16 verdes, 4 amarillos
19. 15 verdes, 15 amarillos

20. Si los alumnos usaron una bolsa con 100 cubos, ¿cuántos cubos verdes y amarillos crees que tenía? Explica tu razonamiento.

Haz la conexión

21. En TV, el informe del tiempo da con frecuencia la posibilidad de lluvia como porcentaje, como en "Hay una posibilidad del 70% que llueva mañana por la tarde, aumentando a un 90% mañana por la noche". ¿Qué significa esto? ¿Por qué crees que se use este lenguaje para hablar del tiempo? ¿En qué otros casos se habla de la posibilidad de que algo ocurra?

Ejercicios 11

Cambio de las posibilidades

Aplica destrezas

Bolsa	Azules	Rojos	Número total de cubos	Probabilidad teórica de escoger uno azul	Probabilidad teórica de escoger uno rojo
A	9	1	10	$\frac{9}{10}$	$\frac{1}{10}$
B	7	13			
C	16	4			
D	15	15			
E	22	8			
F	30	10			

1. Copia y completa la información que falta, usando el ejemplo de la primera fila.

2. ¿Qué bolsa da la probabilidad mayor de escoger un cubo azul?

3. ¿Qué bolsa da la probabilidad mayor de escoger un cubo rojo?

4. ¿Qué bolsa da la misma probabilidad de escoger uno azul que uno rojo?

5. Yasmine tiene una bolsa con 60 cubos que da la misma probabilidad de escoger un cubo azul que la que da la Bolsa C. ¿Cuántos cubos azules hay en su bolsa?

6. ¿Cuántos cubos rojos hay en la bolsa de Yasmine?

7. Ordena las bolsas de la posibilidad mayor a la menor que se tenga de escoger un cubo azul.

Amplía conceptos

Unos alumnos experimentaron con algunas de las bolsas de la tabla, con los resultados que se muestran más abajo. Para cada uno, calcula la probabilidad experimental indicada. ¿Qué bolsa(s) crees que hayan usado con toda probabilidad los alumnos? ¿Por qué?

8. Obtuvimos 20 rojos en 100 pruebas.

9. Obtuvimos 44 azules y 46 rojos.

10. Obtuvimos 75 azules en 100 pruebas.

11. No obtuvimos rojos en 5 pruebas.

Redacción

12. Supón que la bolsa de Sandy tiene 3 cubos, 2 de ellos morados, y que la de Tom tiene 20, 8 de ellos morados. Explica cómo determinar la bolsa que te da la mejor posibilidad de escoger, sin mirar, un cubo morado.

Ejercicios 12

¿De qué bolsa se trata?

Aplica destrezas

Esta gráfica de barras muestra el número de cubos de diversos colores en un bolsa de 20 cubos.

Cubos en una bolsa

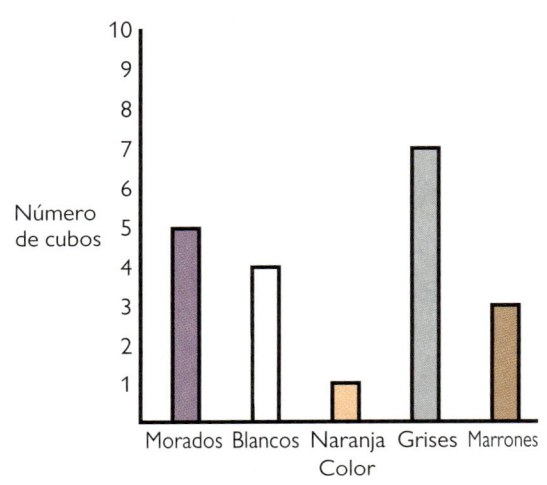

(Gráfica de barras: Morados = 5, Blancos = 4, Naranja = 1, Grises = 7, Marrones = 3)

Usa la gráfica para calcular la probabilidad teórica, escrita como fracción, de escoger uno de cada color.

1. un cubo morado
2. un cubo blanco
3. un cubo naranja
4. un cubo gris
5. un cubo marrón

Cada alumno tomó 10 muestras de la bolsa y anotó sus datos en esta tabla.

Datos del experimento

Alumno	cubos morados	cubos blancos	cubos naranja	cubos grises	cubos marrones
Miaha	2	2	0	4	2
Alec	3	1	1	5	0
Dwayne	3	2	1	3	1
SooKim	2	3	0	3	2

6. Para calcular la **probabilidad experimental** grupal, escrita como fracción, de escoger cada color, combina los datos de todos los alumnos.

7. Para cada color, halla el número promedio de veces que se lo escogió.

Amplía conceptos

8. Una caja del dulce Yummy Chewy tiene 30 de ellos, azules, verdes, rojos o rosados. La probabilidad teórica de escoger uno azul es $\frac{1}{3}$, uno verde, $\frac{1}{6}$, y uno rojo, $\frac{1}{5}$. ¿Cuántos dulces rosados hay en la caja? Explica.

Redacción

9. Contesta esta carta al Dr. Matemático.

> Estimado Dr. Matemático,
> Estaba leyendo los resultados del estudio el Dulce insuperable y estoy confundido. La probabilidad teórica de escoger un arándano de la bolsa A es $\frac{7}{12}$. Tomamos 24 muestras de la bolsa A y obtuvimos 16 arándanos. ¿Se trata de más arándanos de los que se esperaría obtener? ¿De menos? ¿Por qué es que nuestros resultados no correspondieron exactamente a la probabilidad teórica?
> Frijolín

¿En qué se parece nuestro sistema actual de numeración a uno antiguo?

EL IDIOMA
DE LOS
NÚMEROS

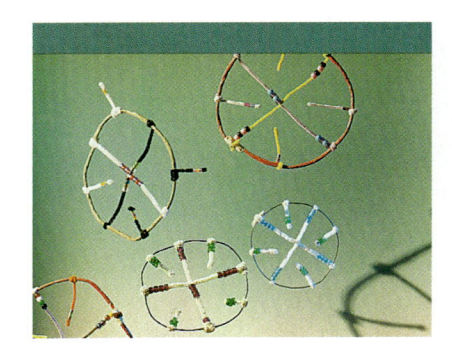

FASE UNO
Un artefacto misterioso™

Nuestro sistema de numeración actual es uno de los grandes inventos del ser humano. Con sólo un grupo de diez dígitos, se puede escribir cualquier número, de 1 a un googol (un 1 seguido de 100 ceros) e incluso mayores. Pero, ¿qué harías si tuvieras que diseñar un sistema nuevo? En esta fase, estudiarás las propiedades de los sistemas numéricos y usando un artefacto misterioso inventarás uno nuevo.

FASE DOS
El ábaco chino

El ábaco es un instrumento antiguo, aún en uso, el cual emplearás para resolver problemas como ¿Qué número de 3 dígitos puedo formar con exactamente tres cuentas? Compararás el valor de posición en nuestro sistema con el del ábaco, lo que te ayudará a entender mejor nuestro sistema de numeración.

FASE TRES
El poder de los números

En esta fase, probarás tu poder numérico en juegos, lo que te hará ver lo increíble que es nuestro sistema. Estudiarás sistemas en los que el valor de posición lo ocupan las potencias de un número distinto de 10. Viajarás al pasado para descifrar un sistema de numeración antiguo. Finalmente, aplicarás lo aprendido para crear el sistema ideal de numeración.

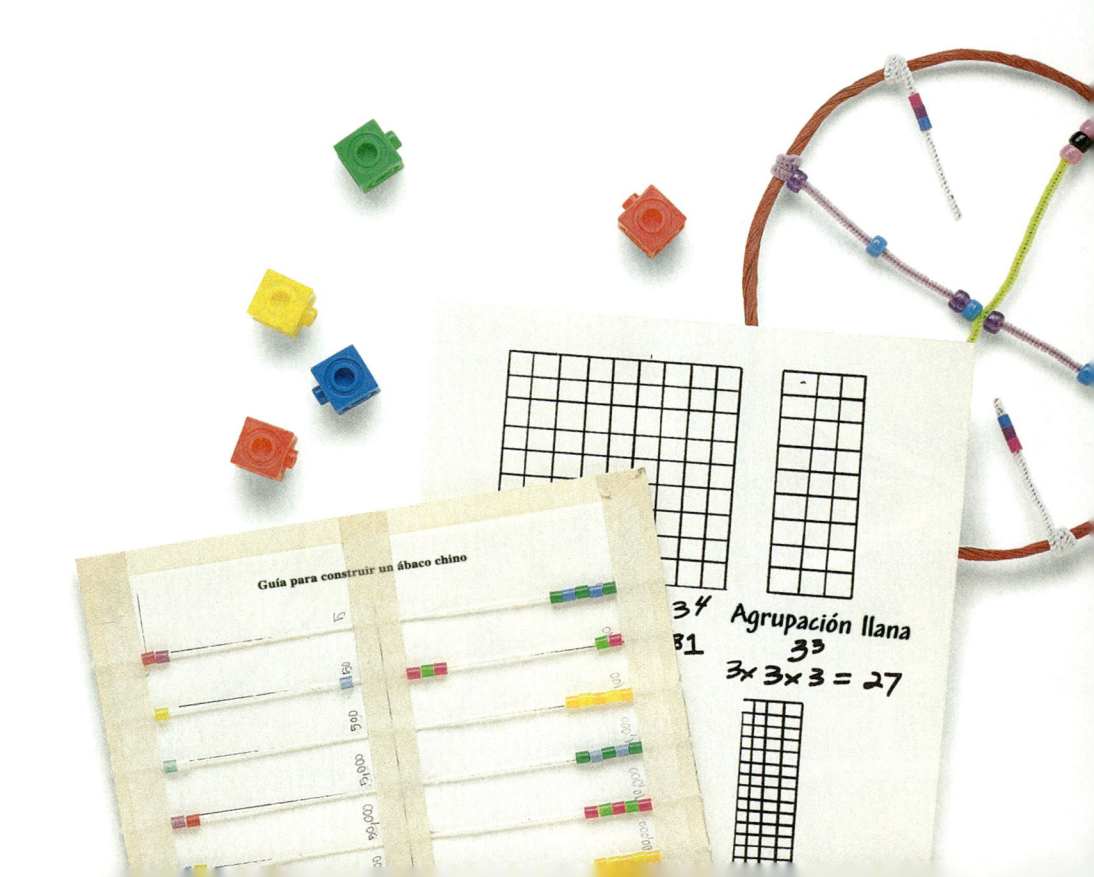

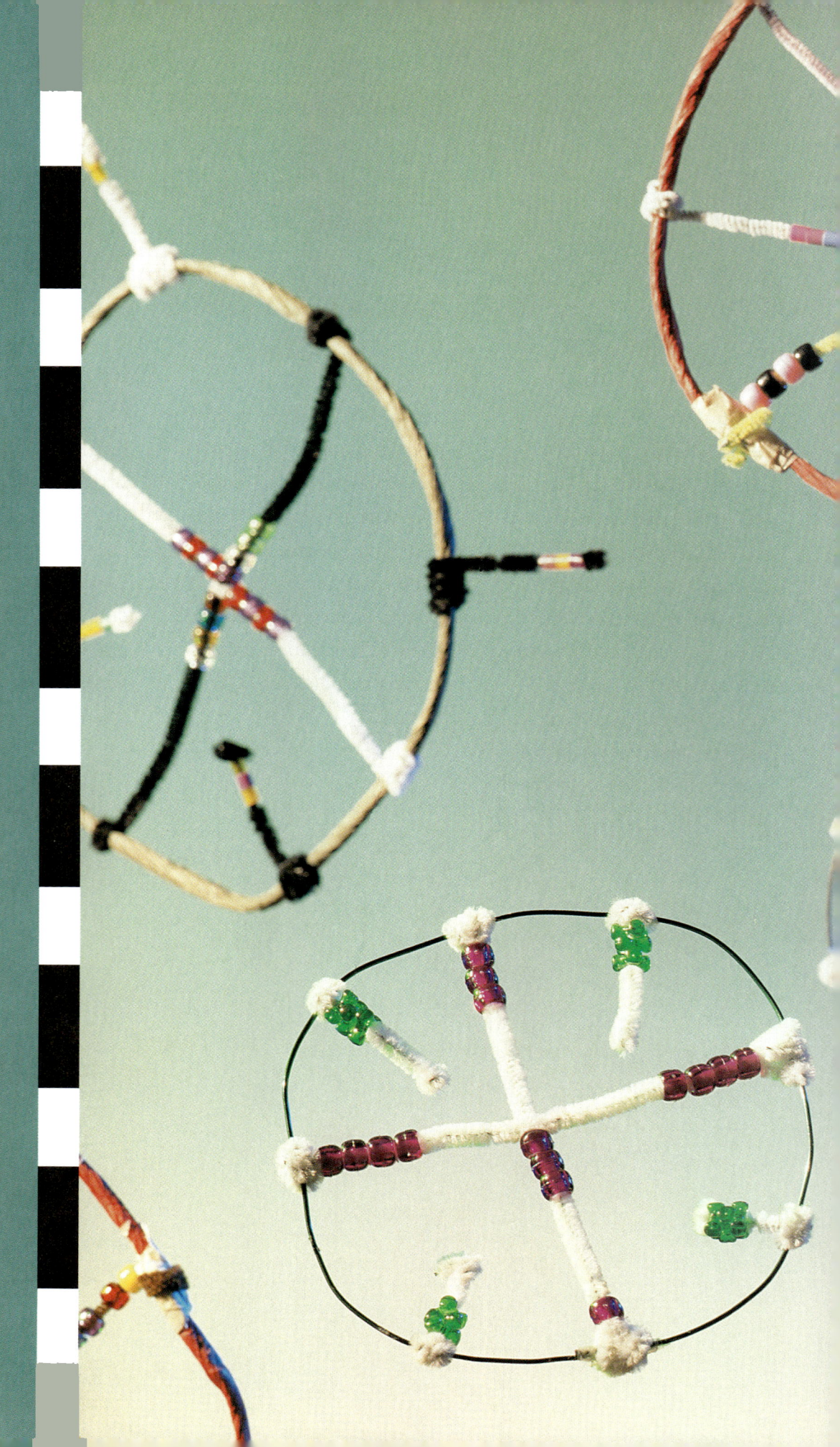

FASE UNO

Imagina que se descubre un artefacto misterioso que forma números, pero que no funciona con nuestro sistema actual de numeración y que sólo tú puedes revelar sus secretos.

¿Qué tienen en común los programadores de computación y los descifradores de claves? En estas profesiones, es importante entender los sistemas de numeración. ¿Se te ocurren otras profesiones en las que sea importante poseer un entendimiento de los sistemas de numeración?

Un artefacto misterioso

LA MATEMÁTICA DEL ASUNTO

Esta sección se enfocará en:

PROPIEDADES de los SISTEMAS DE NUMERACIÓN

- Identifica las propiedades de un sistema de numeración
- Analiza un nuevo sistema de numeración y compáralo con el nuestro
- Busca relaciones entre numerales y las reglas de un sistema de numeración
- Describe un sistema de numeración por sus símbolos, reglas y propiedades

LA ESTRUCTURA NUMÉRICA

- Usa la notación extendida para ilustrar cómo se escriben los números en diversos sistemas
- Traduce numerales en expresiones aritméticas
- Reconoce que el mismo número puede escribirse de diversas maneras
- Busca patrones aritméticos en numerales

Panorama matemático en línea
mathscape1.com/self_check_quiz

1 Inventa un sistema de artefacto misterioso

REPRESENTA NÚMEROS DE DISTINTAS MANERAS

Todo lo que necesitarás son algunos limpiapipas y cuentas, los que usarás para inventar tu propio artefacto misterioso. Lo usarás para inventar tu propio sistema para formar números ¿Puedes enunciar sus reglas de modo que otros puedan usarlo?

¿Qué necesitarías para inventar un sistema de numeración?

Crea un artefacto misterioso

Usa las instrucciones de montaje de un artefacto misterioso para hacer uno propio, el que tendrá este aspecto, asegurándote que los "brazos" cortos puedan volverse hacia adentro y hacia afuera.

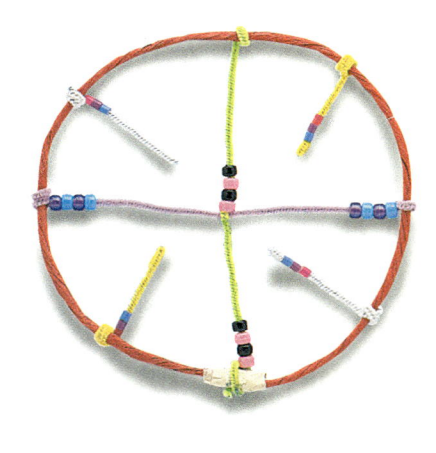

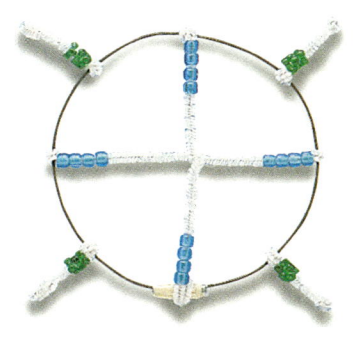

52   EL IDIOMA DE LOS NÚMEROS • LECCIÓN 1

Forma números con el artefacto misterioso

Idea una manera de formar todos los números, entre 0 y 120, en tu artefacto misterioso y averigua si puedes hallar un grupo de reglas para formar todos los números en el artefacto misterioso. Usa estas preguntas para probar tu sistema.

- ¿Cómo usa las cuentas mi sistema para formar números? ¿Tiene algún efecto el tamaño o la posición de una cuenta en un brazo?

- ¿Funciona este sistema para números grandes, así como para números pequeños? ¿Tendré que cambiar las reglas para formar un número cualquiera?

- ¿Cómo le explico a alguien cómo usar mi sistema? ¿Tiene algún efecto qué parte del artefacto está en la parte superior?

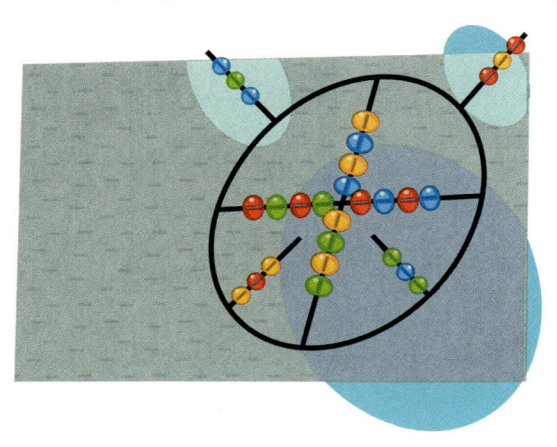

¿Cómo podemos usar un artefacto misterioso para representar números?

Describe el nuevo sistema de numeración

Mediante dibujos, tablas, palabras o números, describe las reglas de uso del sistema de numeración de tu artefacto misterioso. Explica tu sistema de numeración de modo que alguien lo entienda y lo pueda usar para formar números.

1 Explica con palabras y dibujos cómo usaste tu sistema para formar cada uno de estos números: 7, 24, 35, 50, 87 y 117.

2 Explica con palabras y dibujos cómo formaste en tu sistema el número posible más grande que pueda formarse con él.

3 Explica cómo se usa la notación extendida para ilustrar la escritura de un número en tu sistema.

¿En qué difiere tu sistema de los de tus compañeros de clase?

palabras **importantes**
sistema de numeración
símbolos numéricos
notación extendida

Ejercicios
página 80

EL IDIOMA DE LOS NÚMEROS • LECCIÓN 1

2 Compara los sistemas del *artefacto misterioso*

USA LA NOTACIÓN EXTENDIDA

¿Cuáles son los "componentes básicos" de un sistema de numeración? Para averiguarlo, formarás números diversos con el artefacto misterioso e idearás tu propia manera de anotarlos. Averigua cómo se revisan los componentes básicos de tu sistema de artefacto misterioso, con nuestro sistema de numeración.

Explora la notación extendida

¿Cómo puedes usar la notación extendida, para mostrar cómo se forma un número en tu sistema?

Usa tu artefacto misterioso para formar estos números. Idea un sistema de notación extendida para ilustrar cómo formaste cada número con tu artefacto misterioso.

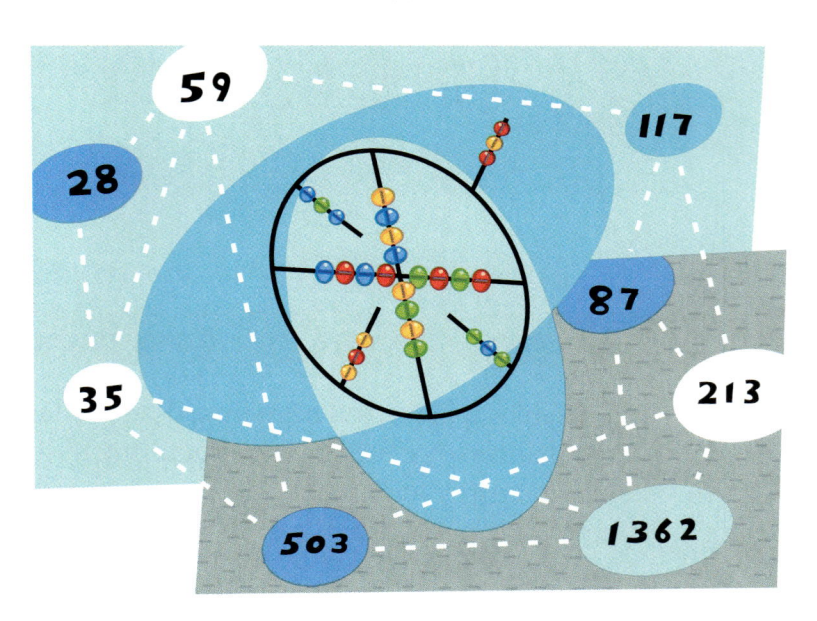

59　117　28　87　35　213　503　1362

¿Por qué es importante que la clase se ponga de acuerdo en un método de notación extendida?

54　EL IDIOMA DE LOS NÚMEROS • LECCIÓN 2

Investiga los componentes básicos de los sistema de numeración

Descubre los diversos números que puedes formar en tu artefacto misterioso con 3 cuentas. Las cuentas que uses pueden variar de número a número, pero sólo puedes usar 3 en cada uno. Anota tu trabajo usando notación extendida.

¿Qué números puedes formar con 3 cuentas?

- ¿Cuál crees que sea el número menor que se pueda formar con sólo 3 cuentas? ¿El mayor?
- Si pudieras usar un número arbitrario de cuentas, ¿podrías formar un número de más de una manera?
- ¿Crees que haya números que puedan formarse de una sola manera?

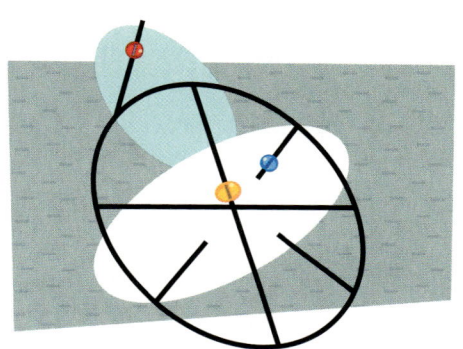

20 + 4 + 1 = 25

Compara sistemas de numeración

Contesta estas cinco preguntas para comparar tu sistema del artefacto misterioso con nuestro sistema. Luego, formula al menos tres preguntas para comparar sistemas de numeración.

1. ¿Puedes formar un número con 3 cuentas que se escriba con exactamente 3 dígitos en nuestro sistema?
2. ¿Puedes formar uno de 3 cuentas que se escriba con más de 3 dígitos?
3. ¿Puedes formar uno de 3 cuentas que se escriba con menos de 3 dígitos?
4. ¿Cuáles son los componentes básicos del sistema del artefacto misterioso?
5. ¿Cuáles son los componentes básicos de nuestro sistema?

palabras importantes
expresión aritmética
notación extendida

Ejercicios
página 81

EL IDIOMA DE LOS NÚMEROS • LECCIÓN 2

3 Numerales en diversos idiomas

BUSCA PATRONES ARITMÉTICOS

Los patrones en los numerales de otros idiomas te pueden ayudar a entender cómo se forman los números.

Aquí buscarás patrones en los numerales de diversos idiomas, lo que te ayudará a entender la aritmética detrás de algunos numerales en español.

Busca patrones en numerales en fulfulde

¿Qué puedes aprender sobre los sistemas de numeración al examinar los numerales en otros idiomas?

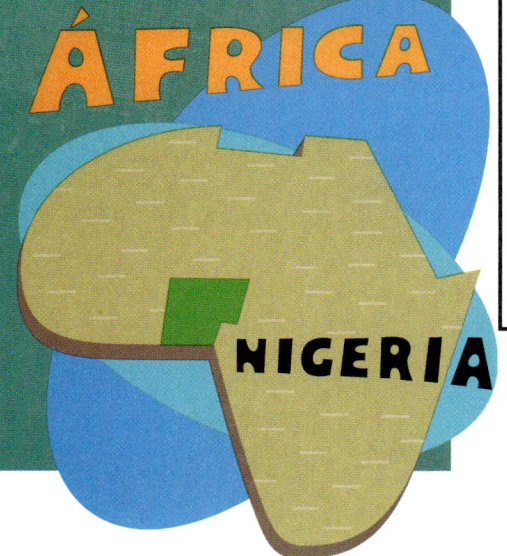

Examina las palabras en fulfulde para los números del 1 al 100. Descubre cómo cada numeral en fulfulde describe la forma en que se forma un número. Al lado de cada numeral, escribe una expresión aritmética que muestre los componentes básicos de dicho número. La *e* aparece en muchos de los numerales. ¿Qué crees que signifique?

Numerales en fulfulde (norte de Nigeria)				
1	go'o	15	sappo e joyi
2	i i	16	sappo e joyi e go'o
3	tati	17	sappo e joyi e i i
4	nayi	18	sappo e joyi e tati
5	joyi	19	sappo e joyi e nayi
6	joyi e go'o	20	noogas
7	joyi e i i	30	chappan e tati
8	joyi e tati	40	chappan e nayi
9	joyi e nayi	50	chappan e joyi
10	sappo	60	chappan e joyi e go'o
11	sappo e go'o	70	chappan e joyi e i i
12	sappo e i i	80	chappan e joyi e tati
13	sappo e tati	90	chappan e joyi e nayi
14	sappo e nayi	100	teemerre

¿En qué se parecen los numerales en fulfulde a los correspondientes en español?

Descifra los numerales de otro idioma

Trabajen en grupo para completar cada uno de estas instrucciones. Descifren los numerales usando hawaiano, maya o gaélico.

1. Escribe una expresión aritmética para cada palabra de la tabla de numerales.

2. Determinen los numerales, en el idioma escogido, para 120, 170, 200 y 500.

3. Escribe una expresión aritmética para cada numeral nuevo, explicando cómo lo hiciste.

¿Qué comparten los diversos idiomas en la manera en que forman numerales?

¿Cómo puedes usar expresiones aritméticas para comparar numerales en diversos idiomas?

Inventa un idioma en base al artefacto misterioso

Inventa un idioma usando el artefacto misterioso, el cual siga las reglas de al menos uno de los sistemas de numeración que descifraste. Usa la tabla de más abajo como ejemplo. En tu idioma, inventa numerales para los números del 1 al 10.

1. Usando tu nuevo idioma de artefacto misterioso, inventa palabras para los números 25, 43, 79 y 112. Las palabras deben describir cómo se formarían estos números en tu artefacto misterioso.

2. Escribe una expresión aritmética en la que muestres cómo formaste cada número.

1	en
2	sessi
3	soma
4	vinta
5	tilo
6	chak
7	bela
8	jor
9	drona
10	winta

palabras importantes
múltiplo
patrón

Ejercicios
página 82

EL IDIOMA DE LOS NÚMEROS • LECCIÓN 3

4 Examina el sistema de Alisha

ANALIZA UN SISTEMA DE NUMERACIÓN

¿Funciona el sistema inventado por Alisha? Usarás lo aprendido para analizar el sistema e idioma inventado por Alisha. Averigua si su sistema funciona suficientemente bien como para transformarse en el sistema oficial del artefacto misterioso.

¿Cómo funciona el sistema de Alisha?

Analiza el sistema de artefacto misterioso de Alisha

Usa la siguiente tabla para entender el sistema de Alisha. Al contestar cada pregunta, haz un dibujo, escribe la expresión aritmética al lado de ella, mostrando solamente las cuentas que usas en cada dibujo.

1. ¿Cómo escribirías 25 en el sistema de Alisha, usando el mínimo de cuentas?

2. Escoge dos otros números entre 30 y 100 que no aparezcan en la tabla y escríbelos usando el mínimo de cuentas.

3. ¿Cuál es el número más grande que puedes formar?

El sistema de artefacto misterioso de Alisha

Cada cuenta pequeña = 1.

Cada cuenta pequeña que apunta hacia arriba = 20.

Las cuentas se cuentan al deslizarlas hacia el centro o hacia el extremo de un brazo.

Cada cuenta grande = 4.

Así se forma 11.

58 EL IDIOMA DE LOS NÚMEROS • LECCIÓN 4

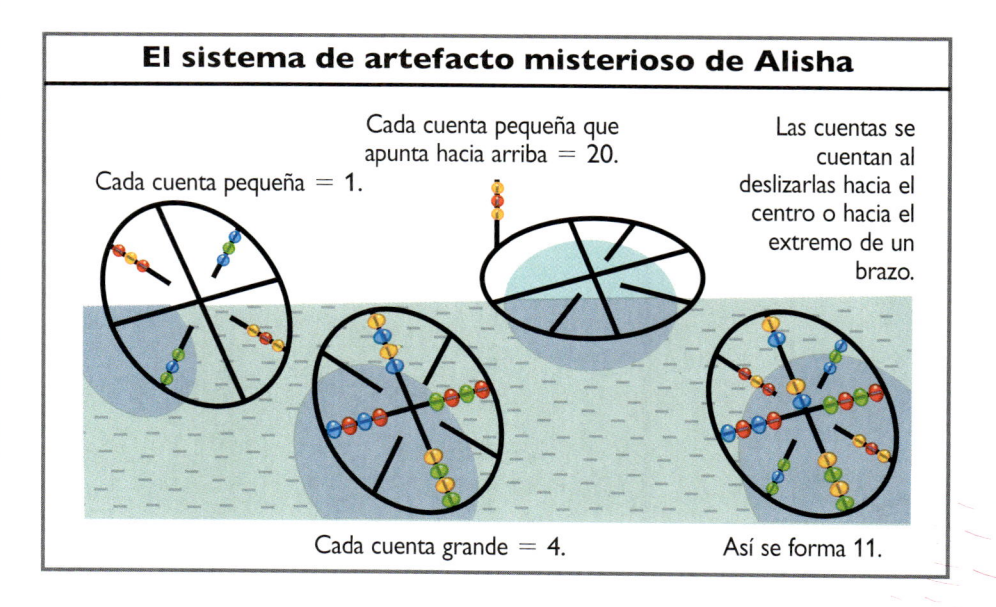

Forma números en el sistema de Alisha

Alisha inventó numerales que acompañasen su sistema del artefacto misterioso, los que aparecen en la tabla. Para averiguar cómo funciona el sistema de Alisha, contesta estas preguntas.

¿En qué se parece el sistema de Alisha al nuestro?

1 Indica qué número corresponde a cada numeral y escribe la expresión aritmética.

a. soma, sim-vinta, en

b. set-soma, vintasim

c. sim-soma, set

d. vinta-soma, set-vinta

e. vintaen-soma, set-vinta, sim

2 Escribe la palabra en el sistema de Alisha para 39, 95 y 122.

1	en	11	set-vinta, sim	30	soma, set-vinta, set
2	set	12	sim-vinta	40	set-soma
3	sim	13	sim-vinta, en	50	set-soma, set-vinta, set
4	vinta	14	sim-vinta, set	60	sim-soma
5	vintaen	15	sim-vinta, sim	70	sim-soma, set-vinta, set
6	vintaset	16	vinta-vinta	80	vinta-soma
7	vintasim	17	vinta-vinta, en	90	vinta-soma, set-vinta, set
8	set-vinta	18	vinta-vinta, set	100	vintaen-soma
9	set-vinta, en	19	vinta-vinta, sim		
10	set-vinta, set	20	soma		

Evalúa los sistemas de numeración

Usa estas preguntas para evaluar tu sistema del artefacto misterioso y el de Alisha. Decide cuál de ellos debería ser el sistema oficial del artefacto misterioso, dando tus razones.

- ¿Qué par de cosas se requieren que hacen de un sistema oficial del artefacto misterioso un buen sistema de numeración?

- ¿Cuál de las dos cosas que acabas de indicar tiene el sistema de Alisha? ¿Cuáles tiene el tuyo? Da ejemplos para ilustrar lo que quieres decir.

- ¿Cómo podrías mejorar tu sistema para que sea el sistema oficial del artefacto misterioso?

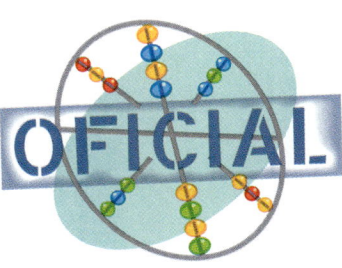

palabras importantes
regla
expresión aritmética

Ejercicios
página 83

EL IDIOMA DE LOS NÚMEROS • LECCIÓN 4

FASE DOS

Este instrumento de numeración se llama *choreb* en armenio. En japonés, es un *soroban* y los turcos lo conocen como *coulba*. Los chinos lo llaman *suan pan* o *sangi*. Nosotros los conocemos como ábaco, el cual viene del latín *abacus*.

Diversas culturas han desarrollado diversas formas del ábaco. Algunas aún se usan ampliamente. Tal vez te sean familiares los ábacos chinos, japoneses, rusos u otros. El ábaco nos permite ver cómo funciona el valor de posición de un sistema de numeración.

El ábaco chino

LA MATEMÁTICA DEL ASUNTO

Esta sección se enfocará en:

PROPIEDADES de los SISTEMAS de NUMERACIÓN

- Representa y produce números en otro sistema de numeración
- Estudia y busca propiedades que contrasten sistemas de numeración
- Comprende el uso y la función del valor de posición en los sistemas de numeración

LA ESTRUCTURA NUMÉRICA

- Comprende la relación entre el intercambio y el valor de posición en los sistemas de numeración
- Reconoce patrones en la representación de números grandes o pequeños en un sistema de valor de posición
- Comprende el papel que cumple el cero como marcador de posición, en nuestro sistema de numeración de valor de posición

Panorama matemático en línea
mathscape1.com/self_check_quiz

EL IDIOMA DE LOS NÚMEROS

5 Estudia el ábaco chino

ESTUDIA EL VALOR DE POSICIÓN

Al igual que con el artefacto misterioso, debes de mover cuentas para mostrar números en el ábaco chino. Pero descubrirás que, de otra manera, el ábaco se parece más a nuestro sistema que el artefacto misterioso. ¿Puedes hallar las maneras en que el sistema del ábaco se parece a nuestro sistema?

Forma números en un ábaco chino

¿Cómo funciona un ábaco?

Las varillas de este ábaco aparecen rotuladas de modo que puedas ver sus valores. Ve si puedes seguir las reglas del ábaco chino para formar los números 258, 5,370 y 20,857.

Las reglas del ábaco chino

Las cuentas superiores valen 5 veces el valor de posición

Barra

Las cuentas inferiores valen 1 vez el valor de posición

Varillas: 10,000,000,000s; 1,000,000,000s; 100,000,000s; 10,000,000s; 1,000,000s; 100,000s; 10,000s; 1,000s; 100s; 10s; 1s

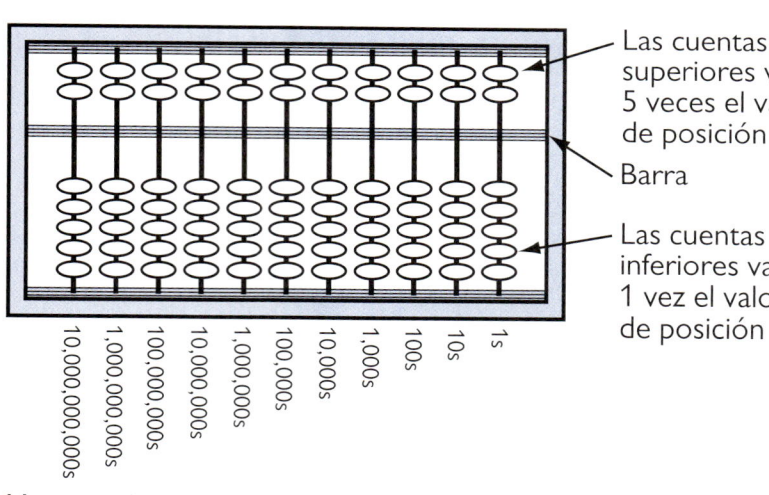

- Cada varilla del ábaco chino tiene un valor distinto.
- Una barra divide el ábaco en una sección superior y otra inferior.
- Cada cuenta encima de la barra vale 5 veces el valor de la varilla, si se la desliza hacia la barra.
- Cada cuenta debajo de la barra vale 1 vez el valor de la varilla, si se la desliza hacia la barra.
- Se muestra 0 en una varilla apartando todas sus cuentas de la barra.

He aquí algunos números (sólo se muestra parte del ábaco).

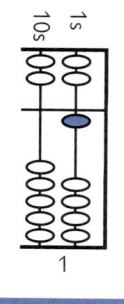

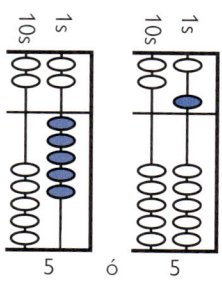

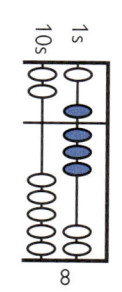

1   5 ó 5   8   76

62 EL IDIOMA DE LOS NÚMEROS • LECCIÓN 5

Estudia el ábaco chino

Para cada siguiente pregunta, explora maneras distintas de formar números en el ábaco. Usa tanto dibujos como notación aritmética, para mostrar cómo formaste cada número.

1 Forma cada uno de estos números en el ábaco, por lo menos de dos maneras distintas.

  a. 25   **b.** 92   **c.** 1,342   **d.** 1,000,572

2 Usa 3 cuentas cualesquiera para hallar estos números. Puedes usar cuentas distintas para cada número, pero sólo debes usar tres cuentas.

  a. el mayor número que puedas formar

  b. el menor número que puedas formar

3 Busca algunos números de 3 dígitos, en nuestro sistema, que requieran exactamente 3 cuentas.

  a. Busca al menos cinco números distintos que puedas formar con 3 cuentas.

  b. Produce al menos un número, usando solamente las dos primeras varillas del ábaco.

> ¿En qué se parece el valor de posición en un ábaco al de nuestro sistema? ¿En qué difiere?

Define el valor de posición

Nuestro sistema de numeración se basa en el valor de posición. Cada varilla tiene un valor y 0 se usa como marcador de posición, así que 3 significa 3 unidades, 30 significa 3 decenas, 300 significa 3 centenas, etc. ¿En qué se parece el uso de valor de posición en el ábaco al de nuestro sistema?

- Escribe una definición de valor de posición que funcione tanto para el ábaco chino como para nuestro sistema.

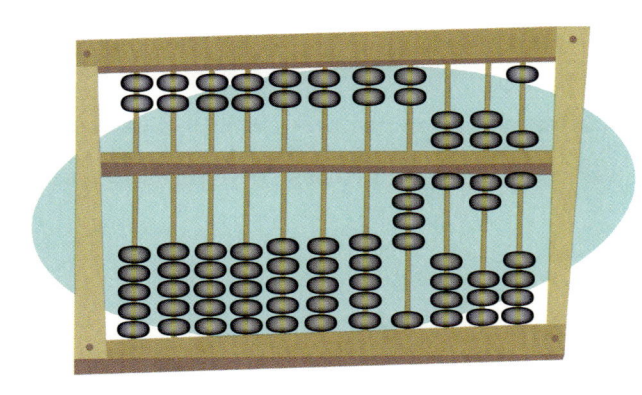

palabras importantes: equivalente

Ejercicios página 84

EL IDIOMA DE LOS NÚMEROS • LECCIÓN 5

6 ¿Cuánto puedes acercarte?

INTERCAMBIO Y VALOR DE POSICIÓN

¿Cuánto puedes acercarte a un número meta usando un número dado de cuentas? En este juego, explorarás el intercambio entre las posiciones en un ábaco chino, usando lo que descubras al jugar este juego, para comparar el ábaco chino con nuestro sistema.

¿Cuánto puedes acercarte a 6,075 usando 14 cuentas?

Estudia las relaciones de intercambio

Sigue estas instrucciones para jugar ¿Cuánto puedes acercarte? Trata de acercarte lo más posible al número meta, usando el número dado de cuentas. Si no puedes formar exactamente el número, trata de acercarte a él lo más posible.

Reglas del juego ¿Cuánto puedes acercarte?

1. Un jugador escoge un número entre 1,000 y 9,999.

2. Otro jugador escoge un número de cuentas entre 7 y 16. Se deben usar el número exacto de cuentas escogido.

3. Todos los jugadores deben anotar el desafío al grupo para la vuelta. ¿Cuánto puedes acercarte a _____ usando exactamente _____ cuentas?

4. Cuando a todos los jugadores les ha tocado su turno, comparen sus respuestas. El o los que se acerquen más al número meta ganan un punto.

5. Sigan jugando con otros jugadores escogiendo el número meta y el número de cuentas. El juego termina cuando alguien ha ganado 10 puntos.

¿Cuándo se usa intercambio en nuestro sistema de numeración?

64 EL IDIOMA DE LOS NÚMEROS • LECCIÓN 6

Resuelve acertijos de números misteriosos

Aquí se muestran cuatro acertijos de números misteriosos. Para resolver cada uno, debes descubrir la parte posible del ábaco que se muestra y dar al menos un número que muestren las cuentas. Da tus respuestas con dibujos y notación extendida. Pero, ¡cuidado! uno de estos acertijos no tiene solución y algunos tienen más de una.

Acertijo A
¿De qué número se trata?
Claves:
- Se muestran todas las cuentas que forman el número.
- Una de la varillas es la de los 10,000.
- No se muestra la varilla de las decenas.

Acertijo B
¿De qué número se trata?
Claves:
- Se muestran todas las cuentas que forman el número.
- Una de la varillas es la de las centenas.
- El número está entre 100,000 y 10,000,000.

Acertijo C
¿De qué número se trata si agregas la cuenta que falta?
Claves:
- Se muestran todas las varillas que forman el número.
- Falta una cuenta en la figura.
- Al escribir el número meta en nuestro sistema, hay un 1 en el lugar de los millones.

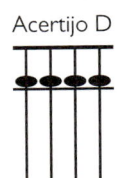

Acertijo D
¿De qué número se trata si agregas las cuentas que faltan?
Claves:
- Se muestran todas las varillas que forman el número.
- Faltan dos cuentas en la figura.
- Para formar este número, sólo se usaron las cuentas de la parte superior del ábaco.
- Al escribir el número meta en nuestro sistema, hay un 5 en el lugar de los miles.

¿Qué intercambios pueden hacerse en el ábaco chino para escribir tanto 5,225 como 5,225,000 con sólo 12 cuentas?

---

palabras importantes: expresiones equivalentes

Ejercicios página 85

EL IDIOMA DE LOS NÚMEROS • LECCIÓN 6   **65**

7 Sistemas aditivos

ANALIZA UN SISTEMA DISTINTO

Un sistema aditivo no usa valor de posición. Para hallar el valor de un número, sólo se suman los valores de los símbolos individuales. Por ejemplo, si △ es igual a 1 y □ es igual a 7, entonces □ □ △ es igual a 7+7+1 = 15. ¿Crees que un sistema tal sea más fácil de usar que el nuestro? ¿Más difícil?

¿Qué pasa si no se usa valor de posición en un sistema de numeración?

Estudia el funcionamiento de un sistema aditivo

Descubre cómo funciona tu sistema aditivo si formas los números siguientes. Anota cómo formaste cada número en una tabla y escribe una expresión aritmética de los tres más grandes.

1. Forma los números del 1 al 15.
2. Forma con tres símbolos el número más grande posible.
3. Forma cinco otros números mayores que 100.

Número en nuestro sistema	Número en el sistema aditivo	Expresión aritmética (sólo para los tres números más grandes)
10	□△△△	7+1+1+1=10

¿Cuáles son los patrones en tu sistema?

Compara los Sistemas de tres

En nuestro sistema, los números de 3 dígitos son siempre mayores que los de 2 dígitos. Por ejemplo, 113 tiene tres dígitos y es mayor que 99, el que tiene dos dígitos. En los sistemas que estudias, ¿son los números de tres símbolos siempre mayores que los de dos símbolos? Explica por qué.

Mejora un sistema de numeración

Mejora tu sistema aditivo introduciendo un símbolo nuevo. Éste debiera hacer más fácil su uso o mejorarlo de alguna manera.

1 El nuevo símbolo debe tener un valor distinto a los del sistema.

2 Forma al menos cinco números con tu sistema mejorado y anótalos en tu hoja de registro.

☐ ☐ ☐ ☐ △ △ ☆   ☐ ☐ △ ☆

> ¿Cómo se mejora un sistema al introducir un símbolo nuevo?

Analiza el sistema aditivo mejorado

Trabaja con un compañero(a) para estudiar otro sistema. Mira si puedes descubrir cómo funciona el sistema mejorado de tu compañero. Comparen los números mayores que pueden formar con tres símbolos y con cuatro. Responde estas preguntas.

- ¿Qué sistema te permite formar con mayor facilidad números más grandes? ¿Por qué?
- ¿Qué patrones de múltiplos son fáciles de reconocer en cada sistema? ¿Por qué?
- ¿Puedes hallar otras semejanzas entre los dos sistemas?
- ¿Puedes hallar otras diferencias?
- ¿Cómo se parecen estos sistemas al nuestro?

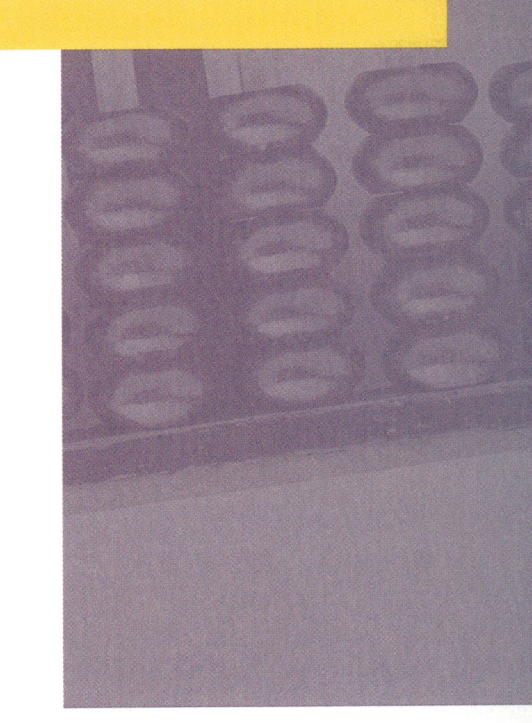

palabras importantes: sistema aditivo, numerales romanos

Ejercicios página 86

EL IDIOMA DE LOS NÚMEROS • LECCIÓN 7

8 El sistema AM

IDENTIFICA LAS PROPIEDADES DE LOS SISTEMAS DE NUMERACIÓN

Es hora de desempolvar nuestro artefacto misterioso y aprender un sistema nuevo, el sistema AM. Mientras aprendes a usarlo, estudiarás la formación de números de más de una manera. Para esto, jugarás ¿Cuánto puedes acercarte?

Descifra el sistema de numeración AM

¿Cómo formas 25 en el sistema AM?

Esta ilustración muestra el valor de las cuentas en el sistema AM. Aquí se muestra 0 con el artefacto misterioso: todas las cuentas están apartadas del centro. Para formar números, deslizas las cuentas hacia el centro del artefacto misterioso. Mantén los brazos cortos dentro del aro.

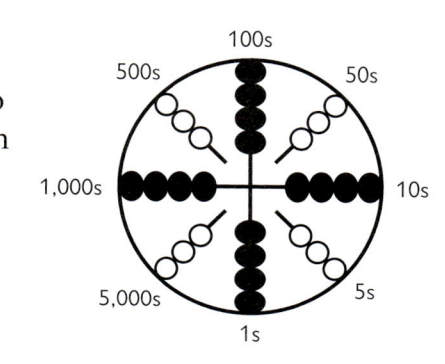

Crea representaciones múltiples de números

¿Se pueden formar números de más de una manera en el sistema AM?

Usa el sistema AM para formar cada uno de estos números con el artefacto misterioso.

1 Forma un número de 4 dígitos, con un cero en una de sus posiciones.

2 Forma un número de 3 dígitos de más de una manera.

3 Forma un número que sólo se pueda formar de una sola manera.

Estudia las relaciones de intercambio en el sistema AM

Jackie está jugando al ¿Cuánto puedes acercarte? y necesita ayuda. Formó 6,103 con 6 cuentas, pero no sabe que es lo que tiene que hacer ahora para llegar a las 12 cuentas. Dale una pista usando palabras, dibujos o notación aritmética, pero cuídate de no darle la solución.

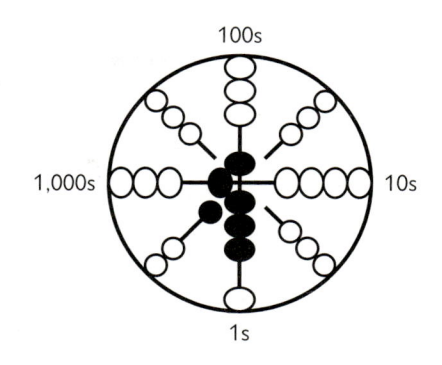

¿Qué tan cerca puedes estar de 6,103 en el sistema AM con exactamente 12 cuentas?

Compara el sistema AM con otros sistemas

Haz una tabla como la que se muestra y complétala para comparar el sistema AM con tu sistema de artefacto misterioso, el del ábaco, el sistema aditivo de la Lección 7 y nuestro propio sistema.

¿En qué se parece el sistema AM a cada uno de los otros sistemas?

Preguntas	Sistema AM	Mi sistema de artefacto misterioso	El ábaco chino	Sistema aditivo estudiado	Nuestro sistema de numeración
¿Qué símbolos se usan para escribir números?					
¿Cuáles son los componentes básicos?					
¿Hay un límite al número más grande que se pueda escribir?					
¿Hay más de una manera de producir un número?					
¿Cómo usa el valor de posición el sistema?					
¿Cómo usa intercambio el sistema?					
¿Cómo usa el cero el sistema?					
¿Cuáles son los patrones del sistema?					
¿Cómo es de aditivo el sistema?					

palabras importantes: valor de posición

Ejercicios página 87

FASE TRES

Nuestro sistema de numeración se desarrolló en el curso de miles de años. Diversas culturas tuvieron un papel en transformarlo en un potente instrumento para manipular números.

Imagina que se te ha pedido estudiar diversos sistemas de numeración para mejorar nuestro sistema de numeración. ¿Cómo inventarías un sistema de numeración "nuevo y mejorado"?

El poder de los números

LA MATEMÁTICA DEL ASUNTO

Esta sección se enfocará en:

PROPIEDADES de los SISTEMAS de NUMERACIÓN

- Comprende que un sistema de numeración es eficiente, si todo número sólo se puede formar de una manera y con pocos símbolos
- Describe detalladamente las características de nuestro sistema de numeración
- Identifica y describe todas las mejoras matemáticamente significativas de nuestro sistema de numeración

LA ESTRUCTURA NUMÉRICA

- Escribe expresiones aritméticas usando exponentes
- Aprende cómo evaluar términos con exponentes, incluyendo el uso de cero como exponente
- Desarrolla el sentido numérico con exponentes

Panorama matemático en línea

mathscape1.com/self_check_quiz

9 Pilas y planos

ESCRIBE EXPRESIONES ARITMÉTICAS USANDO EXPONENTES

Nuestro sistema de numeración es un sistema de posición basado en el número 10. Esto puede entenderse mejor al estudiar la escritura de números en otras bases. Mientras exploras otras bases, aprenderás a usar exponentes para anotar los números que formas.

Forma números en el sistema de base 2

¿Cómo puedes formar un número usando el mínimo posible de piezas en base 2?

Haz un grupo de piezas en el sistema de base 2 y con ellas forma los números 15, 16, 17, 26 y 31. Escribe una expresión aritmética para cada número, usando exponentes. Tal vez tengas que hacer más piezas para formar ciertos números.

1 Llena la Hoja de registro de pilas y planos para así calcular el número de piezas que usaste para formar cada número. Escribe 0 para las piezas que no uses.

2 Escribe una expresión aritmética para cada número que formes, usando exponentes.

¿En qué se parecen los patrones de los exponentes en base 2, al patrón de exponentes en base 10?

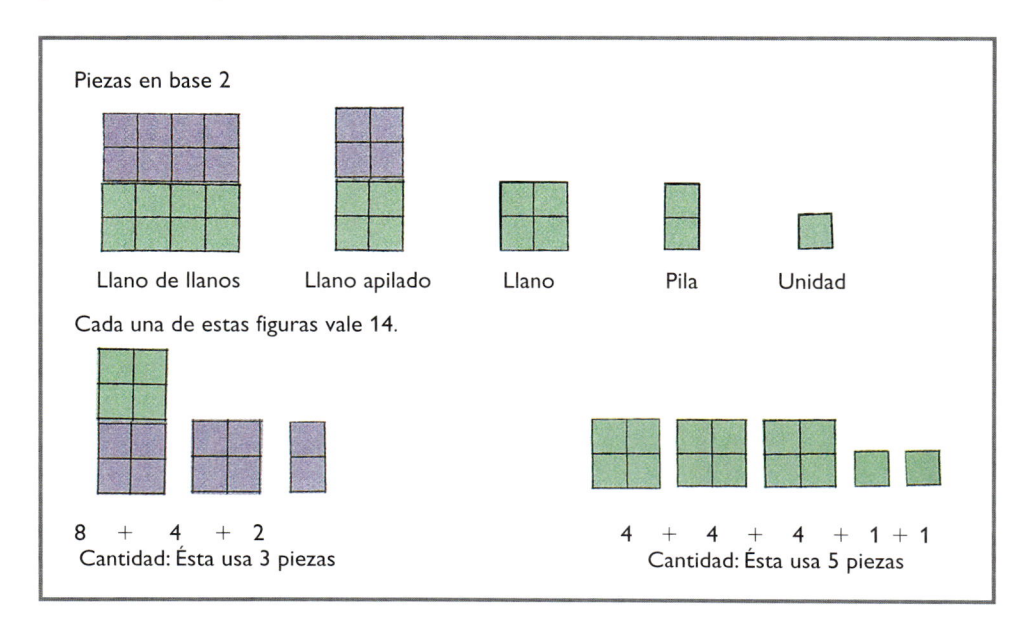

Piezas en base 2

Llano de llanos   Llano apilado   Llano   Pila   Unidad

Cada una de estas figuras vale 14.

8 + 4 + 2
Cantidad: Ésta usa 3 piezas

4 + 4 + 4 + 1 + 1
Cantidad: Ésta usa 5 piezas

72 EL IDIOMA DE LOS NÚMEROS • LECCIÓN 9

Estudia el sistema de base 3 ó de base 4

Escoge la base con la que trabajarás, 3 ó 4. Haz un nuevo grupo de piezas para la base escogida. Tu conjunto debería incluir por lo menos 5 unidades, 5 pilas, 5 planos, 3 planos apilados y 3 planos de planos.

Forma por lo menos cuatro números distintos en la base, usando el mínimo posible de piezas en cada uno.

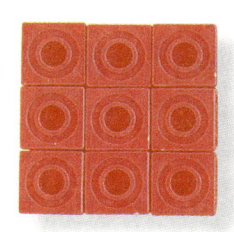

¿Cómo puedes usar lo que sabes sobre patrones exponenciales para inventar un grupo de piezas para otra base?

Informa sobre la base escogida

Una vez que hayas inventado y estudiado tu conjunto de base 3 ó 4, escribe un informe sobre tu conjunto. Añade a tu informe una muestra de cada tipo de pieza de la base que escogiste.

1 Describe los patrones que descubriste con tu conjunto, incluyendo a lo que es igual tu base elevada a cero.

2 En una Hoja de registro de pilas y planos, escribe expresiones aritméticas de los números 11, 12, 35 y 36, anotando cómo las formaste.

3 Halla el primer número después de 36 que tenga un cero en la varilla de las unidades. Indica cómo lo hallaste.

palabras importantes
sistema en base 2
sistema binario

Ejercicios
página 88

EL IDIOMA DE LOS NÚMEROS • LECCIÓN 9

10 El juego de las Potencias

EVALÚA EXPRESIONES CON EXPONENTES

¿Crees que el intercambio de base y exponente resulta en el mismo número? ¿Puede un número pequeño con un exponente grande ser mayor que un número grande con un exponente pequeño? Para averiguarlo, juega al juego de las Potencias.

¿Cómo puedes usar 3 dígitos para formar la expresión mayor posible, usando exponentes?

Estudia exponentes con el juego de Potencias

Juega al juego de las Potencias con un compañero. Haz una tabla como la del esquema para anotar los números que salen cuando arrojas el dado, la expresión que escribas, a qué ésta es igual y si obtuviste un punto en tu turno.

Reglas del juego de las Potencias

1. Cada jugador lanza cuatro veces un dado y anota lo que éste muestra cada vez. Si sale el mismo número más de dos veces, el jugador lanza de nuevo.

2. Cada jugador escoge tres de los cuatro números para anotarlos en las casillas de esta expresión aritmética $(\square + \square)^{\square}$

3. Los jugadores evalúan luego sus expresiones, ganando un punto el jugador cuya expresión dio el número más grande.

VUELTA	NÚMEROS QUE ARROJASTE	TU EXPRESIÓN	A LO QUE ES IGUAL	PUNTOS
1		(+)		

¿Qué aprendiste sobre exponentes, con el juego de las Potencias?

Evalúa expresiones que contienen exponentes

Escoge tres de las cuatro cartas al Dr. Matemático que te gustaría contestar. Escribe respuestas usando palabras, dibujos y expresiones matemáticas. Asegúrate de describir cómo resolviste cada problema. No te limites a solo dar la respuesta.

¿Puedes describir de más de una manera el efecto de los exponentes en los números?

Estimado Dr. Matemático,

Estamos estudiando exponentes en la clase de matemática y se me pidió que hiciera un dibujo que explicase el significado de 4^3. Esto es lo que dibujé:

(▫▫▫▫) (▫▫▫▫) (▫▫▫▫)

Dibujé 3 juegos de 4 porque 4 se multiplica por sí mismo 3 veces. Pero sé que $4 \times 4 \times 4 = 64$, así que no puedo entender porque mi dibujo muestra 12. ¿Por qué no muestra 64, aun cuando muestra 4^3? ¿Me puede explicar el error en mi dibujo? ¿Cómo dibujo 4^3?

Frustrado con los exponentes

Estimado Dr. Matemático,

¿No es cierto que $8 \times 3 = 3 \times 8$? ¡Sé que es cierto! ¿Y no son los exponentes una manera de mostrar productos? ¡Pero 8^3 no es igual a 3^8! Esto es realmente poco claro. ¿Podría explicarme porque no funciona? ¿Funciona alguna vez este intercambio de posición de los números?

Confundido en Boston

Estimado Dr. Matemático,

¡Mi calculadora no funciona! Creo que 3^6 debería ser mucho menor que 5^4 porque, después de todo, 3 es menor que 5. Y 6 no es mucho más grande que 4, así que no comprendo porque mi calculadora me dice que 3^6 es mayor que 5^4. Creo que tengo que cambiarle las pilas. ¿Qué cree usted? ¿Por qué no se puede saber cuál de los números es el mayor con sólo comparar sus bases?

Calculadora horrible

Estimado Dr. Matemático,

Uno de los problemas que tuve anoche con mi tarea fue determinar a qué era igual 10^0. Llamé a un amigo y le pregunté y me dijo que pensaba que era 0. Me explicó que 10 se multiplica por sí mismo 0 veces, así que terminas con nada. Creía que era 1, pero no me acuerdo por qué es así. ¿Quién tiene la razón? ¿Y me podría explicar por favor por qué?

Tratando de apuntar bien

---

palabras importantes
exponente
potencia

Ejercicios
página 89

11 Sistemas eficientes de numeración

COMPARA LAS CARACTERÍSTICAS DE DIVERSOS SISTEMAS

Algunos sistemas usan una base, otros no. Aquí descifrarás diversos sistemas de valor de posición y verás que algunos funcionan mejor que otros. Esto te permitirá pensar en las características que permiten el funcionamiento de sistemas diversos y que hacen que un sistema de numeración sea fácil de usar.

Descifra tres sistemas de valor de posición

¿Cómo se usan las bases en un sistema de posición?

Cada uno de los sistemas de numeración que se muestran usa un un sistema de valor de posición distinto. Mira si puedes usar los números en esta página y en la Tabla para descifrar cada sistema.

1 Para descifrar el sistema, averigua lo que va en las casillas de encabezamiento (☐).

2 Escoge dos números que no aparezcan en la tabla y escribe una expresión aritmética que muestre cómo se forman ambos números en cada sistema, asegurándote de titular cada expresión con el nombre del sistema.

Nuestro sistema	Valores de posición del sistema manual			
30	1	0	1	0
35	1	0	2	2
40	1	1	1	1
50	1	2	1	2
60	2	0	2	0
101	1	0	2	0	2

Nuestro sistema	Valores de posición de Lugares locos				
30		1	0	0	0
32		1	0	0	2
40		1	0	0	0	0
47		1	0	0	0	7
53	1	0	0	0	0	3

Nuestro sistema	Valores de posición del sistema de Milo			
30		●	★	★	★
34		●	★	●	●
58		●	♦	●	♦
105	●	★	★	●	♦

76 EL IDIOMA DE LOS NÚMEROS • LECCIÓN 11

Compara características de varios sistemas de numeración

Usa las características analizadas en clase, para hacer una tabla donde compares algunos de los sistemas que has aprendido en esta unidad, incluyendo al menos un sistema aditivo, uno que use una base y uno que use valor de posición.

¿Qué características hacen que un sistema de numeración sea eficiente?

1 Enumera al menos seis características distintas de un sistema de numeración.

2 Escoge al menos seis sistemas de numeración distintos y describe como cada uno usa cada característica.

3 Inventa tu propia tabla, dejando una columna vacía donde puedas colocar después nuestro sistema.

Característica	AM	Ábaco chino	Sistema de Milo
Valor de posición	Sí, las cuentas grandes valen 10, las pequeñas 1.	5 arriba, 1 abajo. Sí.	No, porque el sistema usa símbolos.
sistema de base	Sí. 1, 10, 100.	Base 5. 5, 50, 5,000 Base 1. 1, 10, 100, 1,000	Sí, tiene base. 1, 3, 10, 30, 100
Los números se escriben de más de una forma	Sí, puedes usar 10 cuentas pequeñas o una grande para escribir 10.	Sí, puedes usar 5 unidades o un 5 para formar 5.	Sí, puedes usar U y formar 2.

Averigua si es eficiente nuestro sistema

¿Qué hace que algunos sistemas de numeración sean más eficientes que otros? Usa tu tabla para ver si nuestro sistema es eficiente o no, explicando por escrito tu razonamiento y usando tu tabla como ejemplo.

palabras importantes: base (número), valor de posición

Ejercicios página 90

EL IDIOMA DE LOS NÚMEROS • LECCIÓN 11

12 Un nuevo sistema de numeración

PROYECTO FINAL

Ya has descifrado diversos tipos de sistemas de numeración y examinado sus características. Es hora que mejores un sistema reuniendo lo mejor de cada uno. Empezarás echándole un vistazo al sistema del antiguo Egipto.

¿Cómo funciona el antiguo sistema de numeración egipcio?

Descifra el sistema de numeración egipcio

Usa lo aprendido sobre sistemas de desciframiento, para descubrir el valor de cada símbolo en tu Hoja de referencia del sistema de numeración egipcio. Escribe el valor de cada símbolo en una hoja aparte.

1. Escoge cuatro números que no estén en la tabla y escribe cada uno en el sistema antiguo.

2. Escribe expresiones aritméticas en las que muestres cómo se escriben los cuatro números.

1,024... ... 500

Analiza un sistema de numeración antiguo

Describe las características del sistema egipcio. ¿Cuáles son sus desventajas? Busca al menos una manera de mejorarlo.

¿En qué se parece este sistema al nuestro?

78 EL IDIOMA DE LOS NÚMEROS • LECCIÓN 12

Revisa un sistema de numeración

Escoge uno de estos sistemas de numeración y busca una manera de hacerlo más eficiente. Presenta claramente tu sistema revisado con palabras, dibujos y expresiones aritméticas, de modo que otros lo puedan usar.

¿Qué características requiere un sistema de numeración para ser eficiente?

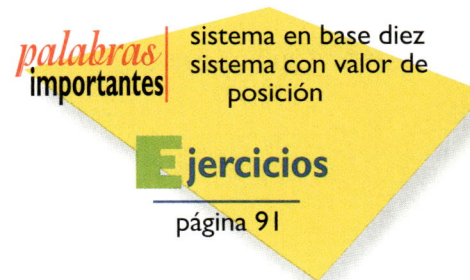

1. Revisa el sistema de Alisha (Lección 4), el de Yumi (Lección 7), el de Milo (Lección 11) o tu propio sistema del artefacto misterioso.

2. Busca una manera más eficiente de formar los números entre 0 y 120, usando palabras o símbolos. Usando expresiones aritméticas, muestra cómo se escriben al menos cuatro números.

3. Describe el uso que hace tu sistema de estas características:

   a. valor de posición
   b. sistema de base
   c. símbolos
   d. reglas
   e. la forma en que muestra el cero
   f. intercambio
   g. rango (el número más grande y el más pequeño)
   h. formación de un número de más de una manera

4. Compara tu sistema con el nuestro, describiendo sus diferencias y similitudes.

Evalúa la eficiencia de un sistema mejorado

Una buena manera de evaluar un sistema de numeración es hacer preguntas sobre las diversas propiedades del sistema. ¿Cuáles son sus componentes básicos? ¿Usa base o valor de posición? ¿Se puede escribir un número de más de una manera? Formula al menos tres preguntas más y úsalas para explicar por qué el sistema de tu compañero es o no es eficiente, asegurándote que tus explicaciones se refieran a las características matemáticas del sistema.

palabras importantes
sistema en base diez
sistema con valor de posición

Ejercicios
página 91

Ejercicios 1: Inventa un sistema de artefacto misterioso

Aplica destrezas

1. $3(7) + 5(2) = ?$
2. $6(5) + 3(2) + 7(8) = ?$
3. $4(25) + 6(15) + 2(10) = ?$
4. $9(100) + 4(10) + 4(1) = ?$
5. $5(1,000) + 3(100) + 2(10) + 9(1) = ?$
6. $6(1,000) + 3(10) + 4(1) = ?$

El sistema del artefacto misterioso de George
- Cuentas grandes = 10
- Cuentas pequeñas en brazos apuntando hacia adentro = 1
- Cuentas pequeñas en brazos apuntando hacia afuera = 5

Muestra cada número en el sistema de George, dibujando solamente las cuentas que se requieren para cada uno y sin olvidar de dibujar los brazos diagonales hacia adentro o hacia afuera. Usa el mínimo posible de cuentas.

7. Dibuja 128 en el sistema de George.
8. Dibuja 73 en el sistema de George.
9. Dibuja 13 en el sistema de George.

10. ¿Qué número es éste? 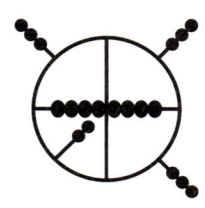
11. ¿Qué número es éste? 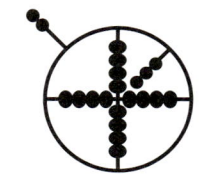
12. ¿Qué número es éste?

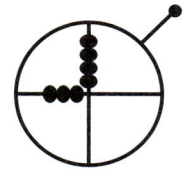

Amplía conceptos

13. ¿Cuál es el número mas grande que puedes formar en este sistema? Explica cómo lo sabes.
14. ¿Puedes hallar un número que se forma de más de una manera? ¿Uno que se pueda formar de más de dos maneras?
15. ¿Hay números que sólo se pueden formar de una sola manera? ¿Cuál es su expresión aritmética? ¿Cuál sería la expresión aritmética de ese mismo número en nuestro sistema?

Redacción

16. Contesta esta carta al Dr. Matemático.

> Estimado Dr. Matemático,
> En mi sistema de artefacto misterioso, para números mayores que 100, las cuentas grandes valen 100, las pequeñas en brazos extendidos hacia afuera valen 20 y las pequeñas en brazos extendidos hacia adentro valen 10. Para números menores que 100, las cuentas grandes valen 10, las pequeñas en brazos extendidos hacia adentro valen 5 y las pequeñas en brazos extendidos hacia afuera valen 1. Mis amigos se confunden al usar mi sistema. ¿Qué debería cambiar en él?
> S. Toy Errado

Ejercicios 2
Compara los sistemas del artefacto misterioso

Aplica destrezas

Escribe la expresión aritmética de cada número.

1. 6,782
2. 9,015
3. 609
4. 37,126
5. 132,056
6. 905,003

¿A qué número corresponde cada una de estas expresiones aritméticas?

7. 8(100,000) + 7(10,000) + 6(1,000) + 3(100) + 2(10) + 1(1)

8. 3(10,000) + 1(1,000) + 6(100) + 3(1)

9. 5(100,000) + 2(1,000) + 3(100)

10. 7(1,000,000) + 5(100,000) + 6(10,000) + 2(1,000) + 4(100) + 3(10)

Recuerda el sistema de George de la Lección 1.

El sistema del artefacto misterioso de George
- Cuentas grandes = 10
- Cuentas pequeñas en brazos apuntando hacia adentro = 1
- Cuentas pequeñas en brazos apuntando hacia afuera = 5

11. Con sólo 3 cuentas, dibuja al menos siete números en el sistema de George. Sólo dibuja las cuentas que se requieran.

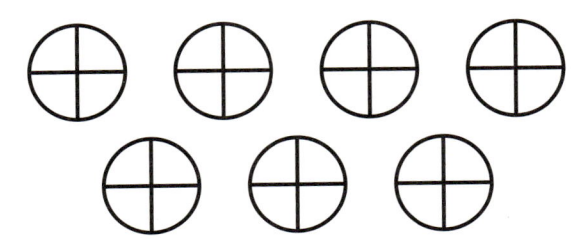

Expande los conceptos

12. Usando el sistema de George, dibuja 32 en al menos cinco maneras distintas. Sólo dibuja las cuentas que se necesiten.

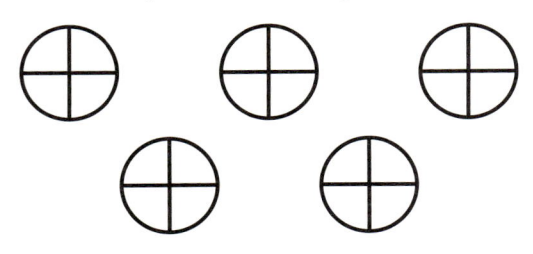

13. ¿Se te ocurre alguna explicación de por qué puede formarse un número de tantas maneras distintas en este sistema, pero no en el nuestro?

Haz la conexión

14. Examina tu solución a los puntos 11 y 12. ¿Seguiste pensando en soluciones diversas o trataste de hallar un patrón? Describe el patrón que usaste o uno que pudieras tratar de usar la próxima vez.

EL IDIOMA DE LOS NÚMEROS • EJERCICIOS 2 81

Ejercicios 3
Numerales en diversos idiomas

Aplica destrezas

Numerales en fulfulde		
1 go'o	11 sappo e go'o	30 chappan e tati
2 ɗiɗi	12 sappo e ɗiɗi	40 chappan e nayi
3 tati	13 sappo e tati	50 chappan e joyi
4 nayi	14 sappo e nayi	60 chappan e joyi e go'o
5 joyi	15 sappo e joyi	70 chappan e joyi e ɗiɗi
6 joyi e go'o	16 sappo e joyi e go'o	80 chappan e joyi e tati
7 joyi e ɗiɗi	17 sappo e joyi e ɗiɗi	90 chappan e joyi e nayi
8 joyi e tati	18 sappo e joyi e tati	100 teemerre
9 joyi e nayi	19 sappo e joyi e nayi	
10 sappo	20 noogas	

Número	Palabra en fulfulde	Expresión aritmética	Palabra española	Expresión aritmética
25	a.	b.	c.	d.
34	e.	f.	g.	h.
79	i.	j.	k.	l.
103	m.	n.	o.	p.

1. Copia y completa la tabla anterior.
2. ¿Qué componentes básicos usan el fulfulde y el español?
3. ¿Qué componentes básicos se usan el fulfulde que no se usan el español?
4. Escribe los numerales en fulfulde que corresponden a estas expresiones aritméticas e indica a qué es igual cada número:

   a. $(10)(5 + 3) + 1(1)$

   b. $(10)(4) + 1(5) + 3(1)$

   c. $1(100) + 1(20) + 1(5) + 4(1)$

5. ¿Cuáles son las expresiones aritméticas de los numerales españoles que se usaron en el punto 4?

Amplía conceptos

6. En fulfulde, la expresión aritmética de chappan e joyi es 5(10). En español, la expresión aritmética de 50 es también 5(10). Halla otro numeral en fulfulde que tenga la misma expresión aritmética que el numeral español correspondiente.

Redacción

7. ¿En qué se parecen los numerales y expresiones aritméticas en fulfulde a los numerales y expresiones aritméticas en español? ¿En qué difieren?

Ejercicios 4: El sistema de Alisha

Aplica destrezas

El sistema del artefacto misterioso de Alisha
- Cuentas grandes = 4
- Cuentas pequeñas en brazos apuntando hacia adentro = 1
- Cuentas pequeñas en brazos apuntando hacia arriba = 20

Haz una tabla como la de más abajo y usa el sistema de Alisha para mostrar cada número en el artefacto misterioso. No olvides de dibujar los brazos diagonales en la posición correcta. Escribe luego el numeral en el lenguaje numérico de Alisha, así como la expresión aritmética correspondiente.

Número	Dibujo	Numeral	Expresión aritmética
65	1.	2.	3.
143	4.	5.	6.
180	7.	8.	9.
31	10.	11.	12.

13. ¿Cómo escribirías comúnmente el numeral 36? ¿Cuál es su expresión aritmética?

Los numerales de Alisha

1 en	15 sim-vinta, sim
2 set	16 vinta-vinta
3 sim	17 vinta-vinta, en
4 vinta	18 vinta-vinta, set
5 vintaen	19 vinta-vinta, sim
6 vintaset	20 soma
7 vintasim	30 soma, set-vinta, set
8 set-vinta	40 set-soma
9 set-vinta, en	50 set-soma, set-vinta, set
10 set-vinta, set	60 sim-soma
11 set-vinta, sim	70 sim-soma, set-vinta, set
12 sim-vinta	80 vinta-soma
13 sim-vinta, en	90 vinta-soma, set-vinta, set
14 sim-vinta, set	100 vintaen-soma

Amplía conceptos

14. ¿Cuál es el número más grande que puedes formar en este sistema y que se escribe de más de una manera? Halla todas las maneras de formar dicho número y escribe una expresión aritmética para cada una.

15. ¿Cuál es el número más pequeño que puedes formar en este sistema y que se escribe de más de una manera? Escribe una expresión aritmética distinta para cada manera, mostrando así cómo se forma el número.

Ejercicios 5: Estudia el ábaco chino

Aplica destrezas

Las reglas del ábaco

Las cuentas encima de la barra valen cinco veces el valor de la varilla si se las desliza hacia la barra. Cada cuenta debajo de la barra vale una vez el valor de la varilla si se la desliza hacia la barra. El valor de la varilla es cero al apartar de la barra todas sus cuentas.

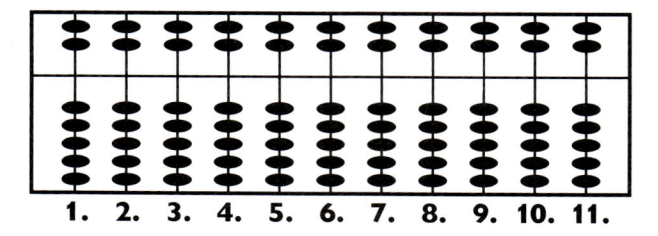

Escribe con palabras y números el valor de posición de cada varilla marcada en el ábaco. Por ejemplo, la fila 11 = 1 ó *las unidades*.

Muestra cada número en el ábaco usando el mínimo posible de cuentas. Muestra sólo las necesarias. Escribe la notación aritmética de cada solución.

Número	Dibujo	Expresión aritmética
6,050	12.	13.
28,362	14.	15.
4,035,269	16.	17.

Amplía conceptos

18. ¿Cómo se muestra el cero en el ábaco? ¿Por qué es importante el cero? ¿En qué se parece o difiere el cero en el ábaco del cero en nuestro sistema?

19. Busca un número menor que 100 que se forme de más de una manera en el ábaco. ¿Cuál es la expresión aritmética para cada formación del número?

Redacción

20. Contesta esta carta al Dr. Matemático.

> Estimado Dr. Matemático,
> Parece que el sistema del ábaco chino tiene dos valores distintos para cada varilla. ¿Son éstas las que tienen valores distintos o son las cuentas?
> Fuera e' Lugar

Ejercicios 6

¿Cuánto puedes acercarte?

Aplica destrezas

Muestra maneras distintas de formar este número en el ábaco. Escribe la expresión aritmética de cada solución.

Número	Dibujo	Expresión aritmética
852	1.	2.
852	3.	4.
852	5.	6.

¿Cuáles son algunas de las maneras distintas en que puede producirse 555? ¿Cuántas cuentas usas cada vez? Haz una tabla en la que anotes el número, de menor a mayor, de cuentas que usaste.

	Número de cuentas utilizadas	Expresión aritmética
7.		
8.		
9.		
10.		

Amplía conceptos

11. ¿Qué patrón ves en el número de cuentas utilizadas para formar 852 y 555? ¿Por qué funciona así este patrón? No olvides de explicar el uso de intercambio al producir los diversos números.

Redacción

12. Contesta esta carta al Dr. Matemático.

> Estimado Dr. Matemático,
> Para formar el número 500, puedo usar 5 cuentas de 100 del fondo o una cuenta de 500 de arriba. O puedo usar cuatro cuentas de 100 del fondo Y dos cuentas de 50 de arriba. ¿Cuándo tendría sentido usar una manera distinta de producir el número?
> Pista

EL IDIOMA DE LOS NÚMEROS • EJERCICIOS 6

Ejercicios 7

Sistemas aditivos

Aplica destrezas

El sistema de Judy — Judy inventó un nuevo sistema aditivo. ◊ = 1   □ = 9   ! = 81

El sistema de Judy	Nuestro sistema de numeración	Expresión aritmética
! ! □ ◊ ◊ ◊	1.	2.
! ! ! ! ! □ □ □ ◊ ◊ ◊	3.	4.
□ □ □ ◊ ◊	5.	6.
! ! ! ! ! ! ! □ □ □ □ ◊ ◊ ◊ ◊ ◊ ◊ ◊ ◊ ◊ ◊	7.	8.
9.	222	10.
11.	98	12.

¿A qué corresponden en nuestro sistema estos números del sistema de Judy? ¿Cómo se forman números en el sistema de Judy? Completa la tabla y escribe una expresión aritmética de cada número.

Amplía conceptos

13. Escribe 1,776 en el sistema de Judy. ¿Qué número agregarías a su sistema para facilitar la escritura de números grandes? Asegúrate que tu número se atenga al patrón. Escribe 1,776 usando el símbolo que añadiste.

14. ¿Cómo escogiste el símbolo que agregaste?

Redacción

15. Contesta esta carta al Dr. Matemático.

> Estimado Dr. Matemático,
> Cuando nuestro maestro nos pidió que añadiésemos un nuevo símbolo y valor al sistema aditivo que estábamos usando, escogí ☆ como 0. Pero al tratar de formar números con él, las cosas no salieron como esperaba. Cuando traté de usarlo para formar el número 90, todos creyeron que era el número 9. ¿Por qué nadie entendió? Esto es lo que hice:
> □ ☆
> C. Ro

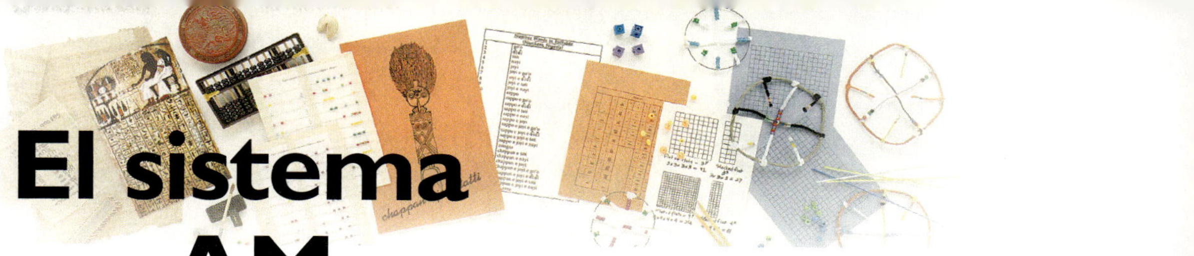

Ejercicios 8

El sistema AM

Aplica destrezas

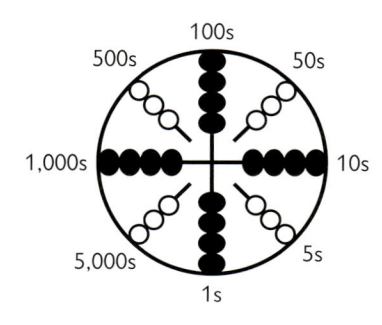

Produce estos números en el sistema AM. Usa la ilustración anterior del AM para guiarte.

1. 9   **2.** 72   **3.** 665

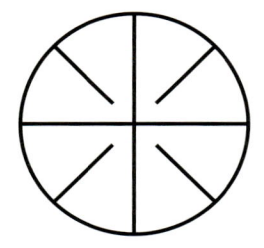

4. Forma 7,957 en el sistema AM usando el mínimo posible de cuentas.

5. Forma el mismo número con el máximo posible de cuentas.

Escribe la notación aritmética de cómo formaste cada número mediante el sistema AM.

6. 9   **7.** 72   **8.** 665

9. 7,957   **10.** 7,957

Amplía conceptos

11. ¿Cuál es el número más grande que puede formarse en el sistema AM?

12. ¿Cómo sabes que no hay números más grandes?

13. ¿Puedes formar de menor a mayor todos los números hasta ese número?

14. ¿Cuál sería un cambio que le harías al sistema para poder formar números más grandes?

15. ¿Qué tipos de intercambio harías en el sistema AM?

16. ¿Cómo indicas 0 en el sistema AM? ¿Se parece a cómo se indica el 0 en nuestro sistema o es diferente?

Redacción

17. El sistema AM y el del ábaco usan los mismos valores de posición. ¿Qué otras similitudes hay entre ellos? ¿Diferencias? ¿Cuál te es más fácil de usar? Explica.

EL IDIOMA DE LOS NÚMEROS • EJERCICIOS 8

Ejercicios 9
Pilas y planos

Aplica destrezas

Haz una lista de potencias hasta 4 de cada número y escribe su valor.

1. $2^0 =$ $2^1 =$ $2^2 =$ $2^3 =$ $2^4 =$

2. $3^0 =$ $3^1 =$ $3^2 =$ $3^3 =$ $3^4 =$

3. $4^0 =$ $4^1 =$ $4^2 =$ $4^3 =$ $4^4 =$

Descubre que base se usó en cada uno de estos problemas.

4. $36 = 1(?^3) + 1(?^2)$

5. $58 = 3(?^2) + 2(?^1) + 2(?^0)$

6. $41 = 2(?^4) + 1(?^3) + 1(?^0)$

7. $99 = 1(?^4) + 1(?^2) + 3(?^1)$

Escribe la expresión aritmética de cada número.

8. 25 en base 2   **9.** 25 en base 3   **10.** 25 en base 4

11. 78 en base 2   **12.** 78 en base 3   **13.** 78 en base 4

Amplía conceptos

14. Describe cómo te las arreglaste para hallar las expresiones aritméticas anteriores. ¿Usaste alguna potencia mayor que 4? Explica por qué.

15. En el sistema en base 2, ¿cómo se extiende el patrón de 1, 2, 4, 8, 16, . . .? ¿En qué difiere este patrón del patrón 2, 4, 6, 8, 10, 12, . . .?

16. Examina los patrones en la tabla siguiente. Halla los números que faltan en cada patrón y luego contesta las tres preguntas después de la tabla.

Número	Patrón de potencias	Patrón de múltiplos
2	1, 2, 4, 8, 16, __, __, __	2, 4, 6, 8, 10, 12, __, __, __
3	1, 3, 9, 27, __, __, __	3, 6, 9, 12, 15, 18, __, __, __
4	1, 4, 16, 64, __, __, __	4, 8, 12, 16, 20, __, __, __

a. ¿Cómo puedes usar la multiplicación para explicar el patrón de potencias?

b. ¿Cómo puedes usar la adición para explicar el patrón de múltiplos?

c. ¿Se te ocurre otra manera de explicar cualquiera de estos patrones?

Ejercicios 10 — El juego de las potencias

Aplica destrezas

¿A qué son iguales estas expresiones?

1. $1(2^4) + 2(2^3) + 2(2^2) + 1(2^1) + 2(2^0)$
2. $2(3^4) + 1(3^3)$
3. $1(4^3) + 2(4^2) + 2(4^0)$
4. $2(3^3) + 2(3^2) + 2(3^1) + 2(3^0)$
5. $2(2^3) + 1(2^1)$

Dispón cada conjunto de números, de modo de obtener los valores máximo y mínimo de cada expresión. El último espacio en blanco es el del exponente.

6. 3, 6, 5, 2   máximo (____ + ____)——
   mínimo (____ + ____)——

7. 7, 6, 6, 5   máximo (____ + ____)——
   mínimo (____ + ____)——

8. 5, 2, 3, 4   máximo (____ + ____)——
   mínimo (____ + ____)——

9. 1, 2, 3, 4   máximo (____ + ____)——
   mínimo (____ + ____)——

10. **Acertijo de potencias** Calcula cada valor que falta. Una vez que termines, la suma de los dieciséis números de la parte sombreada es 11,104.

Número	A la segunda potencia	A la quinta potencia	A la ____ potencia	A la ____ potencia
3			27	
	16			
6				1,296
		32		

Amplía conceptos

11. ¿A qué conclusión llegaste sobre el número que va en el lugar del exponente cuando se quiere un número grande o uno pequeño? Busca 2 dígitos, de modo que el mayor elevado al menor sea mayor que el menor elevado al mayor. Busca 2 dígitos, de modo que el mayor elevado al menor sea igual al menor elevado al mayor.

Haz la conexión

12. Los sismos se miden en la escala de Richter del 1 al 10 y se escriben con un lugar decimal; el sismo más fuerte en Norteamérica sucedió en Alaska y midió 8.5. La potencia de un sismo aumenta 10 veces de un número entero al siguiente. Un sismo de 8.5 es 10 veces más fuerte que uno de 7.5. ¿Cuántas veces más fuerte es un sismo de 6.2 que uno de 4.2?

Ejercicios 11: Sistemas eficientes de numeración

Aplica destrezas

Indica cómo escribirías cada número en estos sistemas.

1. Lugares locos

	50	40	20	10	5	1
43						
72						
25						
17						

2. Sistema de María ★ = 1 ● = 2 ◆ = 4

	100	20	10	2	1
31					
67					
183					
118					

Escribe una expresión aritmética de cada número.

3. 43, lugares locos
4. 72, lugares locos
5. 25, lugares locos
6. 17, lugares locos
7. 31, sistema de María
8. 67, sistema de María
9. 183, sistema de María
10. 118, sistema de María

Amplía conceptos

11. ¿Cuál es el dígito individual mayor de nuestro sistema? ¿Del sistema en base 2? ¿Del de base 3? ¿En base 4? ¿En base 9?

12. ¿Cómo afecta la base de un sistema de valor de posición el número de dígitos/símbolos que usa?

13. ¿Qué números no pueden formarse en el sistema de María? ¿Por qué?

14. ¿Por qué se puede formar cualquier número en el sistema de lugares locos, pero no en el de María?

15. ¿En qué sistema crees que sea más fácil escribir números, en el de lugares locos o en el de María? ¿Por qué?

Haz la conexión

16. El sistema métrico usa la base 10 para las medidas. Escribe las potencias de 10 que se usan en las medidas de más abajo. ¿En qué difiere el sistema inglés (pulgadas, pies, yardas) del sistema métrico? ¿Puedes usar exponentes para describir el sistema inglés?

Sistema métrico	Número de unidades	Exponentes
deca	diez	$10^?$
kilo	mil	$10^?$
giga	billón	$10^?$

Ejercicios 12

Un nuevo sistema de numeración

Aplica destrezas

Da un ejemplo de un sistema que hayas estudiado que usa cada propiedad, explicando cómo funciona en el sistema.

1. valor de posición
2. base
3. cero
4. intercambio
5. componentes básicos

El sistema del Artefacto misterioso de George
- Cuentas grandes = 10
- Cuentas pequeñas en brazos apuntando hacia adentro = 1
- Cuentas pequeñas en brazos apuntando hacia afuera = 5

El sistema mejorado de George
George decidió añadir valor de posición a su sistema. Cada cuenta en los brazos horizontales vale 100 y cada una en los verticales vale 10. No cambió el valor de las cuentas pequeñas.

- Cuentas grandes en un brazo vertical = 1 decena
- Cuentas grandes en un brazo horizontal = 1 centena

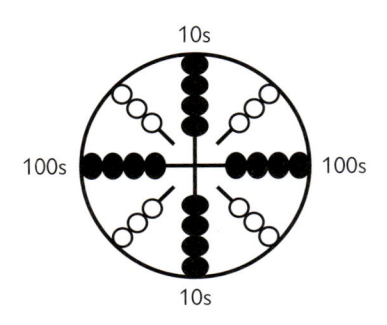

- Cuentas pequeñas en brazos apuntando hacia adentro = 1
- Cuentas pequeñas en brazos apuntando hacia afuera = 5

Dibuja cada número en el sistema original de George y en su versión revisada. Atención: Algunos números no pueden formarse.

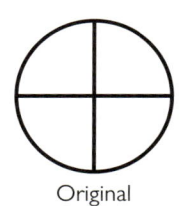

6. 32
7. 97
8. 156
9. 371

Amplía conceptos

Escribe la expresión aritmética de cada uno de los números que formaste en ambos sistemas de George.

10. 32
11. 97
12. 156
13. 371

14. ¿Cuál es el número más grande que George puede formar en su sistema revisado? ¿Hay números menores que éste que George no puede formar? Indica por qué.

15. ¿De qué forma es el sistema revisado de George mejor que el original? ¿De qué forma no es tan bueno como el original?

16. ¿Cuáles son algunas de las diferencias entre el sistema revisado de George y el nuestro? Nombra al menos tres.

17. Enumera las diversas propiedades que facilitan el uso de nuestro sistema de numeración y, para cada punto en tu lista, explica por qué en una oración.

EL IDIOMA DE LOS NÚMEROS • EJERCICIOS 12

FASE**UNO**
Todo el asunto

Para trabajar con fracciones, es útil dominar bien los números enteros. En esta fase, te concentrarás en ellos y, mientras construyes modelos, determinas métodos computacionales y juegas juegos súper rápidos, establecerás relaciones entre factores, múltiplos y números primos.

¿Cómo puedes hacer cálculos con números que no son enteros?

Del todo
a sus PARTES

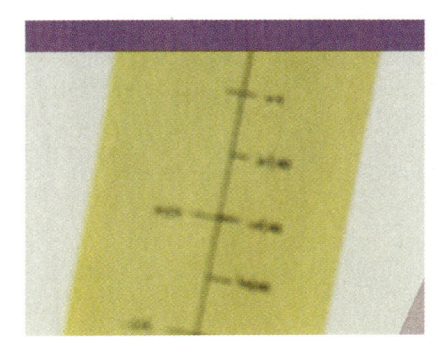

FASE DOS
Entre números enteros

Ya es hora de concentrarse en las partes de un todo. La confección de diseños te permitirá ver cómo las partes fraccionarias se relacionan entre sí y con el todo. Descubrirás formas de comparar fracciones mediante rectas numéricas. Juegos de naipes y con cubos numerados harán entretenida la comprobación de tus nuevas destrezas.

FASE TRES
Añade y quita partes

Con todo lo aprendido, te será muy natural sumar y restar fracciones. Podrás usar modelos de áreas, rectas numéricas y cálculos. Al final de esta fase, ayudarás a un robot defectuoso a salir de un cuarto y le enseñarás a un visitante extraterrestre a sumar y restar fracciones.

FASE CUATRO
Fracciones en grupos

La multiplicación y la división de fracciones son fáciles de calcular. Pero, ¿qué es lo que está pasando realmente? Harás modelos de fracciones para poner esto en orden. A veces, la multiplicación da un resultado más pequeño y la división da uno más grande. ¿Cómo puede ser? En esta fase, entenderás el cómo y el por qué.

FASE UNO

No estudiarás fracciones en esta fase, pero aprenderás cosas que te facilitarán el trabajo con ellas. Hacer modelos te permitirá hallar factores primos, los cuales a su vez, usarás para hallar el máximo común divisor. También hallarás una manera de identificar el mínimo común múltiplo. Examinarás las reglas de orden para resolver problemas y descubrir formas en las que puedes y no puedes disponer los números en un problema, de modo que su solución sea más fácil.

Todo el asunto

LA MATEMÁTICA DEL ASUNTO

Esta sección se enfocará en:

NÚMEROS y OPERACIONES

- Entiende factores y factores primos
- Halla los factores de un número entero
- Halla la factorización prima de un número entero
- Halla el máximo común divisor de dos o más números enteros
- Produce los múltiplos de un número
- Halla el mínimo común múltiplo de dos o más números
- Ejecuta operaciones en el orden correcto

Panorama matemático en línea

mathscape1.com/self_check_quiz

1 Figuras y factores

MODELA NÚMEROS PARA IDENTIFICAR FACTORES

¿Qué te pueden enseñar los rectángulos sobre los factores? Para empezar esta fase sobre números enteros, harás algunos modelos, para luego hacerlos en tercera dimensión mediante cubos.

Busca factores mediante rectángulos

¿Cuáles son las longitudes posibles de los lados de un rectángulo con un número dado de unidades cuadradas?

Elaine usó losas cuadradas para hacer mesas con cubierta de mosaico. Tu clase hallará todas las cubiertas rectangulares que Elaine puede hacer, usando un número dado de losas. Para cada número dado, formarás rectángulos sólidos de una capa, usando todas las losas.

Experimenta hasta que te asegures de tener todos los rectángulos posibles para cada número que se te asigne, anotando luego las longitudes de los lados de cada rectángulo, en la tabla de la clase.

1. ¿Qué números de losas producen más de un rectángulo?
2. ¿Qué números de losas producen un solo rectángulo?

Dimensiones y factores

Puedes contar el número de losas en cada lado de un rectángulo, para hallar las medidas o **dimensiones** de sus lados.

Cada dimensión es un **factor** del número total de losas en el rectángulo. Un factor es un número que se multiplica por otro para dar un producto. Por ejemplo, 8 y 2 son factores de 16.

DEL TODO A SUS PARTES • LECCIÓN 1

Busca factores mediante cubos

Como los rectángulos sólo tienen dos dimensiones, cada losa que usaste en una cubierta sólo te muestra dos factores. Ahora usarás cubos para hacer formas tridimensionales, llamadas prismas rectangulares.

¿Qué te pueden enseñar los modelos tridimensionales sobre los factores?

1 En grupo, traten de determinar los números entre 1 y 30 con los que pueden hacerse prismas rectangulares, sin usar 1 como dimensión. Al hallar un número tal, mira si puedes hacer otro prisma con el mismo número de cubos. Tu grupo debe hacer una tabla en la que se muestre:

- el número total de cubos y
- las dimensiones de cada prisma construido.

Del número 8 puede hacerse un prisma rectangular sin usar 1 como dimensión.

2 Compara la tabla de tu grupo con la tabla que hizo la clase con las cubiertas de mosaico. ¿Cómo puedes usarla para predecir la tabla de los prismas?

3 ¿Con qué números pueden hacerse la mayor cantidad de prismas? ¿Cuántos prismas distintos puedes hacer con tal número? ¿Qué hace que puedan hacerse tantos modelos de dicho número?

4 ¿Qué factores comunes poseen estos números?

- **a.** 8 y 15
- **b.** 9 y 24
- **c.** 12 y 16
- **d.** 15 y 18
- **e.** 20 y 24
- **f.** 24 y 30

Escribe una definición

En tu copia de Mi diccionario matemático, escribe tus propias definiciones y ejemplos de estos términos:

- factor
- factor primo
- factor común

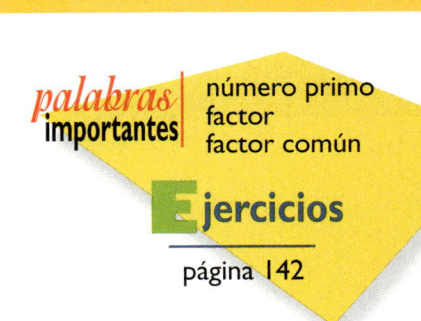

palabras **importantes**
número primo
factor
factor común

Ejercicios
página 142

DEL TODO A SUS PARTES • LECCIÓN 1

2 La gran caza de factores

BÚSCA FACTORES
PRIMOS Y FACTORES
COMUNES

Como ya sabes de la construcción de rectángulos y prismas, los números pueden escribirse como el producto de dos, tres o más factores. ¿Cómo sabes si has hallado todos los factores posibles de un número?

¿Cuál es el grupo más largo de factores que, al multiplicarse, se obtiene un número dado?

Halla todos los factores

Una manera de escribir 12 es como producto de dos factores: $12 = 2 \times 6$. ¿Cómo podrías escribir 12 como producto de más de dos factores? Sin usar 1 como factor, ¿cuál es el grupo más largo de factores cuyo producto es 12?

Producto de dos factores: $12 = 2 \times 6$

Grupo más largo de factores: $12 = 2 \times 2 \times 3$

El grupo más largo de factores, excluyendo 1, se llama *factorización prima* del número.

Trabaja con tus compañeros para hallar el grupo más largo de factores para cada número entre 1 y 30. Una vez terminada la tabla de la clase, responde estas preguntas.

1. ¿Qué clase de números no pueden formar parte de estos grupos de factores? ¿Qué clase de números pueden formar parte de ellos?

2. Halla tres números que tengan un factor primo común. Enumera sus números y factores comunes.

3. Halla dos pares de números que posean un grupo de más de un factor común. Enumera sus pares de números y de factores comunes.

$16 = 2 \times 8$ $\qquad$ $18 = 2 \times 9$ $\qquad$ $27 = 3 \times 9$
$ = 2 \times 2 \times 4$ $\qquad$ $ = 2 \times 3 \times 3$ $\qquad$ $ = 3 \times 3 \times 3$
$ = 2 \times 2 \times 2 \times 2$

Halla el máximo común divisor

Examina la tabla de factorizaciones primas hecha por tu clase. Compara los grupos de factores primos de 12 y 30.

$$12 = 2 \times \mathbf{2} \times \mathbf{3}$$
$$30 = \mathbf{2} \times \mathbf{3} \times 5$$

Los números 12 y 30 tienen en común 2 × 3. Llamaremos a "2 × 3" un "grupo común."

¿Cómo se puede hallar el máximo común divisor rápidamente?

1 Para cada par de números, escribe el "grupo común" más largo de factores.

   a. 9 y 27   **b.** 8 y 24
   c. 24 y 30   **d.** 45 y 60

2 Usa el "grupo común" de cada par para hallar el factor común más grande que comparten. Por ejemplo, el "grupo común" más largo de 12 y 30 es 2 × 3 ó 6. Este número se llama el *máximo común divisor* de 12 y 30.

3 Escribe cada número de cada par como el producto de su máximo común divisor y otro factor. Por ejemplo, 12 = 6 × 2 y 30 = 6 × 5.

```
12 = 2 × (2 × 3)
30 = (2 × 3) × 5
2 × 3 = 6    6 es el máximo común divisor de 12 y 30.
12 = 6 × 2
30 = 6 × 5
```

Escribe una definición

En tu copia del Mi diccionario matemático, escribe tus propias definiciones y ejemplos de estos términos:

- factorización prima
- máximo común divisor

palabras importantes: factorización prima, máximo común divisor

Ejercicios página 143

DEL TODO A SUS PARTES • LECCIÓN 2

3 Enfoques múltiples

HALLA MÚLTIPLOS COMUNES

Al operar con fracciones, a menudo necesitas usar los múltiplos comunes de dos o más números. En esta lección, usarás naipes para hallar múltiplos comunes, para luego aprender a hallar el mínimo común múltiplo de cualquier par de números.

El juego de "Se dio en los naipes"

¿Cómo puedes usar naipes para determinar múltiplos comunes?

Para estudiar múltiplos comunes puede usarse un mazo común de naipes.

1 Con un(a) compañero(a), prueba el juego siguiente de "Se dio en los naipes". ¿Qué múltiplos comunes se dan en los naipes?

2 Juega este juego tres veces más usando las tasas 3 y 4, 2 y 5, y 3 y 6. Haz una tabla en la que muestres cada par de números y los múltiplos de cada par.

3 Para cada par, encierra en un círculo el menor múltiplo que halles.

4 En tus propias palabras, define los términos *múltiplo común* y *mínimo común múltiplo*.

Se dio en los naipes

- Cada jugador comienza con una pila de 13 naipes, correspondientes a los números del 1 (as) al 13 (rey).
- Cada jugador pone sus naipes boca abajo, formando una línea.
- Cada jugador voltea ciertos naipes, según su tasa. En el ejemplo, el Jugador A tiene la tasa 2, así que voltea cada segundo naipe; el Jugador B tiene la tasa 3, así que voltea cada tercer naipe.

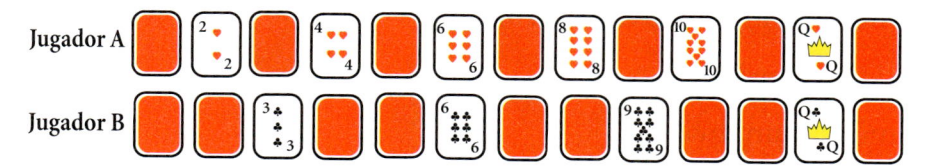

Los números que aparecen boca arriba en ambas hileras son los múltiplos comunes de los números de tasa.

DEL TODO A SUS PARTES • LECCIÓN 3

Halla el mínimo común múltiplo

Tal vez hayas notado que el producto de dos números es siempre un múltiplo común de ambos números. Por ejemplo, 54 es un múltiplo común de 6 y 9. Pero, ¿cómo podrías hallar el mínimo común múltiplo?

¿Cómo te pueden ayudar los factores primos a hallar el mínimo común múltiplo?

1 La tabla siguiente muestra los pasos a seguir para hallar el mínimo común múltiplo de varios pares de números. Trata de averiguar qué es lo que se hace en cada paso. Considera lo siguiente.

- ¿Qué factores primos tienen en común los números dados?
- ¿Cuál es la relación del número del paso 2 con los números dados?
- En el paso 3, cada número dado aparece escrito como producto. ¿Qué factores se usan?
- ¿Qué números del paso 3 se usan en el paso 4?

2 Cuando creas saber cómo hallar el mínimo común múltiplo de dos números, halla el de 12 y 18, 14 y 49 y de otros varios pares de números. ¿Funciona tu método? Haz una tabla en la que muestres cada par de números, los pasos que seguiste y el mínimo común múltiplo de los números.

3 Describe tu método de hallar el mínimo común múltiplo de dos números.

4 ¿Cómo podrías usar tu método para hallar el mínimo común múltiplo de tres números?

Pasos para hallar el mínimo común múltiplo

Números dados	Paso 1	Paso 2	Paso 3	Paso 4	Mínimo común múltiplo
8 12	2 × 2 × 2 2 × 2 × 3	4	8 = 4 × 2 12 = 4 × 3	4 × 2 × 3	24
15 70	3 × 5 2 × 5 × 7	5	15 = 5 × 3 70 = 5 × 14	5 × 3 × 14	210
30 45	2 × 3 × 5 3 × 3 × 5	15	30 = 15 × 2 45 = 15 × 3	15 × 2 × 3	90

palabras importantes
múltiplo
mínimo común múltiplo

Ejercicios
página 144

4 Lo **primero** es lo **primero**

SIGUE EL ORDEN DE LAS OPERACIONES

¿Cuánto puedes hacer con 1, 2 y 3? Si conoces las reglas del orden de las operaciones, puedes hacer un montón con tres números. En esta lección, explorarás las reglas para aumentar las posibilidades.

Usa el orden de las operaciones

¿En qué orden deben ejecutarse las operaciones de una ecuación?

Trabaja por tu cuenta para resolver estas ecuaciones.

$1 + 3 \times 2 = n$ $3 + 1 \times 2 = n$ $4 + 6 \div 2 = n$

¿Qué resultados obtuviste? ¿Obtuvo lo mismo alguno de tu clase? Aunque los cálculos de todos parecen estar bien, ¿por qué es posible que algunos hayan obtenido resultados distintos a los tuyos?

Cada una de las ecuaciones sólo puede tener una respuesta correcta y, para obtenerla, hay que seguir el orden de las operaciones.

Tu maestro(a) te pasará unas notas. Mira si puedes colocar los números 1, 2 y 3 en las diez ecuaciones, de modo de obtener cada número entero entre 1 y 10, asegurándote de seguir el orden de las operaciones.

El orden de las operaciones

- Ejecuta primero las operaciones dentro de los **símbolos de agrupamiento,** como los paréntesis.
- Evalúa luego las **potencias.**
- Luego, **multiplica** y/o **divide** ordenadamente de izquierda a derecha.
- Finalmente, **suma** o **resta** ordenadamente de izquierda a derecha.

DEL TODO A SUS PARTES • LECCIÓN 4

El juego de "Dar en el blanco"

En este juego, harás ecuaciones con tres números para obtener un número meta. Tu equipo tendrá una mejor oportunidad de ganar, si saben el orden de las operaciones.

¿Puedes obtener el número meta usando el orden de las operaciones?

A dar en el blanco

Para cada ronda del juego, tu maestro lanzará cuatro cubos numerados, uno de los cuales es el número meta y los otros tres, los números para formarlo. El objetivo es usar estos tres números y dos operaciones para acercarse lo más posible al número meta. Los números de formación pueden usarse en cualquier orden, pero cada uno sólo puede usarse una vez.

Cada equipo gana puntos de la siguiente manera.

- Un punto si se obtiene el número meta.
- Un punto extra si se obtiene el número meta sin usar paréntesis.
- Un punto extra si se obtiene el número meta, usando una combinación de adición o sustracción y multiplicación o división.

Ganan puntos todos los equipos que obtienen el número meta. Si ningún equipo obtiene el número meta, gana un punto el que obtiene el número más cercano al número meta.

Escribe un método ayuda-memoria

Al jugar a "Dar en el blanco", tuviste que pensar rápido y recordar el orden de las operaciones. ¿Cómo hiciste para recordarlo? ¿Puedes pensar en algo que te ayudaría a recordarlo? Escribe tu método y compártelo con la clase.

palabras **importantes**
operaciones
orden de las operaciones

Ejercicios
página 145

DEL TODO A SUS PARTES • LECCIÓN 4   **103**

5 Todo junto

RESUELVE PROBLEMAS CON NÚMEROS ENTEROS

¿Puedes cambiar el orden de números o los paréntesis de una expresión, sin alterar su valor? A veces sí y a veces no. En esta lección, aprenderás cuándo los puedes cambiar y luego jugarás a problemas de "adivina mi número".

Organiza tu matemática

¿Qué cambios pueden hacerse en una expresión de modo que se facilite su cálculo?

Examina detenidamente estos pares de expresiones. Para cada par, trata de adivinar si el valor de **A** será el mismo que el de **B**. Si la expresión **A** puede convertirse en la expresión **B**, sin cambiar el valor de **A**, explica por qué. Si la expresión **A** no puede convertirse en la expresión **B**, sin cambiar el valor de **A**, explica por qué no.

1 **A** $3 + 34 + 27$
    B $3 + 27 + 34$

2 **A** $524 - 412$
    B $412 - 524$

3 **A** $(27 - 7) - 3$
    B $27 - (7 - 3)$

4 **A** $4 \times (8 \times 2)$
    B $(4 \times 8) \times 2$

5 **A** $(24 \div 4) \div 2$
    B $24 \div (4 \div 2)$

6 **A** 18×6
    B $10 \times 6 + 8 \times 6$

7 **A** $24 \div 8 + 2$
    B $24 \div 2 + 8$

8 **A** 208×4
    B $(200 \times 4) + (8 \times 4)$

9 **A** $5 + 5 \times 14$
    B $(5 + 5) \times 14$

10 **A** $4 \times 6 + 5$
    B $6 \times 4 + 5$

11 Escribe tu propia expresión que pudiera hacerse fácilmente mediante un cambio de orden o de agrupamiento. Muestra el cambio que harías y luego descríbelo. Explica:

- por qué facilita el cálculo de su valor y
- por qué no cambia su valor.

Adivina mi número

Ahora usarás lo aprendido sobre factores y múltiplos para hallar números misteriosos.

¿Puedes hallar estos números misteriosos?

1. Dos números suman 60, ambos son múltiplos de 12 y ninguno es mayor que 40. ¿Cuáles son los números?

2. Tres números son menores que 20, son todos impares y uno de ellos es el mínimo común múltiplo de los otros dos. ¿Cuáles son los números?

3. El máximo común divisor de dos números es 11, uno de los números es el doble del otro y uno de los números es el mínimo común múltiplo de los números. ¿Cuáles son los números?

4. Sam y Susanna son hermanos. La diferencia de sus edades es un factor de cada una de sus edades. Si sus edades combinadas son 15, ¿cuáles son sus edades?

5. Luis tiene 6 años más que su perro. Ambas edades son factores de 24, pero ninguna es factor primo. ¿Cuáles son las edades?

6. El número de monedas de un centavo que tiene Brian es múltiplo del número del mismo tipo de moneda que tiene su hermana Carmen. Los dos juntos tienen 125 monedas. Carmen tiene más de 10 monedas y ambos números de monedas son múltiplos de 5. ¿Cuántas monedas tiene cada uno?

Escribe tu propio problema

Inventa tu propio problema que suponga factores o múltiplos y, una vez terminado, pásaselo a otro estudiante y ve si adivina el (los) número(s).

palabras importantes
factor
múltiplo
orden de las operaciones

Ejercicios
página 146

DEL TODO A SUS PARTES • LECCIÓN 5

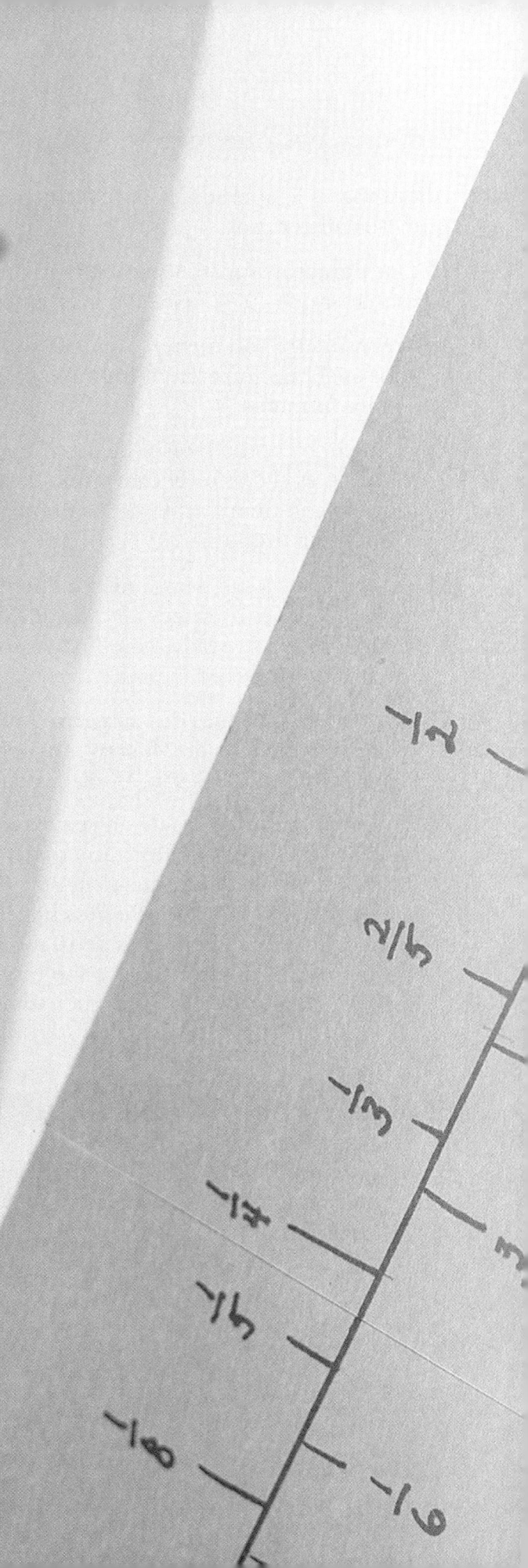

FASE DOS

Sin que pienses mucho en ello, todos los días trabajas con fracciones: un cuarto de libra, dos horas y media, seis décimas de milla. Lo que aprendas en esta fase te dará una comprensión más plena de las fracciones. Harás modelos de área para ilustrar cómo se relacionan entre sí diversas partes del todo. Usarás una recta numérica no sólo para ordenar y comparar fracciones, sino para darte cuenta que una fracción tiene muchos nombres.

Entre números enteros

LA MATEMÁTICA DEL ASUNTO

Esta sección se enfocará en:

NÚMEROS y OPERACIONES

- Representa fracciones como partes de un todo
- Escribe las fracciones equivalentes a una fracción dada
- Compara y ordena fracciones
- Grafica números en una recta numérica
- Entiende fracciones impropias
- Calcula el denominador común de dos fracciones

Panorama matemático en línea
mathscape1.com/self_check_quiz

6 Fracciones en diseños

DIVIDE ÁREAS ENTERAS EN FRACCIONES

¿Puedes ser un diseñador matemático astuto? En esta lección, dividirás rectángulos enteros en partes iguales, para luego hacer diseños con partes que no tienen el mismo tamaño, pero que aún corresponden a un todo.

Haz diseños para ilustrar fracciones

¿De cuántas maneras distintas puedes dividir un rectángulo en cuatro partes iguales?

Las fracciones pueden representarse como partes de un rectángulo.

1 En papel cuadriculado en centímetros, haz un rectángulo de 8 por 10 centímetros y divídelo en cuatro partes iguales. Cada miembro de tu grupo debe hacer un diseño distinto, según estas pautas.

- Las partes pueden ser parecidas o diferentes.
- Se pueden usar diagonales para obtener las partes.

Una vez que hayas terminado, analiza con tu grupo cómo sabes que son iguales las cuatro partes de tu diseño.

2 En papel cuadriculado en centímetros, haz cuatro rectángulos de 6 por 8 centímetros. A tu grupo se le asignará uno de los siguientes pares de fracciones.

$$\frac{1}{3} \text{ y } \frac{1}{6} \qquad \frac{1}{6} \text{ y } \frac{1}{12} \qquad \frac{1}{3} \text{ y } \frac{1}{12}$$

Tu grupo debe hacer dos diseños distintos para cada una de las dos fracciones y luego contest estas preguntas sobre los diseños.

a. ¿Cómo sabes cuándo dos partes fraccionarias en los diversos diseños son iguales entre sí?

b. Compara los tamaños de las partes fraccionarias de cada una de las dos fracciones. ¿Qué notas?

c. ¿Qué otras fracciones se podrían hacer fácilmente con el mismo rectángulo?

Usa fracciones para hacer un todo

Puedes hacer diseños en el lugar donde cada región representa una fracción dada.

1 Haz un diseño para cada grupo de fracciones. Primero, traza en papel cuadriculado el rectángulo dado con las dimensiones dadas y luego, divídelo en las partes fraccionarias. Colorea cada parte y rotúlala con la fracción correcta.

 a. En un rectángulo de 2 por 4 centímetros, muestra $\frac{1}{2}, \frac{1}{4}, \frac{1}{8}$ y $\frac{1}{8}$.

 b. En un rectángulo de 3 por 4 centímetros, muestra $\frac{1}{3}, \frac{1}{3}, \frac{1}{6}$ y $\frac{1}{6}$.

 c. En un rectángulo de 3 por 4 centímetros, muestra $\frac{1}{4}, \frac{1}{4}, \frac{1}{6}, \frac{1}{6}$ y $\frac{1}{6}$.

 d. En un rectángulo de 4 por 6 centímetros, muestra $\frac{1}{4}, \frac{1}{8}, \frac{1}{8}, \frac{1}{3}$ y $\frac{1}{6}$.

2 Haz un diseño que te ayude a determinar las fracciones que faltan en cada problema. Rotula cada parte con la fracción correcta.

 a. Usa un rectángulo de 3 por 4 centímetros para mostrar $\frac{2}{3} + \frac{1}{4} + \underline{?} = 1$.

 b. Usa un rectángulo de 3 por 4 centímetros para mostrar $\frac{1}{3} + \frac{1}{4} + \frac{1}{4} + \underline{?} = 1$.

¿Qué diseños puedes hacer con fracciones distintas para que juntas hagan un todo?

Haz tu propio diseño

Sigue estas pautas para inventar tu propio diseño con el que muestres varias fracciones cuya suma sea uno.

- Usa un grupo de fracciones distinto de los usados anteriormente. Piensa en el tamaño del rectángulo que funcionaría con las fracciones que escogiste.
- Divide tu rectángulo en al menos cuatro partes.
- Usa en tu diseño al menos cuatro fracciones distintas.
- Rotula cada parte con la fracción correcta.

palabras importantes: fracción

Ejercicios página 147

DEL TODO A SUS PARTES • LECCIÓN 6

7 Modelos de área y fracciones equivalentes

USA MODELOS DE ÁREA PARA COMPARAR FRACCIONES

¿Cómo puedes comparar fracciones? En esta lección, usarás modelos de área y esquemas cuadriculados.

¿Qué fracción es mayor?

Usa modelos de área para comparar fracciones

Es fácil comparar fracciones como $\frac{1}{3}$ y $\frac{2}{3}$ pues ambas tienen el mismo denominador, pero, ¿qué se hace con fracciones de denominadores distintos? con distinto denominador? Puedes compararlas usando modelos de área.

Usa modelos de área para comparar cada grupo de fracciones.

1 $\frac{4}{5}$ y $\frac{2}{3}$ **2** $\frac{2}{7}$ y $\frac{1}{3}$ **3** $\frac{4}{5}$ y $\frac{3}{4}$

Uso de modelos de área para comparar fracciones

Para comparar $\frac{1}{3}$ y $\frac{2}{5}$, haz dos rectángulos de 5 por 3 en papel cuadriculado. Para indicar $\frac{1}{3}$, encierra una de las columnas en un círculo; para indicar $\frac{2}{5}$, encierra dos filas en un círculo.

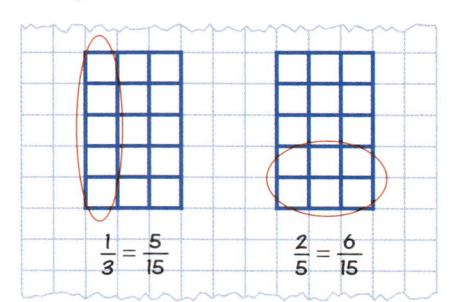

$\frac{1}{3} = \frac{5}{15}$ $\frac{2}{5} = \frac{6}{15}$

Como 5 de los 15 cuadrados cubren la misma área que $\frac{1}{3}$, $\frac{5}{15}$ es igual a $\frac{1}{3}$, así que $\frac{5}{15}$ y $\frac{1}{3}$ son **fracciones equivalentes,** así como lo son, $\frac{6}{15}$ y $\frac{2}{5}$. Es más fácil comparar $\frac{5}{15}$ con $\frac{6}{15}$ que comparar $\frac{1}{3}$ y $\frac{2}{5}$. Así, $\frac{1}{3} < \frac{2}{5}$.

Usa esquemas cuadriculados para comparar fracciones

Un esquema rápido en una cuadrícula es útil para comparar fracciones. Este esquema ilustra la comparación entre $\frac{2}{5}$ y $\frac{1}{3}$.

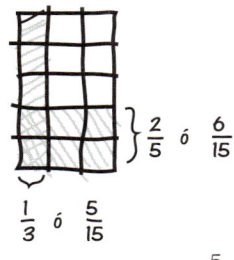

$\frac{2}{5}$ ó $\frac{6}{15}$

$\frac{1}{3}$ ó $\frac{5}{15}$

$\frac{6}{15}$ es mayor que $\frac{5}{15}$.

¿Cómo puede un cuadriculado ayudarte a comparar fracciones?

1 Representa ambas fracciones en un esquema cuadriculado, rotulando cada uno con la fracción dada y sus equivalentes. Compara las fracciones.

a. $\frac{2}{3}$ y $\frac{3}{5}$

b. $\frac{2}{8}$ y $\frac{1}{5}$

c. $\frac{1}{3}$ y $\frac{2}{6}$

d. $\frac{6}{7}$ y $\frac{4}{6}$

2 Escribe unas cuantas oraciones explicando cómo puede ayudarte un esquema cuadriculado a decidir cuál fracción es mayor.

Práctica la comparación de fracciones

Dos fracciones que tienen el mismo denominador se dice que tienen un denominador *común*.

1 Para cada par de fracciones, halla fracciones equivalentes que tengan un común denominador. Determina la fracción mayor y escribe tu resultado usando la fracción original.

a. $\frac{5}{6}$ y $\frac{7}{10}$

b. $\frac{4}{6}$ y $\frac{3}{4}$

c. $\frac{7}{8}$ y $\frac{4}{5}$

d. $\frac{3}{4}$ y $\frac{7}{10}$

¿Cómo puedes usar denominadores comunes para comparar fracciones?

2 Indica cómo prefieres comparar fracciones. ¿Por qué funciona tu método? Si usas un método para algunas fracciones y otro para otras, explica.

3 En tu copia del Mi diccionario matemático, escribe tu propia definición de *fracciones equivalentes*. Ilustra tu definición con un dibujo.

palabras importantes
fracciones equivalentes
denominador

Ejercicios
página 148

DEL TODO A SUS PARTES • LECCIÓN 7

8 Fracciones alineadas

GRAFICA NÚMEROS EN LA RECTA NUMÉRICA

¿Qué números se hallan entre los números enteros de una recta numérica? En esta lección, ubicarás fracciones en los lugares correspondientes de una recta numérica. Empezarás con rectas separadas para fracciones distintas, para luego combinarlas todas en una sola recta numérica.

Ubica fracciones en la recta numérica

¿Dónde se ubican las fracciones en una recta numérica?

En esta recta numérica sólo se muestran números enteros.

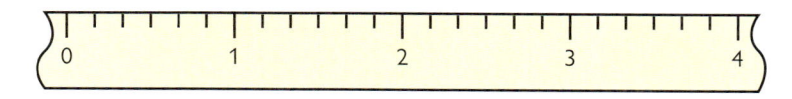

Se pueden ubicar fracciones entre ellos.

1. Marca las fracciones en rectas numéricas separadas, como se indica.

    a. Marca todas las mitades en la recta numérica **A**.

    b. Marca todos los tercios en la recta numérica **B**.

    c. Marca todos los cuartos en la recta numérica **C**.

    d. Marca todos los sextos en la recta numérica **D**.

    e. En la recta numérica **E**, escribe todas las fracciones marcadas en las rectas **A** a la **D**. Donde dos o más fracciones coincidan, escribe cada fracción.

2. Usa tus rectas numéricas para comparar cada par de fracciones, mostrando la comparación escribiendo ya sea $<$, $>$ o $=$.

    a. $\frac{1}{4}$ y $\frac{2}{6}$
    b. $\frac{4}{3}$ y $\frac{8}{6}$
    c. $\frac{5}{3}$ y $\frac{10}{6}$
    d. $\frac{5}{6}$ y $\frac{3}{4}$
    e. $\frac{10}{6}$ y $\frac{7}{4}$
    f. $\frac{3}{2}$ y $\frac{8}{6}$

3. Explica cómo se usa una recta numérica para comparar fracciones.

Usa la recta numérica para comparar fracciones equivalentes

En la Lección 7, aprendiste que las fracciones equivalentes cubren la misma superficie en un modelo de área. Dichas fracciones están situadas en el mismo lugar de la recta numérica.

¿Cómo puedes usar la recta numérica para identificar fracciones equivalentes?

1 Halla una fracción equivalente a cada fracción dada.

a. $\frac{3}{2}$ b. $\frac{5}{3}$ c. $\frac{6}{3}$

d. $\frac{4}{6}$ e. $\frac{6}{6}$ f. $\frac{4}{3}$

2 Imagina que tienes que rotular todos los doceavos ($\frac{0}{12}, \frac{1}{12}, \frac{2}{12}$ y así sucesivamente) en la recta numérica **E**. ¿Qué fracción o fracciones ya rotuladas equivalen a $\frac{3}{12}$? ¿A $\frac{10}{12}$? ¿A $\frac{18}{12}$?

3 En esta recta numérica aparecen marcados los novenos. ¿Cuáles de estas fracciones serían equivalentes a las fracciones que ya rotulaste en la recta numérica **E**?

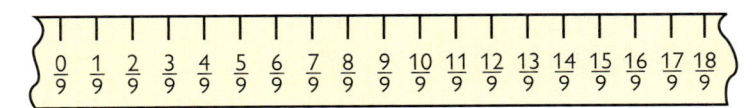

$\frac{0}{9}\ \frac{1}{9}\ \frac{2}{9}\ \frac{3}{9}\ \frac{4}{9}\ \frac{5}{9}\ \frac{6}{9}\ \frac{7}{9}\ \frac{8}{9}\ \frac{9}{9}\ \frac{10}{9}\ \frac{11}{9}\ \frac{12}{9}\ \frac{13}{9}\ \frac{14}{9}\ \frac{15}{9}\ \frac{16}{9}\ \frac{17}{9}\ \frac{18}{9}$

Escribe sobre fracciones equivalentes

Escribe dos fracciones que tengan un denominador común, con una equivalente a $\frac{3}{4}$ y la otra equivalente a $\frac{5}{6}$. Explica por qué son equivalentes e incluye en tu respuesta tanto un modelo de área como una recta numérica.

palabras importantes: fracciones equivalentes, fracción impropia

Ejercicios página 149

DEL TODO A SUS PARTES • LECCIÓN 8

9 Atención a los denominadores

COMPARA FRACCIONES MEDIANTE DENOMINADORES COMUNES

Escribir fracciones con un denominador común facilita su comparación. Sin embargo, cuando se usa el producto de los denominadores como el denominador común, dicho número puede ser más grande de lo requerido.

Busca el mínimo común denominador

¿Cómo puedes saber si hallaste el mínimo común denominador?

En la Lección 3, ya estudiaste el mínimo común múltiplo. Éste puede usarse para hallar el mínimo común denominador.

1 Para cada par de fracciones, completa lo siguiente:
- Halla el producto de los denominadores.
- Halla el mínimo común múltiplo de los denominadores.
- Escribe fracciones equivalentes con un denominador común usando el menor de los dos números, si éstos son distintos.
- Compara las fracciones y escribe <, > o =.

a. $\frac{5}{6}$ y $\frac{7}{12}$ b. $\frac{3}{10}$ y $\frac{1}{6}$ c. $\frac{2}{3}$ y $\frac{3}{4}$

d. $\frac{4}{5}$ y $\frac{7}{10}$ e. $\frac{2}{7}$ y $\frac{1}{4}$ f. $\frac{2}{3}$ y $\frac{7}{9}$

2 En el paso **1**, ¿qué método para hallar un denominador común dio el denominador común menor para cada par de fracciones?

3 Para las fracciones $\frac{5}{10}$ y $\frac{4}{6}$, usa esta recta numérica para hallar fracciones equivalentes con un mínimo común denominador.

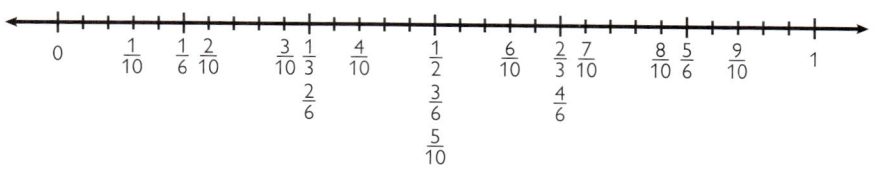

4 Explica por qué el mínimo común múltiplo de los denominadores de $\frac{5}{10}$ y $\frac{4}{6}$ no es su mínimo común denominador. ¿Qué hay que hacer antes de hallar el mínimo común denominador?

El juego de "Ordena los naipes"

Juega este juego con un(a) compañero(a).

Ordena los naipes

El objetivo de este juego es obtener la fila más larga de fracciones ordenadas de menor a mayor, según estas reglas:

- Se disponen todos los 20 naipes de fracciones boca arriba y en cualquier orden. Éste es el mazo.

- Los jugadores se turnan para escoger un naipe del mazo, el cual el jugador coloca en su propia hilera de naipes, ordenándolos de menor a mayor.

- Si un jugador objeta la ubicación de un naipe de un oponente, aquél puede desafiar la ubicación. Juntos, los jugadores deben llegar a la ubicación correcta. Si la original estaba mal, el desafiante puede tomar el naipe y colocarlo en su hilera o devolverlo al mazo.

- El juego termina cuando se han jugado todos los naipes del mazo y gana el jugador con el número mayor de naipes en su hilera.

¿Puedes ordenar fracciones?

Escribe sobre cómo comparar fracciones

Escribe una explicación de cómo comparar dos fracciones. Da ejemplos que confirmen tu explicación.

palabras importantes
mínimo común múltiplo
mínimo común denominador
numerador

Ejercicios
página 150

DEL TODO A SUS PARTES • LECCIÓN 9

FASE TRES

Ahora que ya estás familiarizado(a) con tantos aspectos de las fracciones, es hora de sumar y restar. Empezarás usando rectas numéricas. Al poner franjas de fracciones en la recta numérica, las sumas y restas tienen sentido. Luego sumarás y restarás fracciones sin usar modelos. Al jugar y resolver problemas insólitos, te familiarizarás más con las fracciones mayores que uno.

Añade y quita partes

LA MATEMÁTICA DEL ASUNTO

Esta sección se enfocará en:

NÚMEROS y OPERACIONES

- Usa la recta numérica para hacer modelos de la suma y resta de fracciones
- Suma y resta fracciones sin usar modelos
- Convierte entre números mixtos y fracciones impropias
- Suma y resta números mixtos y fracciones impropias

Panorama matemático en línea
mathscape1.com/self_check_quiz

10 Sumas y diferencias en la recta

SUMA Y RESTA FRACCIONES EN LA RECTA NUMÉRICA

Ya sabes cómo sumar y restar números enteros en la recta numérica. En esta lección, usarás la recta numérica para sumar y restar fracciones.

Usa la recta numérica para sumar fracciones

¿Cómo puedes sumar fracciones en una recta numérica?

Cada recta numérica que uses hoy está dividida en doceavos.

1 Usa rectas numéricas para calcular cada suma y luego escribe la fracción que represente la suma.

a. $\frac{1}{3} + \frac{1}{4}$
b. $\frac{2}{3} + \frac{1}{4}$
c. $\frac{1}{4} + \frac{5}{12}$
d. $\frac{7}{12} + \frac{1}{2}$
e. $\frac{5}{6} + \frac{3}{4}$
f. $\frac{1}{6} + \frac{3}{4}$

2 Escoge una de las sumas. ¿Cómo hallaste el denominador del resultado?

Suma de fracciones en la recta numérica

Para mostrar $\frac{1}{2}$, haz una tira de papel que cubra $\frac{1}{2}$ del espacio entre 0 y 1.

Para mostrar $\frac{1}{3}$, haz una tira de papel que cubra $\frac{1}{3}$ del espacio entre 0 y 1.

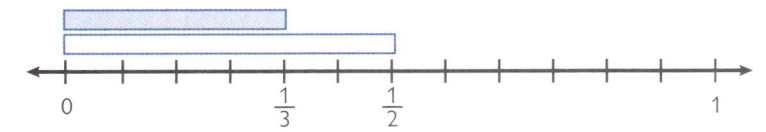

Para calcular la suma de $\frac{1}{2} + \frac{1}{3}$, coloca las tiras una al lado de otra, partiendo de cero. Calcula su longitud total. ¿Qué fracción corresponde a la suma?

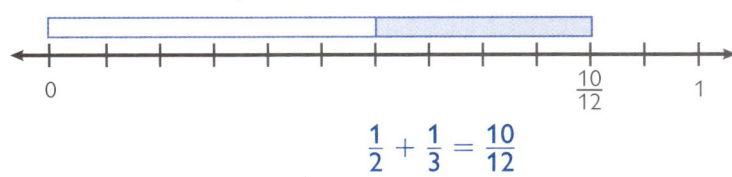

$$\frac{1}{2} + \frac{1}{3} = \frac{10}{12}$$

Usa la recta numérica para restar fracciones

Ahora que ya sabes cómo sumar fracciones en la recta numérica, trata de restarlas. Para esto, halla cuánto excede una tira a la otra.

¿Cómo puedes restar fracciones en una recta numérica?

1 Usa rectas numéricas para hallar cada diferencia y luego escribe una fracción que represente cada diferencia.

- a. $\dfrac{5}{6} - \dfrac{1}{4}$
- b. $\dfrac{3}{4} - \dfrac{1}{3}$
- c. $\dfrac{1}{2} - \dfrac{1}{6}$
- d. $\dfrac{11}{12} - \dfrac{1}{6}$
- e. $\dfrac{2}{3} - \dfrac{7}{12}$
- f. $\dfrac{1}{2} - \dfrac{1}{3}$

2 Escoge una de los problemas de resta. Explica cómo hallaste la diferencia. ¿Cómo determinaste su denominador?

3 Calcula cada suma o resta.

- a. $\dfrac{1}{3} - \dfrac{1}{6}$
- b. $\dfrac{3}{4} - \dfrac{1}{6}$
- c. $\dfrac{1}{2} + \dfrac{3}{4}$
- d. $\dfrac{5}{6} + \dfrac{1}{3}$
- e. $\dfrac{11}{12} - \dfrac{2}{3}$
- f. $\dfrac{5}{6} - \dfrac{1}{4}$
- g. $\dfrac{2}{3} + \dfrac{5}{6}$
- h. $\dfrac{1}{3} + \dfrac{1}{4}$
- i. $1 - \dfrac{5}{6}$
- j. $\dfrac{7}{12} - \dfrac{1}{2}$

Escribe una definición

En tu copia del Mi diccionario matemático, escribe una definición de *denominador común* y da un ejemplo.

palabras importantes
numerador
denominador
denominador común

Ejercicios
página 151

DEL TODO A SUS PARTES • LECCIÓN 10

11 Sólo números

SUMA Y RESTA FRACCIONES SIN USAR MODELOS

El uso de modelos de área o de rectas numéricas no es siempre la forma más simple de sumar y restar fracciones. En esta lección idearás una manera de sumar y restar fracciones sin usar modelos.

Suma y resta fracciones sin usar modelos

¿Cómo puedes sumar y restar fracciones sin la ayuda de un modelo?

Usa lo aprendido sobre modelos de adición y sustracción de fracciones para idear un método de adición y sustracción de fracciones sin usar modelos.

1 Copia y completa esta tabla de adición. Calcula cada suma y describe cómo lo hiciste.

	Problema	Resultado	Descripción del método
a.	$\frac{2}{5} + \frac{1}{5}$		
b.	$\frac{1}{2} + \frac{1}{8}$		
c.	$\frac{3}{8} + \frac{1}{4}$		
d.	$\frac{7}{10} + \frac{3}{5}$		

2 ¿Qué pasos seguirías para hallar la suma de dos fracciones cualquiera?

3 Copia y completa esta tabla de sustracción. Halla cada una y describe cómo lo hiciste.

	Problema	Resultado	Descripción del método
a.	$\frac{6}{7} - \frac{2}{7}$		
b.	$\frac{2}{3} - \frac{4}{9}$		
c.	$\frac{7}{12} - \frac{1}{4}$		
d.	$\frac{3}{5} - \frac{2}{15}$		

4 ¿Qué pasos seguirías para calcular la resta de dos fracciones cualquiera?

El juego de La carrera a los enteros

Este juego puede jugarse entre 2, 3 ó 4 personas. Juégalo con algunos de tus compañeros.

¿Puedes hacer que un corredor vaya a parar a un número entero?

Carrera a los enteros

Para jugar a este juego se necesita un mazo de naipes de fracciones, una recta numérica y un número de marcadores de juego (los corredores) igual al número de jugadores. La recta numérica debe estar marcada con los números del 0 al 3 con 24 espacios entre números enteros.

- El juego comienza con todos los corredores en 0.
- A cada jugador se le pasa 3 naipes y el resto se deja en una pila, boca abajo.
- Los jugadores se turnan. En su turno, cada jugador mueve cualquiera de los corredores usando uno de sus naipes de fracciones. El jugador puede mover el corredor hacia atrás o hacia adelante la distancia que indique su naipe.
- Después de jugar un naipe, el jugador lo coloca en una pila de descarte y lo reemplaza sacando otro naipe.
- Un jugador gana un punto cada vez que su corredor va a parar a un número entero.
- Gana el jugador que primero obtiene 5 puntos.

Resuelve el cuadrado mágico

En un cuadrado mágico, la suma de los números en cada columna, fila y diagonal es el mismo. Dispón los números en las nueve casillas para formar un cuadrado mágico. La suma de las fracciones en cada columna, fila y diagonal es 1.

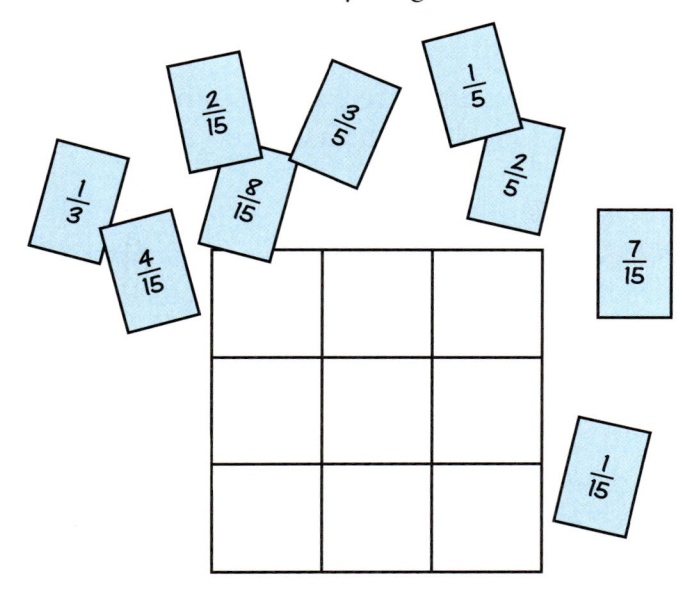

Fracciones: $\frac{2}{15}$, $\frac{3}{5}$, $\frac{1}{5}$, $\frac{1}{3}$, $\frac{8}{15}$, $\frac{2}{5}$, $\frac{4}{15}$, $\frac{7}{15}$, $\frac{1}{15}$

palabras importantes: denominador común, fracciones equivalentes

Ejercicios página 152

DEL TODO A SUS PARTES • LECCIÓN 11

12 No es propio, pero está bien

SUMA NÚMEROS MIXTOS Y FRACCIONES IMPROPIAS

¿Qué haces con fracciones mayores que uno? Como decidas escribir estos números, depende generalmente de lo que quieres hacer con ellos. Pero que no te engañen los nombres. Una fracción impropia no es inapropiada y un número mixto no está mezclado.

Escribe números mixtos y fracciones impropias

¿Cuál es la relación entre números mixtos y fracciones impropias?

Los números que no son enteros y mayores que uno pueden escribirse como números mixtos o como fracciones impropias.

1 Muestra cada fracción impropia con un modelo de área o una recta numérica y escribe el número mixto correspondiente.

  a. $\dfrac{4}{3}$ b. $\dfrac{7}{4}$ c. $\dfrac{12}{5}$ d. $\dfrac{7}{2}$

2 Muestra cada número mixto con un modelo de área o una recta numérica y luego escribe la fracción impropia correspondiente.

  a. $2\dfrac{1}{3}$ b. $4\dfrac{1}{4}$ c. $3\dfrac{3}{5}$ d. $1\dfrac{5}{6}$

3 Escribe cada número de otra forma sin usar un modelo de área o recta numérica.

  a. $3\dfrac{4}{5}$ b. $\dfrac{15}{5}$ c. $\dfrac{10}{4}$ d. $6\dfrac{2}{3}$

4 Explica cómo convertir entre fracciones impropias y números mixtos sin usar modelos de área o rectas numéricas.

Fracciones impropias y números mixtos

Una fracción cuyo numerador es menor que su denominador se llama **fracción propia.**

Una fracción con un numerador mayor o igual que su denominador se llama **fracción impropia.**

Un **número mixto** es una combinación de un número entero y una fracción propia.

Tanto el modelo de área como la recta numérica ilustran el mismo número; se lo puede llamar $\dfrac{5}{3}$ ó $1\dfrac{2}{3}$.

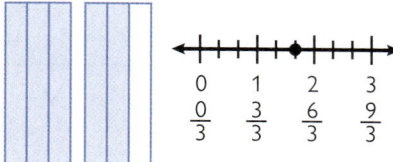

122 DEL TODO A SUS PARTES • LECCIÓN 12

Suma fracciones mayores que uno

Puedes usar lo que sabes sobre cómo sumar fracciones como ayuda para sumar números mixtos y fracciones impropias.

¿Cómo puedes sumar números mixtos y fracciones impropias?

1 Con un compañero o en grupo, halla por lo menos dos formas de sumar los siguientes números. Si el problema viene dado en fracciones impropias, escribe la suma como fracción impropia. Si viene dado en números mixtos, escribe la suma como número mixto. Si el problema contiene ambos tipos de números, escribe la suma como fracción impropia y como número mixto.

a. $\frac{4}{3} + \frac{5}{6}$

b. $\frac{3}{2} + \frac{6}{5}$

c. $2\frac{1}{2} + 3\frac{3}{4}$

d. $4\frac{1}{3} + 1\frac{2}{5}$

e. $2\frac{1}{4} + \frac{5}{2}$

f. $\frac{4}{3} + 3\frac{1}{3}$

2 Con un compañero, analiza dos métodos diferentes para sumar números mixtos y fracciones impropias. ¿Es uno de ellos mejor o más eficiente que el otro? Explica tu razonamiento y prepárate para compartir tu método con la clase.

Regla de los números mixtos

Los números mixtos no deben incluir fracciones impropias, así que a veces se necesita reescribir la fracción.

Por ejemplo, si sumas $2\frac{3}{5}$ con $4\frac{4}{5}$, pudieras obtener la suma $6\frac{7}{5}$, pero, como no se puede tener una fracción impropia en un número mixto, el paso siguiente es reescribir la fracción impropia del número mixto.

Como $\frac{7}{5} = 1\frac{2}{5}$, $6\frac{7}{5}$ es lo mismo que $6 + 1 + \frac{2}{5}$, así que $6\frac{7}{5}$ se escribe $7\frac{2}{5}$.

Escribe sobre las fracciones

En tu copia de Mi diccionario matemático, describe y da ejemplos de *fracción impropia* y de *número mixto*.

palabras importantes: fracciones impropias, números mixtos

Ejercicios
página 153

DEL TODO A SUS PARTES • LECCIÓN 12   123

13 Arréglatelas con la sustracción

RESTA NÚMEROS MIXTOS Y FRACCIONES IMPROPIAS

Ahora que ya sabes sumar números mixtos y fracciones impropias, es hora de restar. Puedes usar lo aprendido sobre números mixtos y fracciones impropias para hallar formas de restar estos tipos de números.

Resta fracciones mayores que uno

¿Cómo puedes restar números mixtos y fracciones impropias?

La siguiente información sobre reagrupación en la sustracción te permitirá restar números mixtos.

1 Calcula cada diferencia.

a. $\dfrac{10}{9} - \dfrac{2}{9}$
b. $\dfrac{25}{12} - \dfrac{7}{6}$
c. $3 - 1\dfrac{2}{7}$
d. $5\dfrac{3}{4} - 2\dfrac{1}{7}$
e. $4\dfrac{11}{12} - 3\dfrac{3}{4}$
f. $5 - 2\dfrac{4}{5}$
g. $6\dfrac{2}{3} - \dfrac{9}{2}$
h. $\dfrac{21}{5} - 2\dfrac{3}{10}$

2 Una vez resueltos los ocho problemas, prepárate para explicar los pasos que seguiste para hallar cada resultado.

Reagrupación en la sustracción

Al restar números mixtos, a veces hay que reagrupar, o sea, hay que tomar un todo de la parte del número entero y sumarlo a la parte fraccionaria.

Para calcular $5\dfrac{1}{12} - \dfrac{17}{12}$, sigue estos pasos:

- Empieza reagrupando.

$5\dfrac{1}{12} = 4 + 1 + \dfrac{1}{12}$ *Toma 1 todo del 5.*
$= 4 + \dfrac{12}{12} + \dfrac{1}{12}$ *Reescribe el todo como $\dfrac{12}{12}$.*
$= 4 + \dfrac{13}{12}$ *Suma $\dfrac{12}{12}$ con $\dfrac{1}{12}$.*

- Ahora resta.

$4\dfrac{13}{12} - 1\dfrac{7}{12} = 3\dfrac{6}{12}$ ó $3\dfrac{1}{2}$

¡Saquen de aquí a ese robot!

Adosado a la pared trasera de tu habitación, hay un robot con una falla irritante de programación. El robot debe avanzar 10 metros para pasar por la puerta y necesitas sacarlo lo más pronto posible. Puedes decirle al robot que avance hacia la puerta usando cualquiera de las distancias dadas abajo. Sin embargo, debido a la falla, en todo segundo movimiento, el robot se moverá en la dirección opuesta. Así, si le dices al robot que se mueva $\frac{1}{2}$ metro y que luego se mueva $\frac{1}{3}$ de metro, el robot avanzará $\frac{1}{2}$ metro y luego retrocederá $\frac{1}{3}$ de metro, así que el robot sólo estará a $\frac{1}{6}$ de metro más cerca de la puerta.

Para sacar al robot, puedes usar cualquiera de los siguientes números, pero sólo una vez. Anota tu progreso en una tabla como la que sigue. Nota que la *distancia a la pared* más la *distancia a la puerta* es siempre 10 metros.

¿Cuál es el número mínimo de movimientos que puedes usar para sacar al robot de la habitación?

¿Cuál es el número mínimo de cálculos que sacarán al robot de la habitación?

No. de movimientos	Suma o resta	Distancia desde la pared	Distancia a la puerta
1	$+ 2\frac{1}{3}$	$2\frac{1}{3}$	$7\frac{2}{3}$
2	$- \frac{1}{4}$	$2\frac{1}{12}$	$7\frac{11}{12}$

Instrucciones posibles

Cada movimiento sólo puede darse una vez. Todas las distancias están en metros.

$\frac{1}{2}$	$\frac{1}{4}$	$\frac{4}{3}$	$\frac{13}{6}$	$\frac{5}{6}$
$\frac{3}{2}$	$\frac{9}{4}$	$2\frac{1}{3}$	$\frac{1}{12}$	$\frac{11}{12}$
$\frac{1}{6}$	$\frac{7}{2}$	$\frac{3}{4}$	$\frac{5}{12}$	$1\frac{1}{6}$
$\frac{5}{3}$	$\frac{7}{3}$	$\frac{4}{4}$	$\frac{1}{3}$	$2\frac{1}{4}$

palabras importantes
fracción impropia
número mixto

Ejercicios
página 154

DEL TODO A SUS PARTES • LECCIÓN 13

14 Calc y los números

DESCRIBE Y USA LAS REGLAS DE LA SUMA Y LA RESTA DE FRACCIONES

Un extraterrestre llamado Calc ha llegado a tu clase. Le gusta la matemática, pero sólo sabe manipular números enteros. Le vas a enseñar fracciones y, por suerte, sabe seguir instrucciones muy bien.

Escribe instrucciones para sumar fracciones

¿Puedes escribir instrucciones para sumar fracciones?

Calc viene del planeta Entero y sólo puede operar con números enteros. Él sigue instrucciones muy bien y entiende términos como *numerador* y *denominador*.

1 Escribe instrucciones detalladas para que Calc aprenda a sumar dos fracciones. Necesita aprender a sumar:

   a. fracciones con igual denominador,

   b. fracciones con distintos denominadores,

   c. fracciones impropias y

   d. números mixtos.

2 Prueba tus instrucciones en estos problemas. ¿Podría Calc resolverlos correctamente siguiendo tus instrucciones?

   a. $\frac{3}{7} + \frac{2}{7}$ **b.** $\frac{1}{3} + \frac{1}{4}$ **c.** $\frac{9}{5} + \frac{11}{5}$

   d. $\frac{5}{3} + \frac{14}{12}$ **e.** $7\frac{1}{2} + 4\frac{1}{3}$ **f.** $2\frac{3}{4} + 1\frac{5}{8}$

Usa las fracciones

Calc regresó a su planeta y les contó a los enterinos sobre las fracciones. Ahora sucede que algunos enterinos necesitan usar fracciones. Ve si puedes resolver cada uno de sus problemas.

¿Puedes sumar y restar fracciones para resolver problemas?

1 Maribeth está pensando en alfombrar dos habitaciones con el mismo tipo de alfombra.

a. Ambos cuartos miden 12 pies de ancho y uno de ellos mide $9\frac{3}{4}$ pies de largo y el otra, $8\frac{2}{3}$ pies de largo. Si encontró una alfombra de 12 pies de ancho, ¿qué largo de alfombra necesita?

b. Maribeth decidió que debería tener algo de alfombra extra en caso de cometer un error al alfombrar. Compró entonces 20 pies de largo. Si alfombró perfectamente, ¿cuánta alfombra le sobró?

2 Ronita piensa cambiar la moldura del perímetro del piso de una habitación.

a. La habitación mide $12\frac{1}{4}$ pies por 11 pies y tiene una entrada de $3\frac{1}{4}$ pies de ancho. Si Ronita no pone moldura a lo largo de la entrada, ¿cuánta moldura necesita?

b. El hermano de Ronita le da $30\frac{1}{2}$ pies de moldura. ¿Cuánta más moldura necesita Ronita?

3 John es sastre y está confeccionando algunos trajes.

a. Tiene $12\frac{1}{4}$ yardas de tela y necesita $4\frac{2}{3}$ yardas para un cliente y $5\frac{3}{4}$ yardas para otro. ¿Cuánta tela requiere en total? ¿Tiene suficiente?

b. Los clientes decidieron que quieren chalecos, así que John necesita $\frac{3}{4}$ de yarda más de tela para cada uno. ¿Cuánta tela necesita ahora? ¿Cuánta le sobrará cuando haya terminado?

palabras importantes: fracciones equivalentes, denominador común

Ejercicios página 155

DEL TODO A SUS PARTES • LECCIÓN 14

FASE CUATRO

Como verás en esta fase, la multiplicación y división de fracciones son fáciles de ejecutar. Pero, ¿por qué funcionan como lo hacen y cómo se relacionan entre sí? Piensa en esta fase como un estudio de la conducta ¡de las fracciones! Hacia el final de esta fase, jugarás juegos de multiplicación y división de fracciones. Con lo que comprendas ahora sobre los grupos de fracciones, podrás estimar y predecir los problemas que solían parecer misteriosos.

Fracciones en grupos

LA MATEMÁTICA DEL ASUNTO

Esta sección se enfocará en:

NÚMEROS y OPERACIONES

- Busca y aplica métodos para multiplicar un número entero por una fracción
- Usa modelos de área para hallar la fracción de una fracción
- Busca y aplica un método para multiplicar fracciones
- Estima productos
- Usa modelos para dividir entre fracciones
- Busca y aplica un método para dividir fracciones

Panorama matemático en línea
mathscape1.com/self_check_quiz

DEL TODO A SUS PARTES 129

15 Imagina la **multiplicación** de **fracciones**

HALLA FRACCIONES DE ENTEROS

¿Cómo pueden usarse dibujos para multiplicar una fracción por un entero? En esta lección, aprenderás varias maneras de multiplicar mediante dibujos. Los dibujos que funcionen mejor dependerán de cómo enfrentas el problema.

¿Cómo puedes usar un dibujo para hallar la fracción de un entero?

Calcula fracciones de enteros

Cuando se le pidió a una clase de matemática que mostraran $\frac{1}{3}$ de 3, llos alumnos hicieron una variedad de dibujos. ¿Cómo muestra el dibujo de Maya que $\frac{1}{3}$ de 3 es 1? ¿Cómo lo hace el de David?

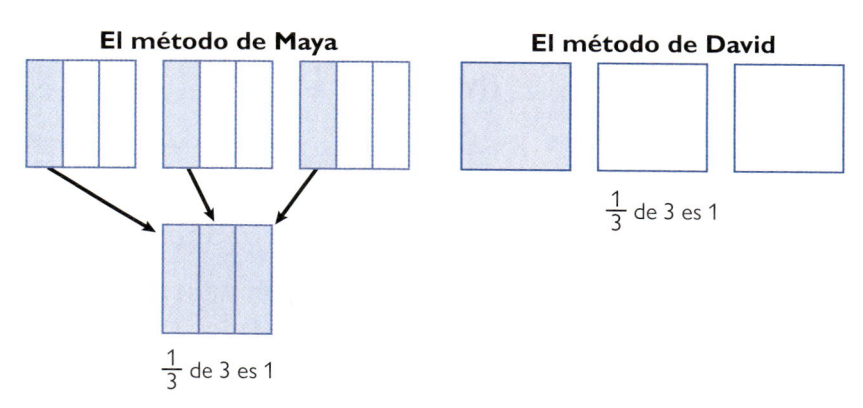

El método de Maya

$\frac{1}{3}$ de 3 es 1

El método de David

$\frac{1}{3}$ de 3 es 1

1 Resuelve cada problema en la hoja reproducible R18.

2 Para resolver cada problema, usa el método de Maya, el de David o uno de tu elección.

- **a.** $\frac{5}{6}$ de 12
- **b.** $\frac{2}{3}$ de 6
- **c.** $\frac{3}{5}$ de 25
- **d.** $\frac{1}{3}$ de 18
- **e.** $\frac{5}{8}$ de 40
- **f.** $\frac{5}{9}$ de 3

3 ¿Cómo resolviste cada problema de la parte **2**? ¿Usaste el mismo método en cada uno? ¿Son algunos problemas más fáciles de resolver con el método de Maya que con el de David?

Usa una recta numérica para hallar fracciones de enteros

Para hallar $\frac{2}{3}$ de 6 en la recta numérica, empieza trazando una recta numérica de 6 unidades de longitud y divídela en tres partes iguales. Cada parte es entonces un tercio de la recta. Para hallar $\frac{2}{3}$ de 6, necesitas dos partes, así que $\frac{2}{3}$ de 6 es 4.

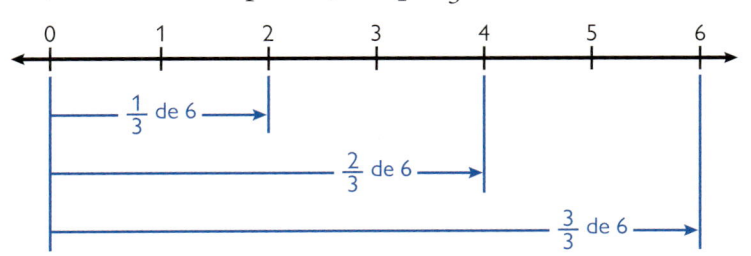

1. Resuelve cada problema mediante una recta numérica.

   a. $\frac{4}{5}$ de 20
   b. $\frac{5}{6}$ de 36
   c. $\frac{2}{9}$ de 18
   d. $\frac{1}{6}$ de 24
   e. $\frac{3}{4}$ de 16
   f. $\frac{2}{5}$ de 10

2. ¿Qué prefieres para hallar fracciones de números enteros, dibujos o rectas numéricas? Explica.

¿Cómo puedes usar una recta numérica para hallar una fracción de números enteros?

Calcula la fracción de un número entero

Una vez que Kary y Jesse multiplicaron fracciones mediante dibujos y rectas numéricas, cada uno ideó un método para hacerlo sin usar modelos.

El método de Kary	El método de Jesse
Primero, multiplica el número entero por el numerador de la fracción y luego divide el resultado entre el denominador de la fracción.	Primero, divide el número entero por el denominador de la fracción y luego multiplica el resultado por el numerador de la fracción.

1. Usa ambos métodos para resolver cada problema de la parte **1** anterior usando una recta numérica.

2. Decide cuál de los dos métodos es el correcto y, si ambos lo son, ¿cuál prefieres?

3. Calcula $\frac{1}{6}$ de 15. Explica cómo calculaste el resultado.

palabras importantes
numerador
denominador
producto

Ejercicios
página 156

DEL TODO A SUS PARTES • LECCIÓN 15   **131**

16 Fracciones de fracciones

MULTIPLICA FRACCIONES

En esta lección, hallarás fracciones de fracciones. Al hallar la fracción de una fracción, lo que estás haciendo realmente es multiplicarlas. Los modelos rectangulares te permitirán hallar un método para multiplicar fracciones.

Halla fracciones de fracciones

¿Cómo puedes hallar la fracción de una fracción?

Para multiplicar fracciones, puedes usar un modelo rectangular

1 Para cada problema, el rectángulo representa un entero. Usa el rectángulo para hallar la solución. Escribe la multiplicación que corresponde a cada problema.

a. $\frac{1}{4}$ de $\frac{1}{3}$

b. $\frac{1}{2}$ de $\frac{1}{4}$

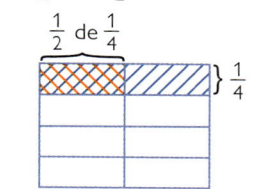

c. $\frac{4}{5}$ de $\frac{1}{3}$

d. $\frac{2}{7}$ de $\frac{2}{3}$

2 Estudia los numeradores y denominadores de las multiplicaciones que escribiste. Escribe un método para multiplicar fracciones.

DEL TODO A SUS PARTES • LECCIÓN 16

Pon a prueba una hipótesis

Estudia los resultados de una variedad de problemas de multiplicación para determinar cómo el primer factor afecta el producto.

1 Examina la siguiente tabla y complétala con los problemas dados. El tipo de factor puede ser *número entero, fracción impropia* o *fracción propia*.

Problema	Resultado	Tipo del primer factor	¿Es el resultado mayor o menor que el segundo factor?
3 x 5	15	número entero	mayor que
$\frac{3}{4}$ x 12	9	fracción propia	menor que

a. $12 \times \frac{3}{4}$ **b.** $\frac{2}{3} \times 9$ **c.** $9 \times \frac{2}{3}$

d. $\frac{5}{4} \times 20$ **e.** $10 \times \frac{3}{2}$ **f.** $\frac{1}{4} \times \frac{1}{4}$

g. $\frac{4}{9} \times \frac{1}{3}$ **h.** $\frac{1}{3} \times \frac{4}{3}$ **i.** $\frac{3}{2} \times \frac{4}{3}$

j. $\frac{5}{4} \times \frac{12}{10}$ **k.** $0 \times \frac{2}{3}$ **l.** $6 \times \frac{5}{4}$

2 Resalta cada fila que tenga un *menor que* en la última columna. Usa un color distinto para resaltar cada fila que tenga un *mayor que* en la última columna.

3 Analiza tus resultados. ¿Qué tipo de factor(es) hace(n) que el producto sea mayor que el otro número que estabas multiplicando? ¿Qué tipo de factor(es) hace(n) que el producto sea menor que el otro número que estabas multiplicando? ¿Por qué crees que esto es así?

Multiplicación de fracciones

Para multiplicar dos fracciones, haz lo siguiente.

$\frac{2}{3} \times \frac{3}{5}$

$\frac{2 \times 3}{3 \times 5} \rightarrow \frac{}{15}$ Multiplica los denominadores. Esto es como dividir cada quinto en 3 partes. Cada parte es un quinceavo.

$\frac{2 \times 3}{3 \times 5} \rightarrow \frac{6}{15}$ Multiplica los numeradores. Éstos te indican el número de partes que requieres. Tienes 3 quintos y quieres 2 de las 3 partes de cada quinto, o sea, un total de 6 partes.

¿Cuándo da una multiplicación un producto que es menor que uno de los factores?

palabras importantes
numerador
denominador
fracción impropia

Ejercicios
página 157

DEL TODO A SUS PARTES • LECCIÓN 16

17 Estimación y números mixtos

ESTIMA RESULTADOS Y MULTIPLICACIÓN DE NÚMEROS MIXTOS

La estimación es una destreza importante. En esta lección, estimarás productos de fracciones. Mientras adquieres una mejor idea de cómo funcionan los números en la multiplicación de fracciones, aumentará tu capacidad para estimar fracciones.

Estima productos de fracciones

¿Puedes estimar el producto de fracciones?

Para cada multiplicación, escoge la estimación que tú creas que está más cerca del resultado correcto. Luego juega a "La mejor estimación" con tus compañeros.

1. $\frac{10}{5} \times \frac{3}{4}$ a. $\frac{1}{2}$ b. 3   c. $1\frac{1}{2}$

2. $\frac{5}{4} \times 13$ a. 13   b. 15   c. 10

3. $\frac{1}{5} \times 26$ a. 100   b. $5\frac{4}{5}$ c. 5

4. $11 \times \frac{1}{5}$ a. 2   b. $2\frac{1}{2}$ c. 55

5. $\frac{3}{2} \times 48$ a. 16   b. 75   c. 148

La mejor estimación

Prepárate
- Cada alumno escribe 3 multiplicaciones y las resuelve.
- Cada alumno escribe 3 resultados posibles para cada problema, de modo que un de los resultados esté cerca de la respuesta correcta, pero no las otras dos.
- Cada alumno escribe cada problema y sus 3 resultados posibles en una ficha.

El juego
- Formen grupos. Cada alumno se turna para presentar un problema.
- Los miembros del otro grupo tienen 10 segundos para decidir cuál de los resultados es la estimación más cercana y anotarlo en un papel.
- Ganan un punto todos los alumnos que escogen la mejor estimación.

Multiplica números mixtos

Ya sabes cómo multiplicar fracciones por números enteros y por fracciones. ¿Cómo puedes multiplicar con números mixtos?

¿Cómo puedes multiplicar números mixtos?

1 Examina las ecuaciones con números mixtos y trata de hallar un método o métodos para multiplicar números mixtos. Asegúrate que funcione para todos los ejemplos.

$1\frac{1}{3} \times 2 = \frac{8}{3}$ ó $2\frac{2}{3}$

$\frac{4}{5} \times 3\frac{2}{5} = \frac{68}{25}$ ó $2\frac{18}{25}$

$2\frac{1}{2} \times 3 = \frac{15}{2}$ ó $7\frac{1}{2}$

$\frac{1}{2} \times 1\frac{1}{2} = \frac{3}{4}$

$4 \times 1\frac{1}{8} = \frac{36}{8}$ ó $4\frac{4}{8}$ ó $4\frac{1}{2}$

$1\frac{1}{2} \times 1\frac{1}{2} = \frac{9}{4}$ ó $2\frac{1}{4}$

$2\frac{1}{2} \times \frac{1}{2} = \frac{5}{4}$ ó $1\frac{1}{4}$

$1\frac{1}{3} \times 1\frac{1}{4} = \frac{20}{12}$ ó $1\frac{8}{12}$ ó $1\frac{2}{3}$

2 Escribe un método o métodos para multiplicar números mixtos. Prepárate para explicar tu(s) método(s) a tu maestro(a) y compañeros

Escribe sobre la multiplicación de números mixtos

¿Qué sucede al multiplicar un número por un número mixto? ¿Es el producto mayor o menor que el otro número? Antes de escribir tu conclusión, asegúrate de que hayas multiplicado números mixtos por:

- fracciones propias,
- fracciones impropias,
- números enteros y
- números mixtos.

palabras importantes: estimación, número mixto, fracción impropia

Ejercicios página 158

DEL TODO A SUS PARTES • LECCIÓN 17

18 Grupos de fracciones dentro de fracciones

DIVIDE CON FRACCIONES

Ya sabes cómo multiplicar un número por una fracción.
¿Qué pasa al dividir un número entre una fracción? Lo que aprendiste sobre multiplicación de fracciones te será útil para dividir fracciones.

¿Cómo puedes dividir un número entero enre una fracción?

Busca grupos de fracciones en números enteros

He aquí dos formas de hacer un modelo del problema $6 \div \frac{1}{2}$.

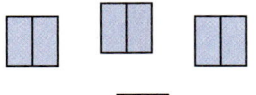

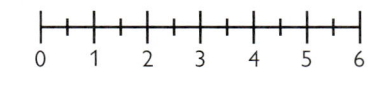

Hay 12 mitades en 6.
$6 \div \frac{1}{2} = 12$

1 Halla cada cociente mediante un dibujo o una recta numérica.

  a. $6 \div \frac{1}{3}$ **b.** $6 \div \frac{1}{4}$ **c.** $6 \div \frac{1}{5}$

2 Examina los problemas de la parte **1** y sus resultados.

  a. Describe un método que usarías para hallar los resultados.

  b. Usa tu método para hallar $8 \div \frac{1}{3}$ y $6 \div \frac{1}{6}$.

3 Para calcular cada cociente, usa la parte **1**.

  a. Usa un dibujo o una recta numérica de la parte **1a** para calcular $6 \div \frac{2}{3}$.

  b. Usa un dibujo o una recta numérica de la parte **1b** para calcular $6 \div \frac{3}{4}$.

  c. Usa un dibujo o una recta numérica de la parte **1c** para calcular $6 \div \frac{3}{5}$.

4 Examina los problemas y los resultados de la parte **3**.

  a. Describe un método que pudieras usar para hallar los resultados.

  b. Usa tu método para calcular $8 \div \frac{2}{3}$ y $6 \div \frac{5}{6}$.

Divide fracciones y números mixtos

Usa lo que aprendiste sobre la división de fracciones para calcular cada cociente.

¿Cómo puedes dividir fracciones?

1. $9 \div \frac{2}{3}$
2. $\frac{4}{5} \div 9$
3. $\frac{5}{6} \div \frac{8}{9}$
4. $\frac{3}{4} \div \frac{1}{2}$
5. $\frac{7}{10} \div \frac{4}{5}$
6. $\frac{1}{2} \div \frac{1}{4}$
7. $\frac{9}{5} \div \frac{2}{3}$
8. $\frac{5}{9} \div \frac{1}{4}$
9. $1\frac{1}{2} \div \frac{1}{8}$
10. $9 \div \frac{4}{3}$
11. $12 \div \frac{5}{4}$
12. $3\frac{3}{4} \div \frac{3}{8}$

División de fracciones

Al dividir un número entre una fracción, el denominador de la fracción divide el número en más partes. Así, multiplicas por el denominador. Luego, el numerador de la fracción te indica que debes reagrupar estas partes. Así, divides entre el numerador.

Usa este método para calcular $6 \div \frac{3}{4}$.

$6 \times 4 = 24$ Esto indica que hay un total de 24 partes.

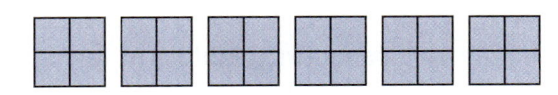

$24 \div 3 = 8$ Hay 8 grupos de 3 partes.

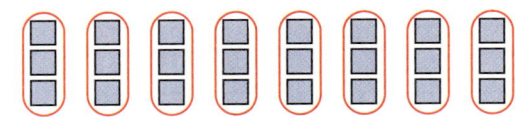

Un atajo al dividir entre fracciones es replantear el problema de división como un número multiplicado por el **recíproco** del divisor.

$$6 \div \frac{3}{4} = 6 \times \frac{4}{3} = \frac{6}{1} \times \frac{4}{3} = \frac{24}{3} \text{ u } 8$$

Este atajo funciona con cualquier problema de división.

$14 \div 7 = \frac{14}{1} \div \frac{7}{1} = \frac{14}{1} \times \frac{1}{7} = \frac{14}{7}$ ó 2

$\frac{2}{3} \div \frac{3}{4} = \frac{2}{3} \times \frac{4}{3} = \frac{8}{9}$

$\frac{5}{6} \div 2 = \frac{5}{6} \div \frac{2}{1} = \frac{5}{6} \times \frac{1}{2} = \frac{5}{12}$

$1\frac{1}{2} \div \frac{6}{5} = \frac{3}{2} \div \frac{6}{5} = \frac{3}{2} \times \frac{5}{6} = \frac{15}{12}$ ó $1\frac{1}{4}$

palabras importantes: recíproco

Ejercicios página 159

DEL TODO A SUS PARTES • LECCIÓN 18

19 Comprende la división de fracciones

HALLA TENDENCIAS Y ESTIMA RESULTADOS

¿Qué tendencias puedes descubrir en la división con fracciones? En esta lección, usarás un estudio familiar para aprender más sobre la división entre fracciones.

Explora los efectos de la división

¿Qué pasa cuando un número se divide entre un número que está entre uno entre 0 y 1?

Sue dijo: "Ya aprendimos que al multiplicar un número por uno mayor que uno, el producto es mayor que el otro número. Al multiplicar por una fracción propia, el producto es menor que el otro número. Sospecho que es al revés con la división."

¿Tiene razón Sue? Este estudio te permitirá descubrirlo.

1 Haz una tabla como ésta y complétala con los problemas dados. El tipo de divisor puede ser un *número entero*, una *fracción impropia*, una *fracción propia* o un *número mixto*.

Problema	Resultado	Tipo de divisor	¿Es el resultado mayor o menor que el dividendo?
$10 \div 2$	5	número entero	menor que
$10 \div \frac{1}{2}$	20	fracción propia	mayor que

a. $\frac{3}{4} \div 4$ b. $\frac{5}{12} \div 6$ c. $\frac{1}{2} \div \frac{1}{4}$

d. $\frac{1}{8} \div \frac{1}{3}$ e. $\frac{4}{3} \div \frac{1}{3}$ f. $\frac{2}{9} \div \frac{5}{4}$

g. $\frac{5}{8} \div \frac{3}{2}$ h. $1\frac{1}{2} \div \frac{1}{8}$ i. $\frac{4}{5} \div 3\frac{1}{4}$

j. $2\frac{1}{4} \div 1\frac{1}{2}$ k. $5 \div 1\frac{1}{3}$ l. $\frac{5}{9} \div \frac{5}{6}$

2 Analiza tus resultados. ¿Qué tipo(s) de divisor(es) hacen que el cociente sea mayor que el dividendo? ¿Qué tipo(s) de divisor(es) hace(n) que el cociente sea menor que el dividendo? ¿Por qué crees que esto es así?

Estima cocientes

Para cada división, escoge la estimación que tú crees que está más cerca del resultado correcto. Luego juega a "La mejor estimación" con tus compañeros.

¿Puedes estimar los cocientes de fracciones?

1. $4 \div \frac{1}{8}$ a. 32   b. $\frac{1}{2}$
2. $3\frac{1}{2} \div \frac{1}{3}$ a. 21   b. 10
3. $4 \div \frac{5}{4}$ a. $4\frac{1}{4}$ b. 3
4. $\frac{5}{9} \div \frac{1}{4}$ a. 2   b. $\frac{1}{2}$
5. $25 \div \frac{5}{6}$ a. 23   b. 30
6. $\frac{1}{2} \div \frac{25}{12}$ a. $\frac{1}{4}$ b. 20

La mejor estimación

Prepárate
- Cada alumno escribe tres divisiones y las resuelve. La divisiones deben incluir números enteros, fracciones propias, fracciones impropias y números mixtos.
- Cada alumno escribe dos resultados posibles para cada problema, de modo que uno esté cerca del resultado correcto correcta y el otro sea una mala estimación.
- Cada alumno escribe cada problema y sus dos resultados posibles en una ficha o en la cuarta parte de una hoja de papel.

El juego
- Formen grupos. Cada alumno se turna para presentar un problema.
- Los miembros del otro grupo tienen 15 segundos para decidir cuál de los resultados es la estimación más cercana y anotarlo en un papel.
- Al acabarse al tiempo, cada uno muestra su resultado. Ganan un punto todos los alumnos que escogieron la mejor estimación.
- Gana el alumno con el mayor número de puntos una vez presentados todos los problemas.

palabras importantes: número mixto, fracción impropia, estimación

Ejercicios página 160

DEL TODO A SUS PARTES • LECCIÓN 19

20 Multiplicación versus división

APLICA LA MULTIPLICACIÓN Y DIVISIÓN DE FRACCIONES

Ya estás familiarizado(a) con la multiplicación y división de fracciones. En esta lección, aplicarás lo aprendido sobre fracciones en un juego que las combina.

El juego del "Empequeñecimiento"

¿Cómo puedes multiplicar y dividir fracciones para obtener el resultado mínimo?

Juega una ronda de "Empequeñecimiento" por cuenta propia o con un compañero o una compañera, anotando los resultados en una hoja como ésta.

Primera fracción	Segunda fracción	× o ÷	Resultado
$\frac{5}{4}$	$\frac{3}{4}$	×	$\frac{15}{16}$
$\frac{15}{16}$	$\frac{3}{2}$	÷	$\frac{30}{48}$ ó $\frac{5}{8}$

Empequeñecimiento

En este juego, se lanza un dado o cubo numerado para crear fracciones, las cuales se multiplican o dividen para obtener el número mínimo posible. Éstas son las reglas del juego.

- El jugador lanza el dado y coloca el resultado ya sea en el numerador o en el denominador de la primera fracción.
- Luego el jugador lanza el dado para determinar la otra parte de la primera fracción.
- El jugador lanza el dado dos veces más, obteniendo la segunda fracción.
- El jugador decide si multiplicará o dividirá las dos fracciones. El resultado se convierte en la primera fracción para la ronda siguiente.
- Como antes, el jugador lanza dos veces el dado para obtener la segunda fracción de la ronda siguiente, decidiendo luego si las multiplicará o dividirá.
- El jugador continúa así por 10 rondas. El propósito del juego es terminar con el número mínimo posible.

Halla la relación entre multiplicación y división

Un(a) compañero(a) y tú resolverán dos grupos similares de problemas. Uno trabajará con multiplicaciones y el otro con divisiones. Al terminar, comparen sus resultados. ¿Qué relaciones ven entre los problemas?

¿Cuál es la relación entre la multiplicación y la división de fracciones?

Alumno A

1. $\frac{1}{2} \times \frac{1}{3}$
2. $\frac{5}{6} \times \frac{3}{4}$
3. $\frac{4}{3} \times \frac{1}{3}$
4. $1\frac{1}{5} \times \frac{2}{5}$
5. $5 \times \frac{1}{4}$
6. $\frac{7}{5} \times 3$
7. $\frac{3}{8} \times \frac{1}{4}$
8. $\frac{5}{4} \times \frac{3}{2}$
9. $3\frac{1}{2} \times 4$
10. $\frac{4}{5} \times \frac{20}{3}$

Alumno B

1. $\frac{1}{6} \div \frac{1}{2}$
2. $\frac{5}{8} \div \frac{5}{6}$
3. $\frac{4}{9} \div \frac{4}{3}$
4. $\frac{12}{25} \div 1\frac{1}{5}$
5. $\frac{5}{4} \div \frac{1}{4}$
6. $\frac{21}{5} \div 3$
7. $\frac{3}{32} \div \frac{1}{4}$
8. $\frac{15}{8} \div \frac{5}{4}$
9. $14 \div 4$
10. $\frac{16}{3} \div \frac{20}{3}$

Resuelve problemas concretos

Resuelve cada problema mediante multiplicación o división.

1. Quedaron $3\frac{3}{4}$ pasteles de la fiesta del 4 de julio que dio Julia. Su familia tiene 4 miembros. ¿Cuánto pastel le tocó a cada miembro si se dividieron equitativamente los que quedaron?

2. Joe gana $8.00 por hora cortando césped. Si esta semana pasó $5\frac{1}{4}$ horas en esto, ¿cuánto ganó?

3. Keisha lee 3 libros por semana. En promedio, ¿cuántos libros lee por día?

4. Claire tiene un CD que dura $\frac{3}{4}$ de hora. ¿Cuánto le llevará escuchar el CD 7 veces?

palabras importantes: numerador, denominador

Ejercicios página 161

Ejercicios 1
Figuras y factores

Aplica destrezas

Determina cuántos rectángulos pueden hacerse con cada número de losas. Da las dimensiones de cada rectángulo.

1. 14 losas
2. 18 losas
3. 23 losas
4. 25 losas

Las preguntas 5 y 6 son sobre este rectángulo. Completa cada enunciado.

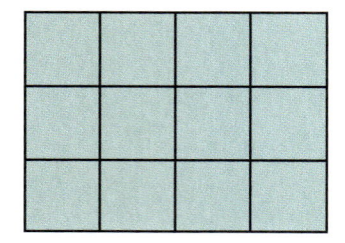

5. Los(Las) _____?_____ de este rectángulo son 3 por 4 centímetros.

6. Los dos _____?_____ de 12 que este rectángulo hace de modelo son 3 y 4.

7. ¿Qué par de factores son comunes a todo número par?

8. ¿Qué factor tienen en común todos los números?

Supón que estás haciendo prismas usando 12, 15, 22, 27, 30, 40 y 48 cubos. No uses 1 como dimensión.

9. ¿Qué número de cubos formaría un sólido rectangular de 2 cubos de alto?

10. ¿Qué número de cubos formaría un sólido rectangular de 3 cubos de alto?

Amplía conceptos

Hacer un árbol de factores es una forma de mostrar la factorización prima de un número. Cada rama del árbol muestra los factores del número sobre él. Aquí se muestran dos posibles árboles de factores de 48.

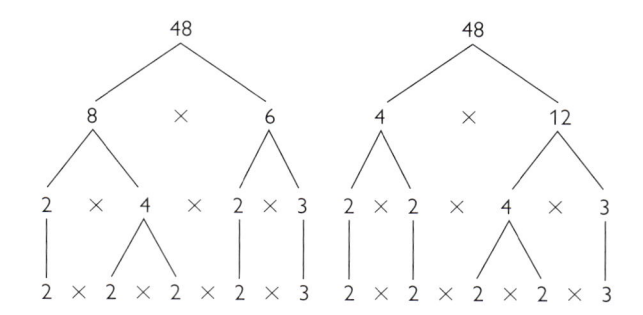

Haz un árbol de factores de cada número y luego escribe dichos factores.

11. 30
12. 81
13. 100
14. 66
15. 120
16. 250

Haz la conexión

17. Tamara quiere enlosar su patio trasero de 8 por 12 pies, y está pensando usar losas de un pie cuadrado. ¿Cuántas losas necesita?

18. Masao construyó una maceta elevada y necesita comprar tierra para llenarla. La maceta es de 4 pies de ancho por 8 pies de largo. Si quiere llenarla con tierra a una profundidad de 2 pies, ¿cuántos pies cúbicos de tierra necesita?

Ejercicios 2

La gran caza de factores

Aplica destrezas

Escribe cada número como producto de sus factores primos. No incluyas el 1.

1. 12 **2.** 16 **3.** 21
4. 26 **5.** 30 **6.** 45

Enumera todos los factores distintos de 1 que cada par de números tienen en común.

7. 10 y 15   **8.** 8 y 19
9. 14 y 28   **10.** 6 y 24
11. 16 y 26 **12.** 40 y 50

Halla el máximo común divisor de cada par de números.

13. 4 y 6   **14.** 9 y 16
15. 12 y 24 **16.** 30 y 45
17. 20 y 50 **18.** 36 y 48

Amplía conceptos

Usa este mapa numérico en las preguntas 19 a la 24. Multiplicas cada vez que te mueves de un número a otro. Puedes moverte en cualquier dirección a lo largo de la línea punteada, pero sólo se puede usar un número una vez. Por ejemplo, el valor del camino resaltado es $1 \times 5 \times 4 \times 11$ ó 220.

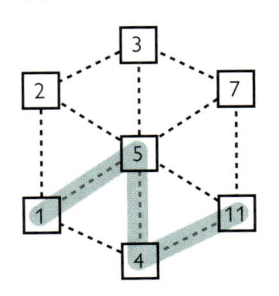

19. ¿Cuál es el camino más largo que puedes hallar? ¿Cuál es su valor?

20. ¿Puedes hallar un camino más corto que el de la pregunta 19, pero que tenga el mismo valor?

21. ¿Cómo puedes asegurarte que sea un número par el valor de un camino?

22. ¿Cómo puedes asegurarte que sea un número impar el valor de un camino?

23. ¿Puedes hallar un camino de dos números y de valor primo? Si es posible, da un ejemplo.

24. ¿Puedes hallar un camino de tres números y de valor primo? Si es posible, da un ejemplo.

Redacción

25. Haz tu propio mapa numérico, pero que sólo tenga números primos. Usa este patrón o uno propio. Incluye con tu mapa dos preguntas y sus soluciones.

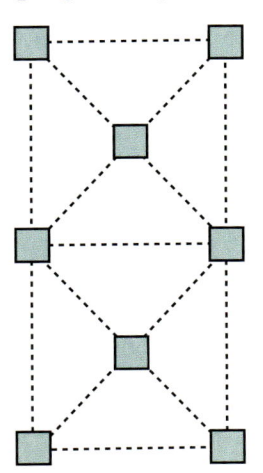

DEL TODO A SUS PARTES • EJERCICIOS 2

Ejercicios 3: Enfoques múltiples

Aplica destrezas

Escribe los primeros cinco múltiplos de cada número.

1. 3
2. 8
3. 13
4. 25
5. 40
6. 100

7. Determina si 150 es múltiplo de 6. Explica.

8. Enumera tres múltiplos comunes de 2 y 5.

9. Enumera tres múltiplos comunes de 3 y 9.

Halla el mínimo común múltiplo de cada par de números.

10. 6 y 8
11. 5 y 7
12. 9 y 12
13. 12 y 18
14. 9 y 21
15. 45 y 60
16. 11 y 17
17. 16 y 42

18. ¿Cuándo es que el mínimo común múltiplo de dos números es uno de los números?

19. Supón que 1 es el único factor común de dos números. ¿Cómo puedes hallar su mínimo común múltiplo?

Amplía conceptos

Para hallar el mínimo común múltiplo de tres números, primero halla el mínimo común múltiplo de dos de los números. Luego halla el mínimo común múltiplo de dicho número y del tercer número.

Considera los números 10, 25 y 75. El mínimo común múltiplo de 10 y 25 es 50 y el de 50 y 75 es 150, así que el mínimo común múltiplo de 10, 25 y 75 es 150.

Halla el mínimo común múltiplo de cada grupo de números.

20. 16, 24 y 26
21. 15, 30 y 60
22. 4, 22 y 60
23. 14, 35 y 63
24. 9, 12 y 15
25. 15, 25 y 35

Haz la conexión

Nuestro calendario anual se basa en lo que tarda la Tierra en girar alrededor del Sol. El año solar no es exactamente de 365 días, así que cada cuarto año es bisiesto, de 366 días. Sin embargo, el año solar no es exactamente de $365\frac{1}{4}$ días, así que los años bisiestos se omiten cada 400 años. Los años bisiestos son entonces los años múltiplos de 4, pero no de 400.

Determina cuáles de estos años fueron bisiestos.

26. 1600
27. 1612
28. 1650
29. 1698
30. 1700
31. 1820
32. 1908
33. 2000

Ejercicios 4

Lo primero es lo primero

Aplica destrezas

Despeja *n* en cada ecuación.

1. $5 + 3 \times 7 = n$
2. $6 \div 3 + 4 = n$
3. $10 - 8 \div 2 + 3 = n$
4. $(6 - 3) \times 2 = n$
5. $3 \times 4 \div 6 + 2 = n$
6. $2 + 3 \times 4 = n$
7. $6 - 2 \times 3 = n$
8. $9 \div 3 + 4 = n$
9. $(3 \times 2)^2 - 10 = n$
10. $(3 + 6)^2 = n$
11. $5 \times (4 + 2)^2 = n$
12. $(5^2 + 3) \div 7 = n$
13. $13 + 6 - 4 + 12 = n$
14. $7 \times 9 - (4 + 3) = n$
15. $4 + 2(8 - 6) = n$
16. $3(4 + 7) - 5 \times 4 = n$
17. $19 + 45 \div 3 - 11 = n$
18. $9 + 12 - 6 \times 4 \div 2 = n$
19. $26 \div 13 + 9 \times 6 - 21 = n$
20. $27 - 8 \div 4 \times 3 = n$

Coloca cada uno de los números 2, 5 y 6, en cada ecuación para que ésta se cumpla.

21. $\underline{\ ?\ } + \underline{\ ?\ } \times \underline{\ ?\ } = 32$
22. $\underline{\ ?\ } - \underline{\ ?\ } \div \underline{\ ?\ } = 2$
23. $\underline{\ ?\ } \times \underline{\ ?\ } \div \underline{\ ?\ } = 15$
24. $\underline{\ ?\ }^2 \div \underline{\ ?\ } - \underline{\ ?\ } = 13$
25. $\underline{\ ?\ }^2 \div \underline{\ ?\ }^2 + \underline{\ ?\ } = 14$
26. $(\underline{\ ?\ } + \underline{\ ?\ }) \times \underline{\ ?\ } = 22$

Amplía conceptos

Imagina que juegas a Dar en el blanco. Para cada grupo de números iniciales, escribe una ecuación cuyo resultado sea el número meta.

27. números iniciales: 1, 4, 5
    número meta: 2
28. números iniciales: 2, 3, 6
    número meta: 1
29. números iniciales: 3, 4, 6
    número meta: 2
30. números iniciales: 3, 4, 6
    número meta: 6

Redacción

31. Contesta esta carta al Dr. Matemático.

> Estimado Dr. Matemático:
> Mi maestro nos dio en clase este problema muy fácil de resolver.
> $16 - 8 \div 4 + 3 = n$
> El resultado de Priscilla Pemdas fue 17. Una locura, ¿no? Priscilla dijo que mi resultado, 5 por supuesto, estaba mal. Sé que sumé, resté y dividí correctamente. Pero el maestro estuvo de acuerdo con Priscilla. ¿Qué pasó?
> D. Desorden Finito

DEL TODO A SUS PARTES • EJERCICIOS 4

Ejercicios 5: Todo junto

Aplica destrezas

Para cada par, indica si la expresión A tiene el mismo resultado que la B.

1. **A.** $5 \times 6 + 11$
   B. $5 \times 11 + 6$

2. **A.** $48 \div 12 \div 2$
   B. $48 \div (12 \div 2)$

3. **A.** $(30 - 11) - 2$
   B. $30 - (11 - 2)$

4. **A.** $3 \times 5 \times 7$
   B. $7 \times 3 \times 5$

5. **A.** $50 \div 2 + 25$
   B. $50 \div 25 + 2$

6. **A.** 25×5
   B. $20 \div 5 + 5 \times 5$

7. **A.** $3 + 3 \times 10$
   B. $(3 + 3) \times 10$

Resuelve cada problema.

8. Angie está pensando en dos números. Su suma es 50 y cada uno de los números tiene 10 como factor. Si ambos números son mayores que 10, ¿cuáles son los números?

9. Hasta ahora, Julio ha leído dos libros este mes. Uno tiene el doble de páginas que el otro y los dos tienen un total de 300 páginas. ¿Cuántas páginas tiene cada libro?

10. El Sr. Robinson tiene dos hijos y uno tiene 3 veces la edad del otro. Si la suma de sus edades es 16, ¿cuáles son sus edades?

11. Atepa tiene dos gatos de edades distintas. El mínimo común múltiplo de sus edades es 24 y el máximo común divisor de ellas es 4. ¿Cuáles son las edades de los gatos?

12. Marcus está pensando en tres números. Si su máximo común divisor es 6 y su suma es 36, ¿cuáles son los números?

Amplía conceptos

A Debbie, Mariana, Eduardo y Gary les gusta leer. Para las preguntas 13 a la 16, usa estas claves para determinar el número de páginas que cada uno de ellos ha leído hasta ahora en este mes.

- Debbie ha leído 300 páginas.
- El número de páginas leídas por Eduardo y Debbie comparten un factor común, 50.
- Gary ha leído el doble de páginas que Debbie.
- Entre todos, han leído un total de 1,425 páginas.
- El mínimo común múltiplo del número de páginas leídas por Mariana y Eduardo es 350.

13. Debbie
14. Mariana
15. Eduardo
16. Gary

Redacción

17. Usa las edades de algunos miembros de tu familia, amigos o gente ficticia para inventar un problema de "adivina mi número". Tu problema debe incluir los términos *factor* y/o *múltiplo*. Escribe el problema y su solución.

Ejercicios 6

Fracciones en diseños

Aplica destrezas

Usa un cuadriculado en los puntos 1 a 6.

1. Sombrea $\frac{1}{2}$ de un rectángulo de 4 por 4. ¿Cuántas cuadrículas sombreaste?

2. Sombrea $\frac{1}{4}$ de un rectángulo de 4 por 4. ¿Cuántas cuadrículas sombreaste?

3. Sombrea $\frac{1}{8}$ de un rectángulo de 4 por 4. ¿Cuántas cuadrículas sombreaste?

4. Sombrea $\frac{1}{3}$ de un rectángulo de 4 por 3. ¿Cuántas cuadrículas sombreaste?

5. Sombrea $\frac{1}{6}$ de un rectángulo de 4 por 3. ¿Cuántas cuadrículas sombreaste?

6. Sombrea $\frac{1}{12}$ de un rectángulo de 4 por 3. ¿Cuántas cuadrículas sombreaste?

Escribe la fracción que corresponde a la parte del todo que ocupa cada color.

7.

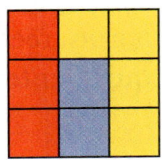

8.

9.

10.

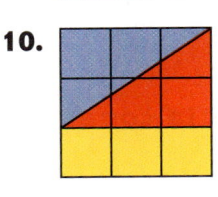

11.

12.

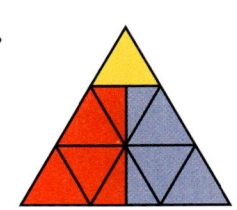

13.

14.

Amplía conceptos

Responde estas preguntas.

15. Si $\frac{1}{3}$ de un rectángulo aparece sombreado, ¿qué fracción de él *no* está sombreada?

16. Si $\frac{3}{7}$ de un rectángulo aparece sombreado, ¿qué fracción *no* está sombreada?

Haz la conexión

17. El patrón de esta colcha se llama la escala de Jacob. Cada bloque contiene 9 cuadrados del mismo tamaño y cada uno de ellos consta de cuadrados más pequeños o triángulos. ¿Qué fracción del bloque consta de tela azul? ¿De tela roja? ¿De tela blanca?

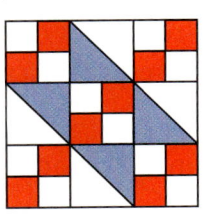

DEL TODO A SUS PARTES • EJERCICIOS 6   147

Ejercicios 7: Modelos de área y fracciones equivalentes

Aplica destrezas

Usa este rectángulo de 4 por 3 en las preguntas 1 a 4.

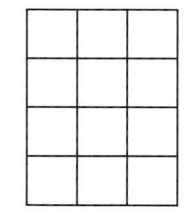

1. ¿Qué fracción de todo el rectángulo corresponde a una columna?
2. ¿Qué fracción de todo el rectángulo corresponde a dos filas?
3. Escribe dos fracciones con igual denominador que correspondan a una columna y dos filas.
4. ¿Qué fracción es mayor?

Usa este rectángulo de 2 por 7 en las preguntas 5 a 8.

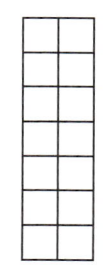

5. ¿Qué fracción de todo el rectángulo corresponde a una columna?
6. ¿Qué fracción de todo el rectángulo corresponde a tres filas?
7. Escribe dos fracciones con igual denominador que correspondan a una columna y tres filas.
8. ¿Qué fracción es mayor?

Haz un cuadriculado para cada par de fracciones. Rotula cada cuadriculado con las fracciones dadas y sus fracciones equivalentes. Compara las fracciones.

9. $\frac{5}{8}$ y $\frac{3}{5}$
10. $\frac{5}{9}$ y $\frac{2}{3}$
11. $\frac{3}{4}$ y $\frac{6}{7}$
12. $\frac{3}{5}$ y $\frac{4}{7}$

Para cada par de fracciones halla fracciones equivalentes que tengan un denominador común. Compara las fracciones.

13. $\frac{5}{12}$ y $\frac{1}{6}$
14. $\frac{2}{5}$ y $\frac{1}{4}$
15. $\frac{2}{7}$ y $\frac{3}{8}$
16. $\frac{1}{3}$ y $\frac{4}{7}$

Amplía conceptos

Ordena de menor a mayor cada grupo de fracciones. (*Ayuda:* Para ordenarlas, reescribe todas como fracciones equivalentes con un denominador común.)

17. $\frac{1}{2}, \frac{3}{5}, \frac{5}{6}$ y $\frac{2}{3}$
18. $\frac{1}{2}, \frac{4}{5}, \frac{2}{5}$ y $\frac{3}{4}$

Haz la conexión

19. El jardín de Crystal es un rectángulo de 5 por 6 yardas en el que piensa plantar una huerta en $\frac{2}{3}$ de esta superficie. ¿Cuántas yardas cuadradas plantará con vegetales? (Incluye un bosquejo con tu solución.)

Ejercicios 8

Fracciones alineadas

Aplica destrezas

Traza una recta numérica como ésta y coloca cada fracción en ella.

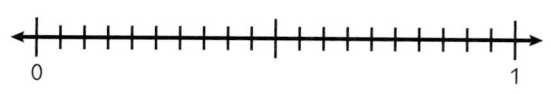

0 —————————— 1

1. $\dfrac{1}{2}$
2. $\dfrac{3}{4}$
3. $\dfrac{4}{5}$
4. $\dfrac{3}{10}$
5. $\dfrac{14}{20}$
6. $\dfrac{3}{5}$

Escribe una fracción equivalente a cada fracción.

7. $\dfrac{1}{2}$
8. $\dfrac{2}{10}$
9. $\dfrac{15}{20}$
10. $\dfrac{6}{10}$
11. $\dfrac{4}{5}$
12. $\dfrac{7}{10}$

Usa una regla para comparar cada par de fracciones. Escribe cada comparación usando <, > o =.

13. $\dfrac{3}{8}$ y $\dfrac{1}{4}$
14. $\dfrac{8}{16}$ y $\dfrac{1}{2}$
15. $1\dfrac{1}{4}$ y $1\dfrac{3}{8}$
16. $2\dfrac{3}{4}$ y $2\dfrac{11}{16}$
17. $1\dfrac{1}{2}$ y $1\dfrac{9}{16}$
18. $\dfrac{3}{16}$ y $\dfrac{1}{8}$

Amplía conceptos

19. Traza una recta numérica como ésta.

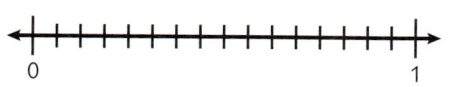

    a. Marca en ella las fracciones $\dfrac{1}{2}, \dfrac{1}{4}$ y $\dfrac{1}{8}$.
    b. ¿Cuál sería la siguiente fracción en este patrón? Marca su posición.
    c. ¿Cuáles serían las dos siguientes fracciones del patrón?

20. Traza una recta numérica como ésta y ubica en ella cada fracción.

    a. $8\dfrac{1}{2}$
    b. $10\dfrac{3}{4}$
    c. $9\dfrac{1}{8}$
    d. $8\dfrac{7}{8}$

Haz la conexión

Usamos fracciones cotidianamente al medir longitudes y distancias. Completa cada oración, sabiendo que 12 pulgadas = 1 pie y 3 pies = 1 yarda.

21. $1\dfrac{2}{3}$ yardas es igual a ___?___ pies.
22. 10 pies es igual a ___?___ yardas.
23. $\dfrac{1}{4}$ de pie es igual a ___?___ pulgadas.
24. 18 pulgadas es igual a ___?___ pies.
25. $1\dfrac{1}{4}$ yardas es igual a ___?___ pulgadas.

DEL TODO A SUS PARTES • EJERCICIOS 8

Ejercicios 9: Atención a los denominadores

Aplica destrezas

Halla el mínimo común denominador de cada par de fracciones.

1. $\frac{2}{3}$ y $\frac{4}{15}$
2. $\frac{7}{8}$ y $\frac{3}{10}$
3. $\frac{7}{10}$ y $\frac{3}{5}$
4. $\frac{5}{7}$ y $\frac{2}{3}$
5. $\frac{7}{24}$ y $\frac{5}{12}$
6. $\frac{7}{8}$ y $\frac{5}{6}$
7. $\frac{3}{10}$ y $\frac{4}{15}$
8. $\frac{7}{12}$ y $\frac{5}{8}$

Compara cada par de fracciones con $<$, $>$ o $=$.

9. $\frac{4}{7}$ y $\frac{5}{8}$
10. $\frac{1}{3}$ y $\frac{3}{15}$
11. $\frac{4}{5}$ y $\frac{6}{7}$
12. $\frac{3}{8}$ y $\frac{5}{12}$
13. $\frac{3}{4}$ y $\frac{5}{8}$
14. $\frac{16}{20}$ y $\frac{40}{50}$
15. $\frac{5}{6}$ y $\frac{7}{9}$
16. $\frac{3}{16}$ y $\frac{1}{6}$

Ordena de menor a mayor cada grupo de fracciones.

17. $\frac{2}{3}$, $\frac{5}{12}$ y $\frac{5}{6}$
18. $\frac{5}{16}$, $\frac{1}{4}$ y $\frac{9}{32}$
19. $\frac{32}{16}$, $\frac{1}{2}$ y $\frac{15}{16}$
20. $1\frac{1}{8}$, $\frac{5}{4}$ y $\frac{17}{16}$

Amplía conceptos

Usa cada fracción una sola vez para completar correctamente cada enunciado.

$$\frac{5}{16} \quad \frac{41}{48} \quad \frac{37}{48} \quad \frac{17}{24}$$

21. $\frac{5}{6} < \underline{\ ?\ } < \frac{7}{8}$
22. $\frac{2}{3} < \underline{\ ?\ } < \frac{3}{4}$
23. $\frac{1}{4} < \underline{\ ?\ } < \frac{3}{4}$
24. $\frac{9}{12} < \underline{\ ?\ } < \frac{19}{24}$

Coloca cada uno de los nueve números como numerador o denominador, para que se cumplan todas las ecuaciones, usando cada número sólo una vez.

$$1 \quad 2 \quad 3 \quad 4 \quad 5 \quad 6 \quad 7 \quad 8 \quad 9$$

25. $\frac{?}{?} = \frac{?}{10}$
26. $\frac{2}{?} = \frac{?}{14}$
27. $\frac{2}{?} = \frac{?}{12}$
28. $\frac{8}{12} = \frac{?}{?}$

Redacción

29. Contesta esta carta al Dr. Matemático.

> Estimado Dr. Matemático:
> Estamos estudiando una unidad sobre fracciones, pero la primera fase no fue en absoluto sobre fracciones, sino sobre cosas de números enteros como factores y múltiplos. En todo caso, ¿qué tienen que ver con las fracciones el máximo común divisor y el mínimo común múltiplo?
> A. Clara Melo

Ejercicios 10
Sumas y restas en la recta

Aplica destrezas

Calcula cada suma o diferencia. Usa, si lo deseas, una recta numérica.

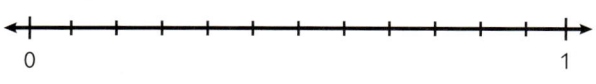

1. $\frac{2}{3} + \frac{1}{12}$
2. $\frac{1}{6} + \frac{1}{3}$
3. $\frac{3}{4} + \frac{1}{12}$
4. $\frac{5}{12} + \frac{1}{4}$
5. $\frac{1}{2} + \frac{1}{12}$
6. $\frac{1}{4} + \frac{2}{3}$
7. $\frac{5}{6} + \frac{1}{4}$
8. $1 - \frac{5}{6}$
9. $\frac{3}{4} - \frac{1}{3}$
10. $\frac{5}{6} - \frac{1}{2}$
11. $\frac{11}{12} - \frac{7}{12}$
12. $\frac{12}{12} - \frac{1}{3}$
13. $\frac{1}{4} - \frac{1}{6}$
14. $\frac{11}{12} - \frac{2}{3}$

Contesta cada pregunta. Usa una regla, si lo deseas.

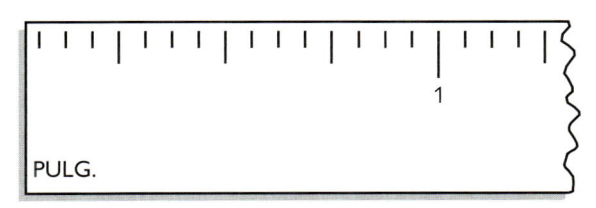

15. ¿Cuál es la suma de $\frac{5}{16}$ pulgadas con $\frac{1}{4}$ pulgadas?
16. ¿Cuál es la suma de $\frac{1}{2}$ pulgadas con $\frac{3}{8}$ pulgadas?
17. ¿En cuánto exceden $\frac{7}{8}$ pulgadas a $\frac{3}{4}$ pulgadas?
18. ¿En cuánto exceden $\frac{9}{16}$ pulgadas a $\frac{7}{8}$ pulgadas?

Amplía conceptos

19. Halla un camino cuya suma sea igual a 2. Puedes entrar por cualquier puerta superior que esté abierta, pero debes salir por la puerta inferior.

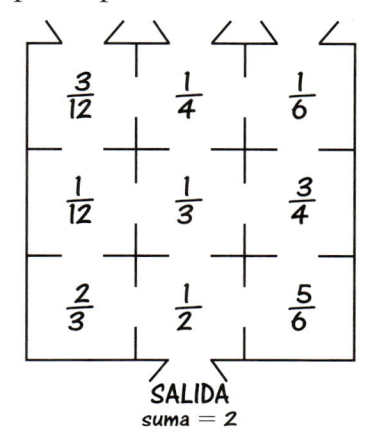

Haz la conexión

20. Theo tiene una tabla de crecimiento en la puerta de su habitación porque le gusta chequear su estatura cada tres meses. En el año entre sus cumpleaños décimo y undécimo, creció $\frac{1}{2}$ pulgadas, $\frac{3}{4}$ pulgadas, $\frac{3}{8}$ pulgadas y $\frac{5}{8}$ pulgadas. ¿Cuánto creció ese año?

21. En el siglo XIII se usaba una unidad de medida menor que la pulgada, llamada grano de cebada, porque tenía la longitud de un grano de cebada. Tres de ellos equivalían a una pulgada.

   a. ¿Cuál es la longitud en pulgadas de un grano de cebada? ¿De 5? ¿De 9?
   b. Calcula la suma en pulgadas de un grano de cebada, 5 granos de cebada y 9 granos de cebada.

DEL TODO A SUS PARTES • EJERCICIOS 10   **151**

Ejercicios 11

Sólo con números

Aplica destrezas

Calcula cada suma o resta.

1. $\dfrac{4}{9} + \dfrac{1}{3}$
2. $1 - \dfrac{3}{8}$
3. $\dfrac{5}{6} + \dfrac{5}{24}$
4. $\dfrac{8}{9} - \dfrac{1}{3}$
5. $\dfrac{5}{12} + \dfrac{1}{8}$
6. $1 - \dfrac{5}{6}$
7. $\dfrac{5}{6} - \dfrac{1}{3}$
8. $\dfrac{4}{5} + \dfrac{2}{3}$
9. $\dfrac{9}{40} - \dfrac{1}{10}$
10. $\dfrac{4}{5} - \dfrac{2}{15}$
11. $\dfrac{5}{12} + \dfrac{4}{8}$
12. $\dfrac{14}{15} - \dfrac{1}{6}$
13. $\dfrac{3}{7} + \dfrac{9}{14}$
14. $\dfrac{7}{10} - \dfrac{1}{6}$
15. $\dfrac{5}{8} - \dfrac{1}{2}$
16. $\dfrac{3}{7} + \dfrac{4}{5}$
17. $\dfrac{4}{5} - \dfrac{1}{6}$
18. $\dfrac{5}{8} - \dfrac{7}{12}$
19. $\dfrac{5}{9} + \dfrac{5}{6}$
20. $\dfrac{3}{5} + \dfrac{1}{15}$

21. Calcula $\dfrac{5}{8}$ menos $\dfrac{5}{12}$.

22. Calcula la suma de $\dfrac{9}{10}$ con $\dfrac{4}{15}$.

23. ¿En cuánto excede $\dfrac{3}{4}$ a $\dfrac{2}{3}$?

24. ¿Cuál es la suma de $\dfrac{3}{8}$ con $\dfrac{5}{6}$?

25. Evalúa $\dfrac{5}{8} - \dfrac{1}{4}$.

26. ¿Cuál es la suma de $\dfrac{2}{3}$, $\dfrac{5}{8}$ y $\dfrac{7}{12}$?

Amplía conceptos

Calcula cada fracción que falta.

27. $\dfrac{4}{5} + \underline{\ ?\ } = 1$
28. $\underline{\ ?\ } + \dfrac{2}{3} = 1$
29. $\dfrac{2}{3} - \underline{\ ?\ } = \dfrac{4}{9}$
30. $\underline{\ ?\ } - \dfrac{3}{8} = \dfrac{3}{16}$
31. $\underline{\ ?\ } - \dfrac{3}{4} = \dfrac{1}{12}$
32. $\dfrac{1}{5} + \underline{\ ?\ } = \dfrac{13}{20}$

33. Halla el camino cuya suma es igual a 1. Puedes entrar por cualquier puerta superior que esté abierta, pero debes salir por la puerta inferior.

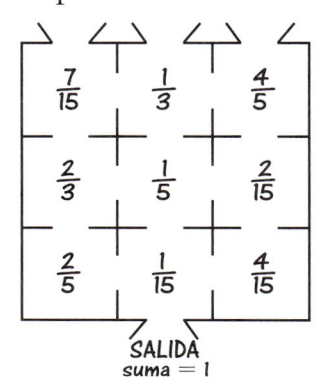

$\dfrac{7}{15}$	$\dfrac{1}{3}$	$\dfrac{4}{5}$
$\dfrac{2}{3}$	$\dfrac{1}{5}$	$\dfrac{2}{15}$
$\dfrac{2}{5}$	$\dfrac{1}{15}$	$\dfrac{4}{15}$

SALIDA suma = 1

Haz la conexión

34. A Benjamín Franklin le gustaba hacer cuadrados mágicos, los que podían llegar a medir 16 por 16. He aquí uno más pequeño. Dispón los números,

$$\dfrac{1}{12} \quad \dfrac{1}{6} \quad \dfrac{1}{4} \quad \dfrac{1}{3} \quad \dfrac{5}{12} \quad \dfrac{1}{2} \quad \dfrac{7}{12} \quad \dfrac{2}{3} \quad \dfrac{3}{4}$$

en nueve casillas de modo que la suma de cada columna, fila y diagonal sea $1\dfrac{1}{4}$.

Ejercicios 12

No es propio, pero está bien

Aplica destrezas

Escribe cada número de otra manera: fracción impropia, número mixto o número entero.

1. $\dfrac{7}{3}$
2. $3\dfrac{5}{8}$
3. $\dfrac{55}{11}$
4. $5\dfrac{2}{5}$
5. $3\dfrac{7}{8}$
6. $\dfrac{24}{7}$
7. $\dfrac{35}{5}$
8. $11\dfrac{11}{12}$
9. $3\dfrac{9}{10}$
10. $\dfrac{44}{15}$

Calcula cada suma. Si el problema tiene fracciones impropias, da la respuesta como fracción impropia; si tiene números mixtos, da la respuesta como número mixto y si el problema tiene ambos tipos de números, da la respuesta como fracción impropia y como número mixto.

11. $2\dfrac{3}{4} + 3\dfrac{1}{2}$
12. $5\dfrac{1}{4} + 2\dfrac{5}{12}$
13. $2\dfrac{1}{2} + 5\dfrac{2}{3}$
14. $11\dfrac{3}{4} + 9\dfrac{3}{5}$
15. $\dfrac{5}{3} + \dfrac{11}{6}$
16. $\dfrac{22}{10} + \dfrac{57}{50}$
17. $\dfrac{7}{3} + \dfrac{12}{9}$
18. $\dfrac{7}{6} + \dfrac{9}{4}$
19. $4\dfrac{4}{5} + \dfrac{78}{15}$
20. $\dfrac{23}{7} + 3\dfrac{1}{4}$
21. $2\dfrac{3}{4} + \dfrac{19}{8}$
22. $\dfrac{7}{6} + 5\dfrac{5}{9}$

Amplía conceptos

Halla el camino que tenga la suma dada. Puedes entrar por cualquier puerta superior que esté abierta, pero debes salir por la puerta inferior.

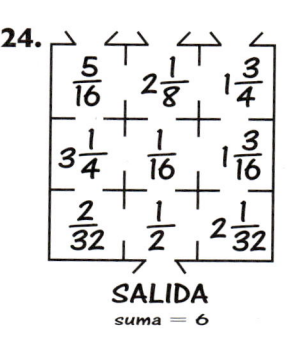

23.

$\dfrac{1}{2}$	$2\dfrac{1}{4}$	$3\dfrac{1}{2}$
$1\dfrac{1}{3}$	$\dfrac{3}{4}$	$1\dfrac{5}{8}$
$5\dfrac{1}{8}$	$\dfrac{13}{24}$	$7\dfrac{2}{3}$

SALIDA
suma = 10

24.

$\dfrac{5}{16}$	$2\dfrac{1}{8}$	$1\dfrac{3}{4}$
$3\dfrac{1}{4}$	$\dfrac{1}{16}$	$1\dfrac{3}{16}$
$\dfrac{2}{32}$	$\dfrac{1}{2}$	$2\dfrac{1}{32}$

SALIDA
suma = 6

Redacción

25. Contesta esta carta al Dr. Matemático.

Estimado Dr. Matemático,
Cuando iba a resolver el problema $2\dfrac{5}{16} + \dfrac{19}{4}$, un compañero me dijo que era más fácil si escribía $2\dfrac{5}{16}$ como fracción impropia. Pero no quiero hacer nada impropio. ¿Tengo que resolver el problema de esa forma?
Cordiales saludos,
Estela Correcta

DEL TODO A SUS PARTES • EJERCICIOS 12

Ejercicios 13 — Arréglatelas con la sustracción

Aplica destrezas

Calcula cada suma o diferencia. Si el problema tiene números mixtos, da la respuesta como número mixto; si tiene fracciones impropias, da la respuesta como fracción impropia y si el problema tiene ambos tipos de números, da la respuesta en cualquier de esas formas.

1. $\dfrac{5}{4} - \dfrac{3}{8}$
2. $\dfrac{13}{5} - \dfrac{11}{10}$
3. $4 - 3\dfrac{5}{6}$
4. $8\dfrac{1}{3} - \dfrac{5}{9}$
5. $12\dfrac{3}{8} - 5\dfrac{3}{4}$
6. $\dfrac{33}{10} - 2\dfrac{3}{5}$
7. $\dfrac{5}{8} + \dfrac{3}{4}$
8. $2\dfrac{4}{5} - 1\dfrac{1}{6}$
9. $4\dfrac{9}{11} - \dfrac{35}{11}$
10. $1\dfrac{2}{3} + \dfrac{3}{4} + \dfrac{5}{4}$
11. $8\dfrac{8}{9} - 3\dfrac{1}{3}$
12. $2\dfrac{3}{13} + \dfrac{3}{2}$
13. $5\dfrac{1}{6} - 2\dfrac{1}{2}$
14. $7\dfrac{2}{5} - \dfrac{17}{10}$
15. $\dfrac{9}{4} + 5\dfrac{2}{3}$
16. $\dfrac{17}{6} - 1\dfrac{1}{9}$
17. $\dfrac{13}{4} - 2\dfrac{5}{6}$
18. $19 - \dfrac{12}{7}$
19. $4\dfrac{5}{9} + \dfrac{19}{6}$
20. $\dfrac{15}{4} + 19$

21. ¿En cuánto exceden $28\dfrac{1}{2}$ segundos a $23\dfrac{7}{10}$ segundos?

22. Calcula la suma de $4\dfrac{1}{5}$, $8\dfrac{7}{8}$ y $1\dfrac{7}{10}$.

23. ¿Cuál es la diferencia entre $\dfrac{77}{9}$ y $5\dfrac{1}{3}$?

Amplía conceptos

Completa cada cuadrado mágico. Recuerda que la suma de toda columna, fila y diagonal debe ser la misma.

24.

$\dfrac{7}{2}$		$1\dfrac{1}{6}$
	$2\dfrac{11}{12}$	
		$\dfrac{7}{3}$

25.

5		$\dfrac{5}{3}$
$\dfrac{5}{6}$		
$6\dfrac{2}{3}$		

Haz la conexión

26. Kaylee está pensando hacer un pastel. Para servir a más personas, cambió las cantidades en la receta y la receta que resultó supuso muchas fracciones. Aquí se dan los cinco primeros ingredientes.

Pastel de chocolate

- $2\dfrac{5}{8}$ tazas de harina
- $1\dfrac{1}{8}$ tazas de cocoa en polvo
- $1\dfrac{1}{2}$ tazas de azúcar
- $1\dfrac{1}{2}$ cucharaditas de bicarbonato de soda
- $\dfrac{3}{8}$ de cucharadita de sal

Kaylee tiene un tazón de 6 tazas de capacidad. ¿Puede combinar estos ingredientes en el tazón? ¿Por qué?

Ejercicios 14 — Calc y los números

Aplica destrezas

Calcula cada suma o resta. Si el problema tiene números mixtos, da la respuesta como número mixto; si tiene fracciones impropias, da la respuesta como fracción impropia y si el problema tiene ambos tipos de números, da la respuesta en una de estas formas.

1. $\dfrac{3}{5} + \dfrac{7}{8}$

2. $\dfrac{31}{32} - \dfrac{3}{16}$

3. $\dfrac{1}{30} + \dfrac{2}{30}$

4. $\dfrac{49}{50} - \dfrac{24}{25}$

5. $2\dfrac{3}{4} - 1\dfrac{1}{3}$

6. $\dfrac{8}{5} + 2\dfrac{2}{3}$

7. $\dfrac{15}{15} - \dfrac{3}{7}$

8. $1\dfrac{5}{8} + 3\dfrac{3}{4}$

9. $\dfrac{3}{7} + \dfrac{3}{4}$

10. $7\dfrac{1}{8} - 3\dfrac{3}{4}$

Amplía conceptos

11. Tres cuartos de los alumnos en la clase de la Srta. Smith tienen mochilas regulares. Un octavo de ellos tiene mochilas enrollables. ¿Qué fracción de la clase tiene una mochila regular o una enrollable? ¿Qué fracción de la clase no tiene ninguna de éstas?

12. A Chapa le regalaron un cheque para su cumpleaños. Gastó $\dfrac{3}{8}$ del dinero y a la semana siguiente gastó $\dfrac{1}{4}$ de la cantidad total. ¿Qué fracción del dinero le queda?

13. Los Hilliers están haciendo una pizza para la cena. Jill puso anchoas en $\dfrac{1}{2}$ de la pizza. Luego Jack puso salchicha en $\dfrac{2}{3}$ de la pizza, incluyendo la mitad con anchoas. ¿Qué fracción de la pizza tiene salchicha, pero no anchoas?

14. En su fiesta de graduación, Gianni sirvió $1\dfrac{5}{6}$ libras de queso y $2\dfrac{2}{3}$ libras de maní. ¿Cuál es el total de libras de queso y maní que sirvió?

15. Sophie tiene dos sandías. Una pesa $3\dfrac{3}{4}$ libras y la otra pesa $5\dfrac{3}{8}$ libras. ¿Cual es el peso total de las sandías? ¿Cuál es la resta entre ellos?

16. Analise pasó $3\dfrac{1}{2}$ días visitando a su abuela. Luego pasó $\dfrac{5}{4}$ días en casa de su tío. ¿Cuánto pasó visitando a sus parientes? ¿En cuánto excedió su visita a su abuela a la de su tío?

Redacción

17. Escribe tu propio problema con un tema de tu elección. Tu problema debe incluir al menos dos fracciones y su solución puede ser una fracción, un número mixto o un número entero.

Ejercicios 15: Imagina la multiplicación de fracciones

Aplica destrezas

Usa este dibujo en las preguntas 1 y 2.

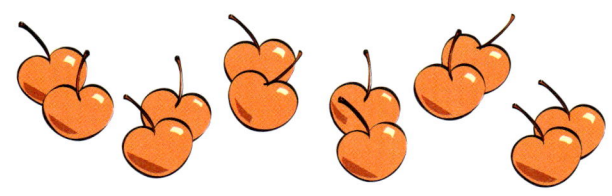

1. ¿Cuántas cerezas corresponden a $\frac{2}{3}$ de ellas?

2. ¿Cuántas cerezas corresponden a $\frac{5}{6}$ de ellas?

Usa este dibujo en las preguntas 3 y 4.

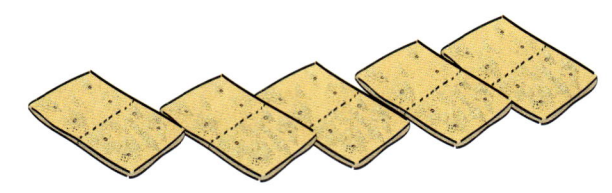

3. ¿Cuántas mitades corresponden a $\frac{3}{10}$ de las galletas saladas?

4. ¿Cuántas mitades corresponden a $\frac{4}{5}$ de las galletas saladas?

Resuelve cada problema.

5. $\frac{4}{5}$ de 10
6. $\frac{3}{8}$ de 40
7. $\frac{2}{3}$ de 18
8. $\frac{5}{6}$ de 24
9. $\frac{3}{5}$ de 35
10. $\frac{3}{5}$ de 15
11. $\frac{1}{12}$ de 24
12. $\frac{3}{4}$ de 24

Amplía conceptos

Resuelve cada problema.

13. $\frac{2}{3}$ de 16
14. $\frac{3}{4}$ de 30
15. $\frac{3}{7}$ de 4
16. $\frac{7}{9}$ de 3

17. Danielle se comió 11 de estos gajos de naranja. ¿Qué fracción de las naranjas se comió?

18. Juanita sirvió 3 sándwiches submarinos gigantes en su fiesta. Cada sándwich se cortó en 12 trozos iguales. Si los invitados se comieron $\frac{11}{12}$ de los sándwiches, ¿cuántos trozos comieron?

Haz la conexión

19. Myron administra una panadería y tiene dos pasteles idénticos, pero cortados en trozos de tamaño y precio distinto. ¿Qué pastel da más ganancia?

$2 por trozo.

Tres trozos por $4.

16 Ejercicios: Fracciones de fracciones

Aplica destrezas

En cada problema, el rectángulo es un todo. Usa el rectángulo para resolver cada problema.

1. $\frac{2}{3}$ de $\frac{3}{4}$

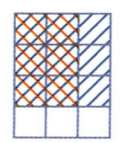

2. $\frac{3}{5}$ de $\frac{1}{6}$

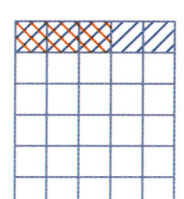

3. $\frac{1}{9}$ de $\frac{2}{3}$

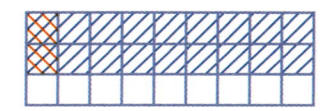

4. $\frac{5}{6}$ de $\frac{4}{5}$

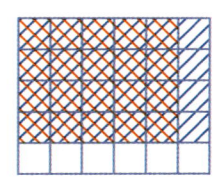

Calcula cada producto.

5. $\frac{3}{4} \times \frac{7}{8}$
6. $\frac{1}{2} \times \frac{4}{5}$
7. $\frac{2}{3} \times \frac{4}{7}$
8. $\frac{4}{9} \times \frac{3}{4}$
9. $\frac{2}{3} \times 60$
10. $\frac{3}{8} \times \frac{4}{9}$
11. $\frac{3}{5} \times \frac{10}{15}$
12. $\frac{1}{5} \times \frac{1}{5}$
13. $\frac{2}{3} \times \frac{1}{2}$
14. $\frac{1}{2} \times \frac{4}{9}$

Amplía conceptos

15. Isabella pasó $\frac{3}{4}$ de hora haciendo sus tareas y $\frac{1}{2}$ de ese tiempo lo pasó haciendo su tarea de matemática. ¿Qué fracción de hora pasó haciendo la tarea de matemática?

16. Mia tiene una colección de tarjetas de béisbol. Dos tercios de su colección son de jugadores de la liga nacional y un octavo de ésta son de jugadores de los Giants. ¿Qué fracción de toda su colección corresponde a los Giants?

17. A Ming le quedó $\frac{1}{3}$ de pizza de la noche anterior. Si en la tarde, él y sus amigos se comen $\frac{1}{2}$ de lo que quedó, ¿cuánto se comieron de toda la pizza?

18. Jamil pasó $\frac{1}{4}$ del día en la escuela y $\frac{1}{10}$ del mismo día almorzando. ¿Qué fracción de todo del día lo pasó almorzando?

Haz la conexión

19. Cerca de $\frac{3}{10}$ de la superficie terrestre es tierra firme.

    a. En una época, $\frac{1}{2}$ de la tierra firme estaba arbolada. ¿Qué fracción de la Tierra estaba arbolada?

    b. Hoy en día, $\frac{1}{3}$ de la tierra firme está arbolada. ¿Qué fracción de la Tierra está arbolada hoy en día?

    c. ¿Cuánta menos tierra firme está arbolada hoy en día?

DEL TODO A SUS PARTES • EJERCICIOS 16

Ejercicios 17

Estimación y números mixtos

Aplica destrezas

Escoge la mejor estimación.

1. $\dfrac{15}{4} \times \dfrac{1}{2}$

   a. 2   b. 3   c. 8

2. $\dfrac{1}{3} \times \dfrac{5}{9}$

   a. 2   b. $\dfrac{1}{6}$ c. $\dfrac{1}{2}$

3. $2\dfrac{1}{4} \times \dfrac{1}{5}$

   a. $10\dfrac{1}{4}$ b. $\dfrac{1}{2}$ c. 1

4. $\dfrac{6}{5} \times \dfrac{3}{4}$

   a. $1\dfrac{1}{4}$ b. $\dfrac{18}{4}$ c. 1

Calcula cada producto.

5. $1\dfrac{1}{3} \times \dfrac{1}{2}$
6. $1\dfrac{4}{5} \times \dfrac{5}{9}$
7. $2\dfrac{3}{4} \times 3$
8. $1\dfrac{1}{5} \times \dfrac{1}{2}$
9. $\dfrac{2}{3} \times \dfrac{3}{4}$
10. $\dfrac{6}{7} \times \dfrac{9}{10}$
11. $\dfrac{3}{8} \times 2\dfrac{1}{4}$
12. $1\dfrac{1}{8} \times 1\dfrac{1}{8}$
13. $\dfrac{4}{3} \times 2\dfrac{1}{3}$
14. $\dfrac{3}{10} \times 20$
15. $3\dfrac{1}{4} \times 2\dfrac{2}{3}$
16. $2\dfrac{1}{2} \times \dfrac{5}{8}$
17. $5\dfrac{1}{3} \times \dfrac{4}{5}$
18. $2\dfrac{1}{2} \times 2\dfrac{2}{3}$
19. $3 \times 2\dfrac{1}{7}$
20. $3\dfrac{2}{3} \times 9$

Amplía conceptos

El área de un rectángulo es su largo por su ancho. Calcula el área de cada rectángulo.

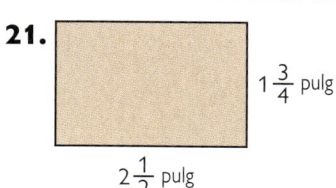

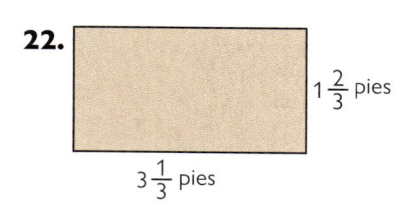

21. $1\dfrac{3}{4}$ pulg ; $2\dfrac{1}{2}$ pulg

22. $1\dfrac{2}{3}$ pies ; $3\dfrac{1}{3}$ pies

Haz la conexión

23. Tia horneará galletas de chocolate para muchas personas, por lo que necesita triplicar su receta acostumbrada, la cual se muestra más abajo. Vuelve a escribirla mostrando la cantidad de cada ingrediente que necesitará.

Galletas de chocolate

- $\dfrac{2}{3}$ de taza de harina cernida
- $\dfrac{1}{2}$ de cucharadita de bicarbonato de soda
- $\dfrac{1}{4}$ de cucharadita de sal
- $\dfrac{1}{3}$ de taza de mantequilla
- 2 cubos de chocolate amargo
- 1 taza de azúcar
- 2 huevos bien batidos
- $\dfrac{1}{2}$ taza de nueces picadas
- 1 cucharadita de vainilla

Ejercicios 18
Grupos de fracciones dentro de fracciones

Aplica destrezas

Para hallar cada cociente en las preguntas 1 a 3, usa estos dibujos.

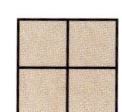

1. $4 \div \frac{1}{4}$
2. $4 \div \frac{1}{2}$
3. $4 \div \frac{1}{8}$

Para calcular cada cociente en las preguntas 4 a 6, usa estos dibujos.

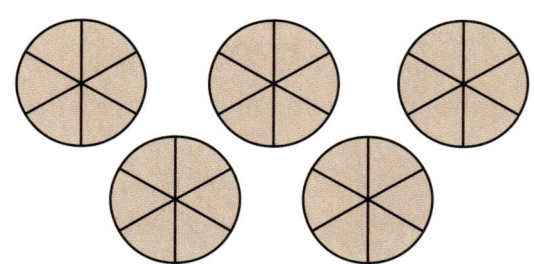

4. $5 \div \frac{1}{6}$
5. $5 \div \frac{1}{3}$
6. $5 \div \frac{1}{2}$

Calcula cada cociente.

7. $\frac{2}{3} \div \frac{1}{3}$
8. $\frac{4}{3} \div \frac{1}{6}$
9. $2\frac{3}{4} \div \frac{1}{8}$
10. $\frac{4}{5} \div 3$
11. $\frac{5}{4} \div \frac{1}{3}$
12. $4\frac{1}{8} \div \frac{1}{4}$
13. $4\frac{1}{2} \div 3\frac{3}{4}$
14. $2\frac{4}{5} \div \frac{7}{8}$

Amplía conceptos

La Srta. Marrero es maestra de matemática y quiere celebrar el día de pi comprando pasteles para su clase. (El día de pi es el 14 de marzo ó 14–3.) Si tiene 27 alumnos, ¿cuánto pastel le tocará a cada alumno si compra los siguientes números de pasteles?

15. 3 pasteles
16. 5 pasteles
17. 9 pasteles
18. 30 pasteles

19. María tiene 7 libras de pastillas de menta y quiere hacer paquetes de $\frac{1}{4}$ de libra para regalitos. ¿Cuántos paquetes puede hacer?

20. Troy va a cortar un calabacín en rodajas de $\frac{3}{8}$ de pulgada de grosor. Si el calabacín mide $6\frac{3}{4}$ pulgadas de largo, ¿cuántas rodajas habrá?

Redacción

21. Supón que un amigo tuyo ha faltado a la escuela debido a un fuerte resfriado y le llevas las tareas a su casa. Para poder hacer las de matemática, tu amigo necesita saber cómo dividir fracciones. Para ayudarlo, haz un dibujo para mostrarle $4 \div \frac{1}{2} = 8$ y escribe una breve nota explicando el dibujo.

DEL TODO A SUS PARTES • EJERCICIOS 18

Ejercicios 19 — Comprende la división de fracciones

Aplica destrezas

Para cada problema decide si el resultado será mayor o menor que el dividendo y luego resuelve el problema para ver si tuviste razón.

1. $\dfrac{5}{4} \div \dfrac{1}{2}$
2. $3\dfrac{2}{5} \div \dfrac{1}{5}$
3. $\dfrac{4}{5} \div 3$
4. $\dfrac{6}{5} \div 2\dfrac{1}{3}$
5. $\dfrac{9}{8} \div \dfrac{1}{4}$
6. $6 \div \dfrac{2}{3}$
7. $\dfrac{3}{4} \div 1\dfrac{1}{8}$
8. $\dfrac{2}{3} \div \dfrac{1}{6}$
9. $\dfrac{4}{3} \div \dfrac{1}{2}$
10. $3\dfrac{1}{2} \div 1\dfrac{1}{4}$
11. $\dfrac{1}{3} \div \dfrac{3}{5}$
12. $\dfrac{2}{5} \div 4$
13. $2 \div \dfrac{1}{6}$
14. $3 \div 4\dfrac{1}{2}$
15. $6\dfrac{1}{4} \div \dfrac{1}{2}$
16. $\dfrac{4}{5} \div \dfrac{6}{5}$
17. $4\dfrac{3}{4} \div \dfrac{5}{8}$
18. $5 \div \dfrac{2}{3}$
19. $5 \div 6\dfrac{1}{4}$
20. $1\dfrac{3}{8} \div \dfrac{3}{4}$

21. ¿Es $\dfrac{7}{8} \div \dfrac{1}{2}$ mayor o menor que 1?
22. ¿Es $\dfrac{3}{5} \div \dfrac{5}{6}$ mayor o menor que 1?
23. Calcula $\dfrac{3}{4} \div \dfrac{5}{6}$.
24. Calcula $3\dfrac{1}{4} \div 2\dfrac{1}{2}$.

Amplía conceptos

Para hacer dos docenas de panecillos, se necesitan $1\dfrac{1}{2}$ tazas de harina. ¿Cuántos panecillos puedes hacer con cada cantidad de harina?

25. 1 taza de harina
26. $\dfrac{1}{2}$ de taza de harina
27. $\dfrac{1}{4}$ de taza de harina
28. 2 tazas de harina
29. $3\dfrac{1}{2}$ tazas de harina

Redacción

30. Contesta esta carta al Dr. Matemático.

> Estimado Dr. Matemático,
> Llevo muchos años estudiando matemáticas y algo sé. Una cosa que sí sé es que cuando se hace un problema de división, el resultado es siempre menor que el primer número del problema. Por ejemplo, 24 ÷ 4 es 6 y 6 es menor que 24. Así es cómo funciona la división. Pero ahora me dicen que 10 ÷ $\dfrac{1}{2}$ es 20 y yo digo que no es posible porque 20 es mayor que 10. Estoy en lo correcto, ¿verdad?
> Cordiales saludos,
> M. Segura

Ejercicios 20: Multiplicación versus división

Aplica destrezas

Calcula cada valor.

1. $\dfrac{1}{4} \times 4\dfrac{1}{4}$
2. $\dfrac{1}{5} \times \dfrac{2}{9}$
3. $\dfrac{4}{5} \div \dfrac{1}{10}$
4. $\dfrac{9}{8} \div \dfrac{1}{16}$
5. $\dfrac{4}{3} \times \dfrac{3}{4}$
6. $\dfrac{1}{2} \times \dfrac{1}{4} \div \dfrac{1}{8}$

Para cada par de números, decide si, para obtener el número menor hay que multiplicar o dividir. Luego resuelve el problema. Debes usar los números en el orden en que se te dan.

7. $\dfrac{1}{4}$ y $\dfrac{1}{8}$
8. $\dfrac{2}{3}$ y $3\dfrac{1}{2}$
9. 5 y $\dfrac{1}{9}$
10. $\dfrac{2}{3}$ y 21
11. $\dfrac{5}{4}$ y $\dfrac{3}{8}$
12. $2\dfrac{1}{2}$ y $\dfrac{5}{2}$

Resuelve cada problema.

13. La receta que tiene Frank para hacer pan requiere $3\dfrac{1}{2}$ tazas de harina para hacer un pan.
   a. ¿Cuánta harina necesita Frank para hacer 7 panes?
   b. ¿Cuánta harina necesita Frank para hacer 13 panes?
   c. Frank tiene $5\dfrac{1}{4}$ tazas de harina. ¿Cuántos panes puede hacer?
   d. ¿Cuántos panes puede hacer con 14 tazas de harina?

14. Un pliego tiene 20 estampillas. Si Eli debe enviar 230 invitaciones, ¿cuántos pliegos necesitará?

15. Hernando tiene algunos melones que piensa cortar en 10 porciones iguales.
   a. ¿Cuántos melones necesitará cortar para que a cada una de 27 personas le toque una tajada?
   b. ¿Cuánto de un melón entero quedará?

16. Cerca de $\dfrac{7}{10}$ del cuerpo humano es agua. Si alguien pesa 110 libras, ¿cuantas son agua?

Amplía conceptos

Para cada par de números, escribe cuatro ecuaciones verdaderas de multiplicación y división.

17. $\dfrac{1}{4}$, $1\dfrac{1}{2}$ y 6
18. $1\dfrac{1}{3}$, $1\dfrac{1}{2}$ y 2

Haz la conexión

19. La marmota canadiense es un roedor grande oriundo de Norteamérica. ¿Cuánta madera lanza una marmota canadiense? ¿Quién sabe? Sin embargo, si una marmota *pudiera* lanzar madera, digamos la mitad de un tronco en 5 minutos, ¿cuánta madera lanzaría una marmota en $\dfrac{5}{12}$ de hora?

DISEÑADORA DE ESPACIOS

Asesores, ¡bienvenidos a nuestra compañía!

El diseño de una casa supone geometría y visualización espacial. Para asegurarse que las casas sean atractivas a gente de diversas culturas, también es importante entender cómo los seres humanos en diversas partes del mundo edifican construcciones que reflejan su cultura.

¿Cómo puedes describir las casas de diversas partes del mundo?

El diseño de
ESPACIOS

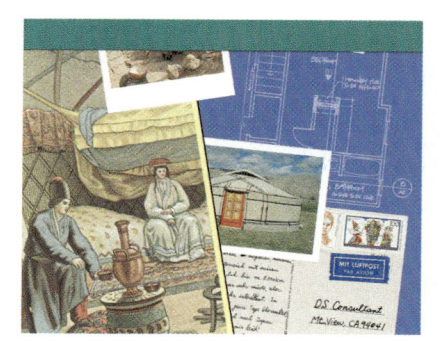

FASE**UNO**
Visualiza y representa estructuras cúbicas

Tu trabajo como asesor de Diseñadora de Espacios, S.A. empezará con el análisis de diversas maneras de representar estructuras tridimensionales. En esta fase, harás casas de cubos, para luego trazar los planos de una casa. La prueba real de tus planos será si otra persona puede seguirlos para construir la casa. Las aptitudes que desarrolles en esta fase son la base para comprender la geometría.

FASE**DOS**
Funciones y propiedades de figuras

¿Qué figuras ves en las casas que aparecen en estas páginas? En esta fase, estudiarás las propiedades de las figuras bidimensionales. Aplicarás lo que aprendiste sobre decodificación de fórmulas con las que se hacen los dibujos de construcción desarrollados por el grupo de investigación técnica de Diseñadora de Espacios, S.A. Al final de la fase, esta compañía te pedirá que la asesores en las dimensiones de sus dibujos de construcción.

FASE**TRES**
Visualiza y representa poliedros

En esta fase, estudiarás las aplicaciones de los dibujos de construcción que ayudaste a diseñar en la segunda fase, para hacer estructuras tridimensionales diversas. Aprenderás sus nombres y las dibujarás. La fase termina con un proyecto final en el que usarás los dibujos de construcción para diseñar una casa para un clima frío y nevoso o para uno cálido y lluvioso, trazando luego los planos de tu diseño.

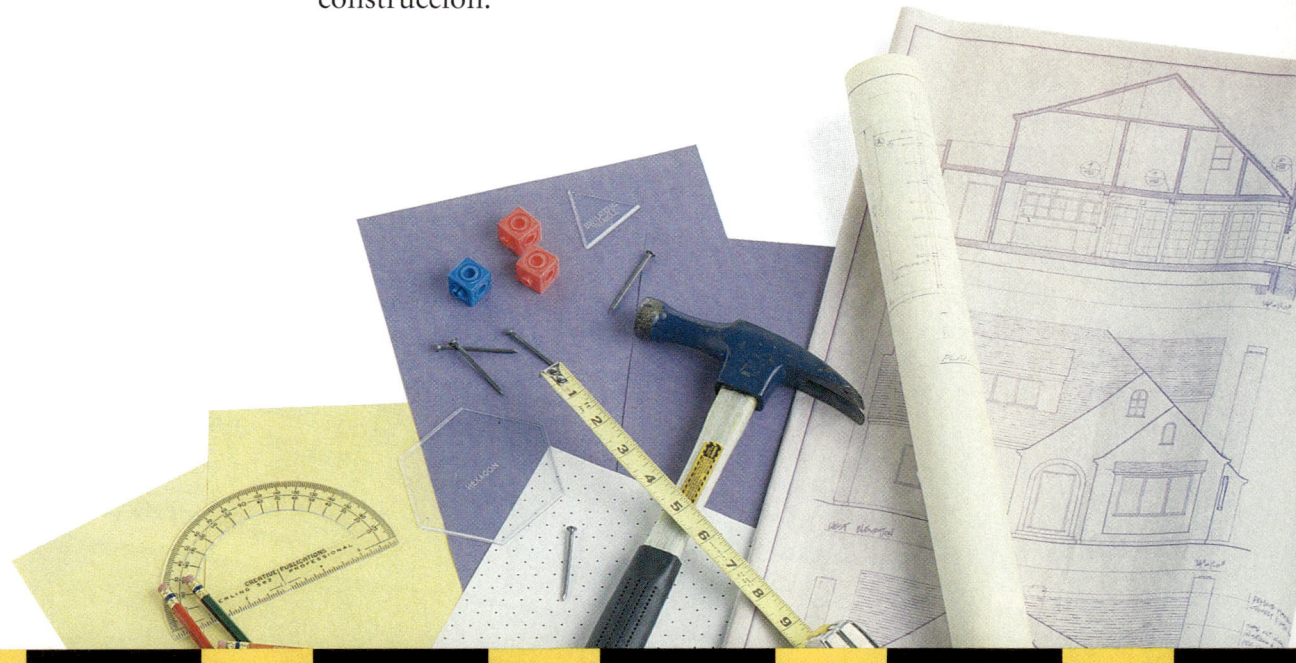

FASE UNO

A: Los diseñadores de casas
De: Gerente general
Diseñadora de Espacios, S.A.

¡Bienvenido(a) a nuestra compañía! En su calidad de diseñador de casas, se le pedirá que diseñe diversos tipos de casas para nuestros clientes.

Un tipo de casa que ofrece nuestra compañía es una casa modular de bajo costo. Estas casas se hacen de habitaciones cúbicas del mismo tamaño. Podemos hacer muchos tipos distintos de casas modulares porque las habitaciones encajan de muchas maneras distintas.

En esta fase, se te dará la tarea especial de diseñar casas compuestas por habitaciones cúbicas. Aprenderás maneras útiles de trazar planos de tus construcciones. Tus planos deben ser claros, de modo que otra persona pueda construir la casa a partir de ellos.

Visualiza y representa estructuras cúbicas

LA MATEMÁTICA DEL ASUNTO

Esta sección se enfocará en:

REPRESENTACIONES MÚLTIPLES

- Representa estructuras tridimensionales mediante dibujos isométricos y ortogonales.

PROPIEDADES y COMPONENTES de las FORMAS

- Identifica las formas bidimensionales que componen una estructura tridimensional.

- Describe por escrito las propiedades de una estructura de modo que otra persona pueda construirla.

VISUALIZACIÓN

- Construye estructuras tridimensionales a partir de representaciones bidimensionales.

Panorama matemático en línea
mathscape1.com/self_check_quiz

EL DISEÑO DE ESPACIOS   165

1 Planifica y construye una casa modular

CREA REPRESENTACIONES BIDIMENSIONALES

Una casa modular está hecha de piezas que pueden encajar de diversas maneras. Puedes usar cubos para hacer un modelo de una casa modular. Luego puedes trazar el diseño en un juego de planos, una manera de expresar tu diseño para que otra persona pueda construirlo.

Usa cubos para diseñar una casa

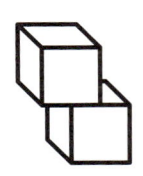

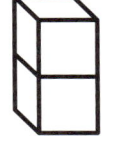

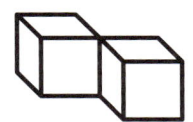

¿Qué tipo de estructura puedes hacer con cubos y que cumpla las pautas de diseño?

Un tipo de casa que ofrece la compañía Diseñadora de Espacios, S.A. es modular y de bajo costo y que consta de habitaciones cúbicas. En tu primera tarea, usa de ocho a diez cubos para hacer el modelo de una casa modular, donde cada cubo corresponda a una habitación de la casa. Sigue las pautas de diseño de casas modulares.

Los cubos de la estructura que diseñes pueden disponerse así.

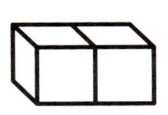

Pero no así.

Pautas de diseño de casas modulares

- La cara de un cubo debe alinearse perfectamente con la cara de al menos otro cubo, de modo que las habitaciones puedan conectarse mediante escaleras o puertas.

- Ninguna habitación puede desafiar la gravedad. Cada cubo debe descansar en el pupitre o sobre otro.

Traza planos de estructuras

Ahora que ya has diseñado y hecho tu modelo de casa modular, haz sus planos de modo que otra persona pueda construir la misma estructura. Tus planos deben incluir lo siguiente:

- Por lo menos un dibujo de la casa.
- Escribe una descripción de los pasos a seguir para construirla.

¿Cómo puedes hacer dibujos bidimensionales de estructuras tridimensionales?

Añade al Glosario visual

En esta unidad, crearás tu propio Glosario visual de términos geométricos que describan las formas. Esto te permitirá compartir tus planos con los demás. Un ejemplo es el término *cara*, el que se usa en las Pautas de diseño de casas modulares.

- Una vez que se haya analizado en clase el significado del término *cara*, agrega la definición de la clase a tu Glosario visual.
- Incluye dibujos que ilustren la definición.

palabras **importantes** cara

Ejercicios
página 194

EL DISEÑO DE ESPACIOS • LECCIÓN 1 **167**

2 Ve alrededor de las esquinas

REPRESENTA LAS TRES DIMENSIONES EN DIBUJOS ISOMÉTRICOS

¿Cuántas casas distintas crees que pueden hacerse con tres cubos? ¿Cuántas con cuatro cubos? Al explorar las posibilidades, hallarás que un tipo especial de dibujo, el *dibujo isométrico*, te permite trazar las diversas estructuras que hagas.

Construye y representa casas de tres habitaciones

¿Cuántas estructuras distintas pueden construirse con tres cubos?

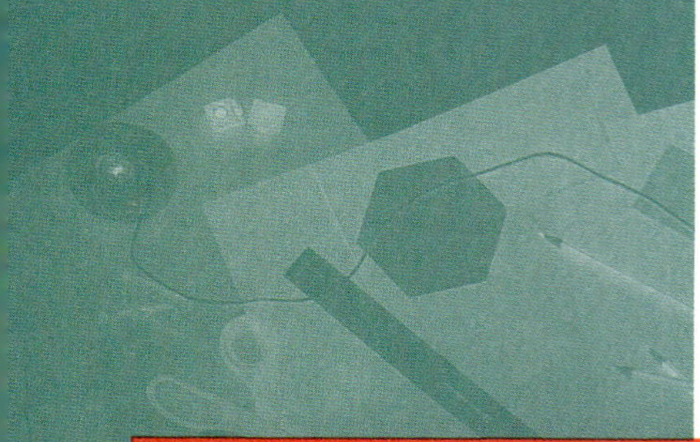

Diseña con tres cubos tantas casas modulares como te sea posible.

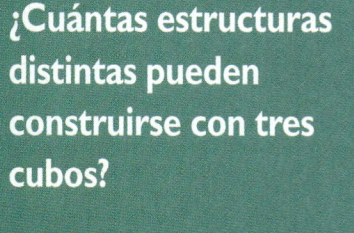

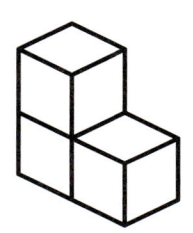

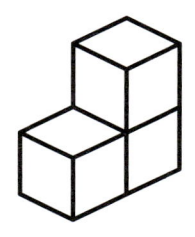

Estas dos casas son la misma casa. Sin necesidad de levantarla, puedes rotar una de ellas de modo que esté situada como la otra.

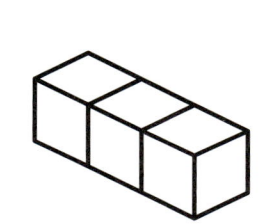

Estas casas son distintas. Hay que levantar la de la izquierda para que sea como la otra.

- Sigue las Pautas de diseño de casas modulares de la página 166.
- Traza un dibujo isométrico de cada estructura distinta que hagas.

Ejemplos de dibujos isométricos

Los dibujos isométricos muestran tres caras de una estructura en un solo dibujo.

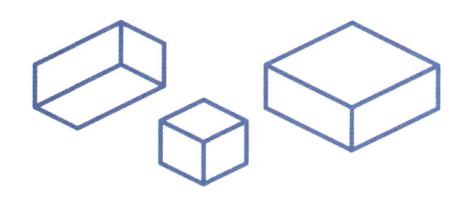

Para hacer dibujos isométricos, puedes usar papel isométrico de puntos.

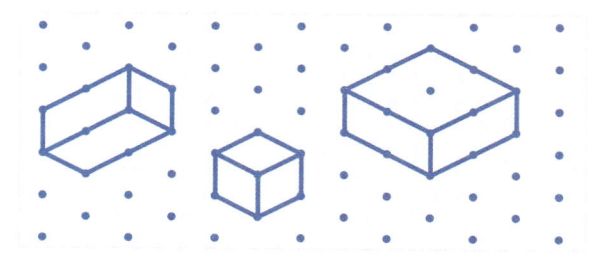

168 EL DISEÑO DE ESPACIOS • LECCIÓN 2

Construye y representa casas de cuatro habitaciones

Ya examinaste el número de casas que es posible construir con tres cubos. Diseña con cuatro cubos tantas casas modulares como te sea posible.

- Sigue las Pautas de diseño de casas modulares de la página 166.
- Traza un dibujo isométrico u otro tipo de dibujo de cada estructura distinta que hagas.

¿Cuántas casas distintas puedes hacer con cuatro cubos?

¿Cuántas estructuras distintas pueden construirse con cuatro cubos?

Añade al Glosario visual

Piensa en los dibujos isométricos que trazaste en esta lección y examina las ilustraciones en esta página. Luego compara las longitudes de los lados y la abertura de los ángulos en ambos tipos de dibujos.

- Después de analizar en clase, agrega a tu Glosario visual la definición de la clase del término *dibujo isométrico*.
- Asegúrate de incluir dibujos que ilustren la definición.

Dibujos isométricos

Éstos son dibujos isométricos.

Éstos **no** lo son.

palabras importantes: dibujo isométrico

Ejercicios página 195

EL DISEÑO DE ESPACIOS • LECCIÓN 2 169

3 Examina todas las posibilidades

CONVIERTE ENTRE DIBUJOS ORTOGONALES Y DIBUJOS ISOMÉTRICOS

Ya has estudiado el uso de dibujos isométricos para mostrar en papel estructuras tridimensionales. Ahora estudiarás otro método de dibujo: el *dibujo ortogonal.* Hay que entender ambos tipos de dibujos de modo que puedas leer planos y trazar los tuyos.

Construye casas a partir de dibujos ortogonales

¿Cómo puedes usar dibujos ortogonales para construir estructuras tridimensionales?

Aquí se muestran cuatro juegos de planos de casas modulares. Cada plano consta de dibujos ortogonales que muestran tres vistas de la casa. Tu tarea consiste en construir cada casa y anotar el número mínimo de cubos empleados en su construcción.

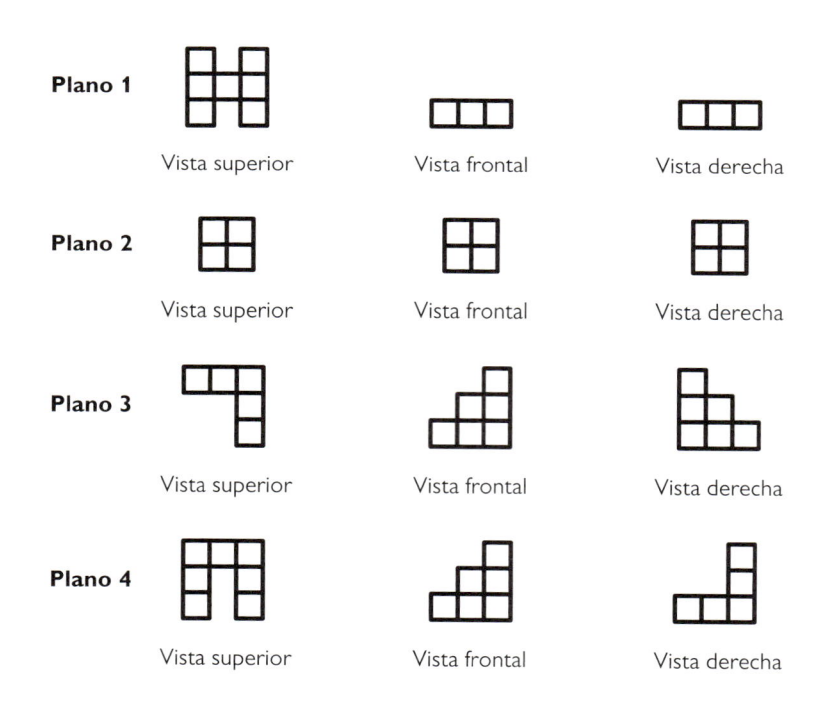

Plano 1
Vista superior — Vista frontal — Vista derecha

Plano 2
Vista superior — Vista frontal — Vista derecha

Plano 3
Vista superior — Vista frontal — Vista derecha

Plano 4
Vista superior — Vista frontal — Vista derecha

170 EL DISEÑO DE ESPACIOS • LECCIÓN 3

Traza dibujos ortogonales

Estos planos son dibujos isométricos de varias casas. Tu trabajo consiste en trazar dibujos ortogonales de las vistas superior, frontal y derecha de cada casa.

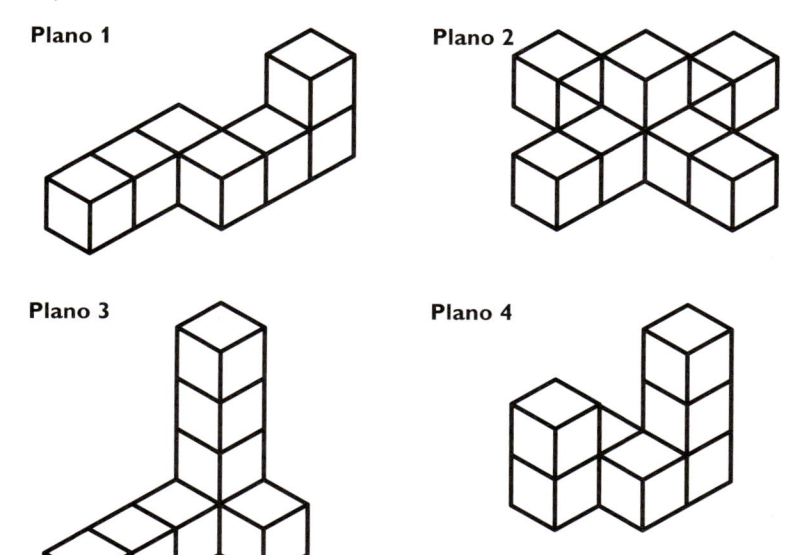

Plano 1

Plano 2

Plano 3

Plano 4

¿Cómo puedes trazar dibujos ortogonales a partir de los dibujos isométricos de una casa?

Añade al Glosario visual

Piensa en los dibujos ortogonales que trazaste y examina las ilustraciones que muestran dibujos ortogonales y dibujos que no lo son.

- Después del análisis en clase, agrega a tu Glosario visual la definición de la clase del término *dibujo ortogonal*.
- Asegúrate de incluir dibujos que ilustren la definición.

Dibujo ortogonal

Éstos son dibujos ortogonales.

Éstos **no** lo son.

palabras importantes | dibujo ortogonal

Ejercicios
página 196

EL DISEÑO DE ESPACIOS • LECCIÓN 3   171

4 Imagínate lo siguiente

COMUNICA CON DIBUJOS

Ya sabes cómo trazar dibujos isométricos y ortogonales. En esta lección, usarás lo aprendido para mejorar los planos que hiciste en la primera tarea. Una manera de verificar lo bien que dan la información tus planos es haciendo que otra persona comente sobre ellos.

¿Cómo puedes aplicar lo que sabes para mejorar la información que dan tus planos?

Evalúa y mejora los planos

1 Evalúa los planos que trazaste en la Lección 1. Piensa en estas preguntas y haz los cambios necesarios para mejorar tus planos.

   a. ¿Puedes indicar el número de cubos que se usó en cada estructura? ¿Cómo lo sabes?

   b. ¿Puedes determinar la disposición de los cubos? ¿Cómo aclararías más los dibujos?

   c. ¿Incluyen los planos una descripción paso a paso del proceso de construcción? ¿Faltan pasos?

   d. ¿Cuáles son una o dos cosas que en tu opinión están bien hechas en los planos? Indica una o dos cosas que hay que cambiar, en tu opinión.

2 Intercambia planos con un compañero. Construye la estructura siguiendo al pie de la letra sus instrucciones. Escribe sugerencias que en tu opinión mejoren los planos de tu compañero.

   a. ¿Son claros los dibujos? ¿Cómo podrías hacerlos más claros?

   b. ¿Son fáciles de seguir las instrucciones paso a paso? ¿Qué sugerencias harías para mejorarlas?

   c. Indica una o dos cosas que están bien hechas en los planos según tu opinión.

Usa sugerencias en la revisión de un plano

Revisa detenidamente las sugerencias que recibiste de tu compañero y úsalas para hacer cambios finales a tus planos.

- Ten en cuenta que las sugerencias son opiniones que te pueden ayudar a mejorar tu trabajo.
- Depende de ti si decides usar las sugerencias y de qué manera.

¿Cómo puedes mejorar tus planos para que sean más fáciles de usar?

Escribe sobre los cambios

Una vez que hayas terminado de cambiar tus planos, envíale un memorando al gerente general de la compañía Diseñadora de Espacios, S.A. donde resumas las revisiones que hiciste.

- Describe con un dibujo los cambios que hiciste.
- Describe los pasos que seguiste para construir tu estructura.

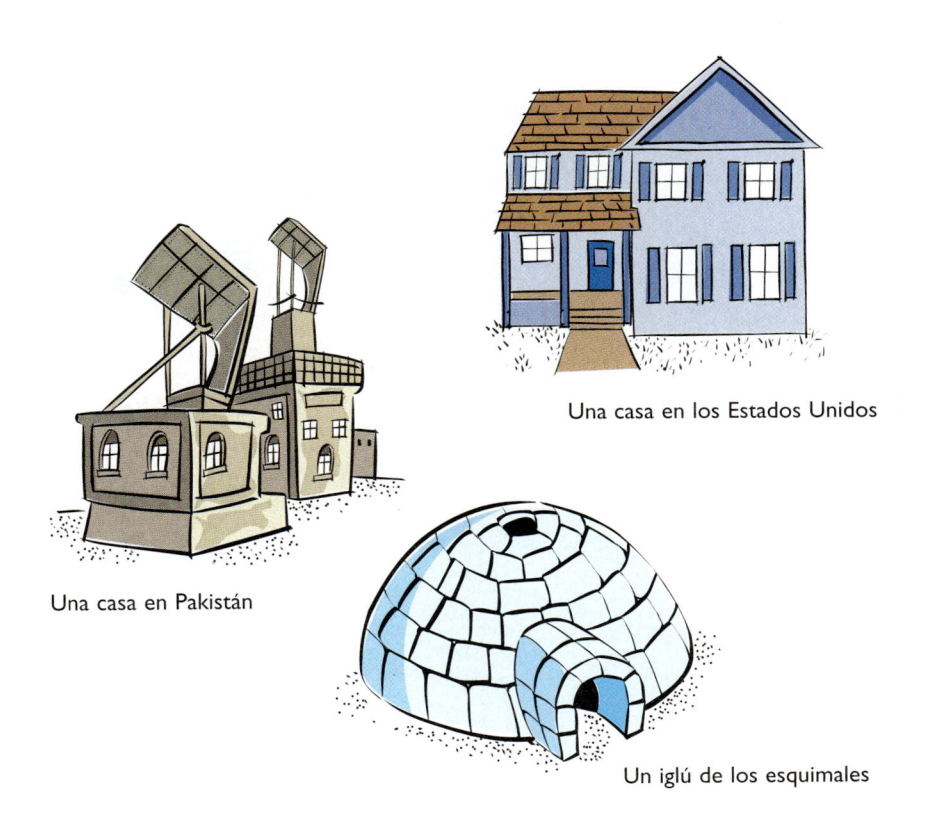

Una casa en los Estados Unidos

Una casa en Pakistán

Un iglú de los esquimales

palabras importantes: tridimensional, bidimensional

Ejercicios página 197

EL DISEÑO DE ESPACIOS • LECCIÓN 4

FASE DOS

A: Los diseñadores de casas
De: Gerente general
 Diseñadora de Espacios, S.A.

Esperamos que esté disfrutando de su trabajo como diseñador de casas.

Fuera de las casas modulares que diseñó en la primera fase, nuestra compañía ofrece casas de diversas formas y tamaños. Al mirar casas, se ven diversas figuras en ellas. Para diseñar una casa, hay que familiarizarse con las formas y sus propiedades. En su próximo trabajo, usará cordel para hacer diferentes formas. Luego examinará maneras de describirlas.

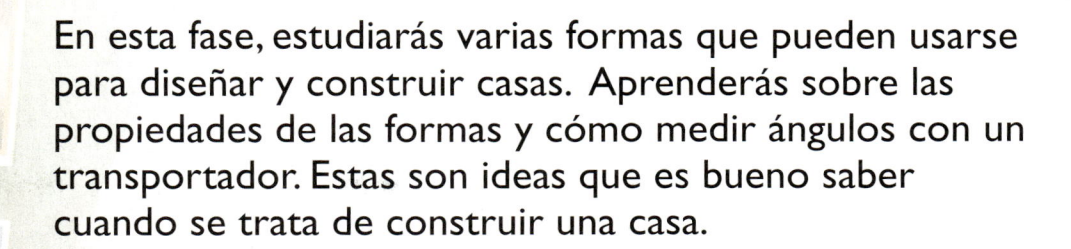

En esta fase, estudiarás varias formas que pueden usarse para diseñar y construir casas. Aprenderás sobre las propiedades de las formas y cómo medir ángulos con un transportador. Estas son ideas que es bueno saber cuando se trata de construir una casa.

Funciones y propiedades de las figuras

LA MATEMÁTICA DEL ASUNTO

Esta sección se enfocará en:

PROPIEDADES y COMPONENTES de las FIGURAS

- Identifica figuras y sus propiedades.
- Mide los lados y los ángulos de una figura.
- Estima el área y el perímetro de una figura.
- Usa notación geométrica para indicar relaciones entre ángulos y lados de una figura.
- Describe por escrito una figura.
- Amplía el vocabulario para describir las figuras.

VISUALIZACIÓN

- Visualiza una figura a partir de claves sobre sus lados y ángulos.
- Realiza experimentos visuales y mentales con figura.

Panorama matemático en línea
mathscape1.com/self_check_quiz

EL DISEÑO DE ESPACIOS

5 Figuras con cordeles

ESTUDIA LAS PROPIEDADES DE LOS LADOS

¿Qué figuras puedes hallar en las casas de tu vecindario? Las figuras que tienen tres o más lados se llaman **polígonos**. Al hacer figuras con un cordel, aprenderás algunas propiedades especiales de los lados de los polígonos. También aprenderás los nombres matemáticos de las figuras que inventes.

Crea formas a partir de claves

¿Puedes hallar una figura que cumpla con las claves sobre lados paralelos y equiláteros?

Con cada clave dada, haz lo siguiente:

1 Trata de hacer una figura que corresponda con la clave.

2 Si puedes hacer la figura, anota esto y luego rotula los lados iguales y los lados paralelos. (La parte superior de las notas Identificación y rotulado de polígonos te ayudará en esto.) Si no puedes hacer la figura, escribe "Imposible".

3 Rotula con un nombre matemático la figura que traces. Si no conoces el nombre, inventa uno que en tu opinión describa las propiedades de la figura. (La parte inferior de las notas Identificación y rotulado de polígonos te ayudará en esto.)

Clave para la figura 1: Una forma equilátera con más de 3 lados y sin lados paralelos.	**Clave para la figura 2:** Una figura con 2 lados iguales y con 2 lados distintos paralelos pero desiguales. (Clave: Tu figura puede tener más de 4 lados.)
Clave para la figura 3: Un cuadrilátero con 2 pares de lados paralelos y sólo 2 lados iguales.	**Clave para la figura 4:** Una figura con al menos 2 pares de lados paralelos y que no es equilátera. (Clave: Tu figura puede tener más de 4 lados.)
Clave para la figura 5: Un cuadrilátero equilátero y sin lados paralelos.	**Clave para la figura 6:** Inventa y escribe tu propia clave. Prueba si puedes crearla y escribe una oración indicando por qué puedes hacerla o por qué no es posible.

EL DISEÑO DE ESPACIOS • LECCIÓN 5

Crea figuras móviles

Las figuras móviles son las que hace un grupo con un cordel. El grupo empieza con una figura. Luego, para cambiarla, un miembro del grupo cambia de posición y el resto permanece inmóvil. Haz todas las figuras móviles de las notas Figuras móviles.

1 Trata de crear la figurma moviendo el mínimo de personas.

2 Anota, con dibujos o palabras, cómo hiciste la figura, incluyendo las posiciones iniciales, quién se movió y adónde.

> Usando cordel, ¿cómo puedes convertir un cuadrado en un triángulo? ¿Un trapecio en un cuadrado?

Añade al Glosario visual

Piensa cómo usaste los términos *paralelo* y *equilátero* para describir los lados de las figuras y examina las ilustraciones que muestran líneas y paredes que son paralelas y las que no lo son.

- Después del análisis en clase, agrega a tu Glosario visual la definición de la clase del significado de los términos *paralelo* y *equilátero*.

- Asegúrate de incluir dibujos que ilustren la definición.

Paralelo y equilátero

Paralelo

Estas rectas son paralelas.

Estas paredes son paralelas.

Estas rectas **no** lo son.

Estas paredes **no** son paralelas.

Éstas tampoco lo son.

Equilátero

Estas figuras son equiláteras.

Éstas **no** lo son.

palabras importantes
paralelo
equilátero

Ejercicios
página 198

EL DISEÑO DE ESPACIOS • LECCIÓN 5

6 Caminos poligonales

USA MEDIDAS DE DISTANCIA Y ÁNGULOS PARA DESCRIBIR POLÍGONOS

Se forman ángulos donde se unen los lados de una figura. Los planos de una casa deben mostrar las medidas de los ángulos y las longitudes de los lados. Aquí estudiarás cómo la medición de ángulos difiere de la medición de lados. Luego, usarás lo aprendido para describir polígonos.

Mide ángulos

¿Cómo puedes determinar si dos ángulos son iguales?

Usa un transportador para medir los ángulos de este polígono. Asegúrate de usar las notas Cómo se usa un transportador.

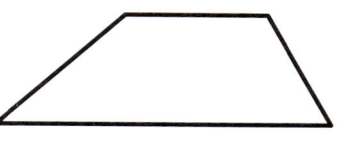

- ¿Cuál es el ángulo más pequeño? ¿Cómo lo mediste?

- ¿Cuál es el ángulo más grande? ¿Cómo lo mediste?

- ¿Hay ángulos iguales?

Cómo se usa un transportador

- Coloca la línea 0° a lo largo de un lado del ángulo.

- Centra el transportador en el vértice del ángulo.

- Lee la marca de grados que está más cerca de donde el otro lado del ángulo cruza el transportador.

AYUDA: Si el segundo lado de un ángulo no alcanza a cruzar el transportador, imagina dónde lo cruzaría si la recta fuese más larga. O copia la figura y extiende la recta.

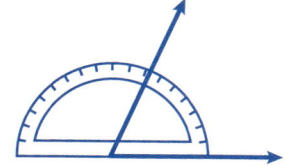

EL DISEÑO DE ESPACIOS • LECCIÓN 6

Escribe instrucciones de caminos poligonales

Las instrucciones de caminos poligonales describen los pasos que hay que seguir para trazar un polígono. Estudia este ejemplo y luego escribe instrucciones de caminos poligonales para las figuras en las notas.

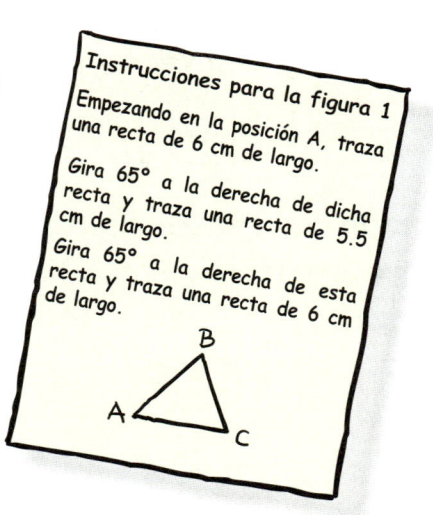

Instrucciones para la figura 1

Empezando en la posición A, traza una recta de 6 cm de largo.

Gira 65° a la derecha de dicha recta y traza una recta de 5.5 cm de largo.

Gira 65° a la derecha de esta recta y traza una recta de 6 cm de largo.

¿Cómo puedes usar las medidas de lados y ángulos para describir un polígono?

Añade al Glosario visual

Piensa cómo usaste en esta lección los términos *ángulos iguales* y *ángulos rectos* en la descripción de ángulos. Examina los dibujos de ángulos iguales y de ángulos rectos.

- Después del análisis en clase, agrega a tu Glosario visual los significados de *ángulos iguales* y de *ángulos rectos* que se desarrollaron en clase.

- Incluye dibujos que ilustren las definiciones.

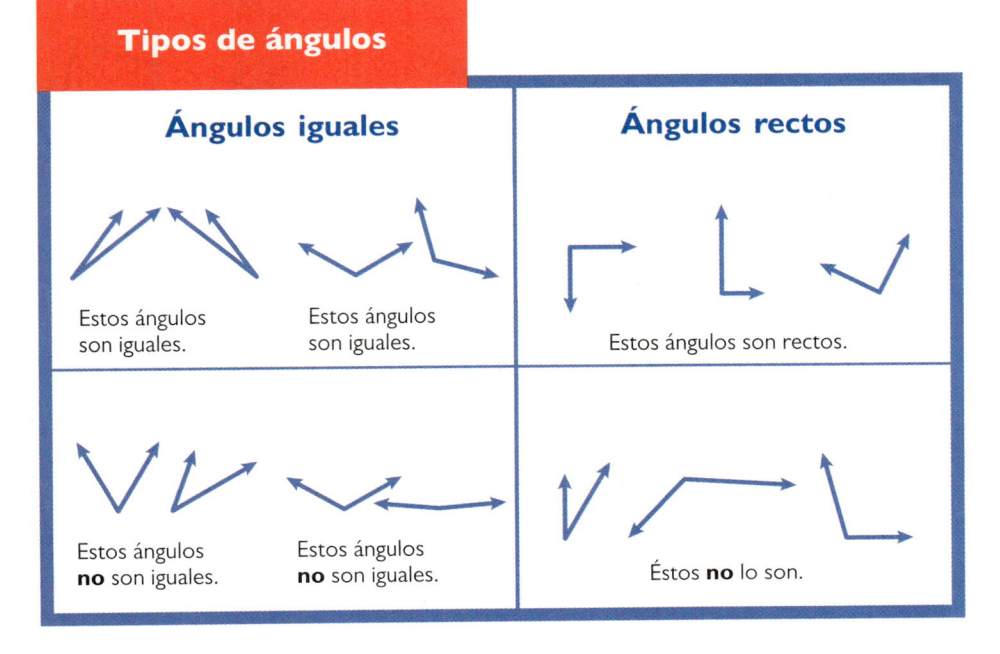

Tipos de ángulos

Ángulos iguales

Estos ángulos son iguales.

Estos ángulos son iguales.

Estos ángulos no son iguales.

Estos ángulos no son iguales.

Ángulos rectos

Estos ángulos son rectos.

Éstos no lo son.

palabras importantes
ángulos iguales
ángulos rectos

Ejercicios
página 199

EL DISEÑO DE ESPACIOS • LECCIÓN 6   **179**

7 Lados y ángulos

ESTUDIA LAS PROPIEDADES DE LOS LADOS Y DE LOS ÁNGULOS

En la Lección 5, creaste figuras con cordel a partir de claves sobre los lados. Ahora, harás figuras a partir de claves sobre los ángulos, para luego aplicar lo aprendido hasta aquí en el juego de Lados y ángulos.

Crea figuras a partir de claves

¿Cómo puedes usar lo que sabes sobre las propiedades de los lados y de los ángulos para crear una figura?

Con cada clave dada, haz lo siguiente:

1 Trata de crear una figura que corresponda a la clave.

2 Si puedes crear la figura, anota esto y rotula los ángulos iguales y los ángulos rectos. (La parte superior de las notas Identificación y Rotulado de polígonos te ayudará en esto.) Si no puedes crear la figura, escribe "Imposible".

3 Rotula con un nombre matemático la figura que traces. Si no conoces el nombre, inventa uno que describa las propiedades de la figura en tu opinión. (La parte inferior de las notas Identificación y Rotulado de polígonos te ayudará en esto.)

Clave para la figura 1
Un cuadrilátero con sólo 2 ángulos rectos.

Clave para la figura 2
Un cuadrilátero con sólo 2 ángulos rectos que, además, son opuestos.

Clave para la figura 3
Una figura con sólo 3 ángulos rectos.

Clave para la figura 4
Un paralelogramo con sólo 1 par de ángulos opuestos iguales.

Clave para la figura 5
Una figura con 5 ángulos iguales.

Clave para la figura 6
Un cuadrilátero en que cada par de ángulos opuestos tienen el mismo tamaño y al menos 1 par de ángulos rectos.

Clave para la figura 7
Inventa y escribe tu propia clave. Prueba si puedes hacerla y escribe una oración indicando por qué la puedes hacer o por qué no es posible.

180 EL DISEÑO DE ESPACIOS • LECCIÓN 7

Juega el juego de Lados y ángulos

En el juego de Lados y ángulos, tratarás de crear figuras que correspondan a dos descripciones. Una, de los lados de la figura, la otra de sus ángulos. Lee detenidamente las reglas antes de empezar.

¿Qué figuras puedes hacer a partir de claves sobre lados y ángulos?

Reglas del juego de Lados y ángulos

Antes de empezar el juego, coloca boca abajo y en una pila los naipes Lados y boca abajo en otra pila los naipes Ángulos.

1. El primer jugador toma un naipe de cada pila.

2. El jugador trata de trazar una figura que corresponda a la descripción en cada naipe. Luego el jugador marca su dibujo, mostrando lados paralelos, lados iguales, ángulos iguales o ángulos rectos. El jugador debe rotular la figura con un nombre matemático o inventar uno que corresponda. Si el jugador no puede trazar la figura, debe explicar por qué.

3. Los jugadores se turnan tratando de hallar una manera de trazar la figura, según las instrucciones del Paso 2. Cuando el grupo ha trazado cuatro figuras o se le han acabado los dibujos posibles, el jugador siguiente toma dos naipes nuevos y el juego prosigue.

Añade al Glosario visual

Piensa cómo usaste en esta lección los términos *figura regular* y *ángulos opuestos* para describir las figuras que hiciste en esta lección.

- Después del análisis en clase, agrega a tu Glosario visual la definición de cada término.
- Incluye dibujos que ilustren las definiciones.

Formas y ángulos

Estas formas son regulares.
Éstas **no** lo son.

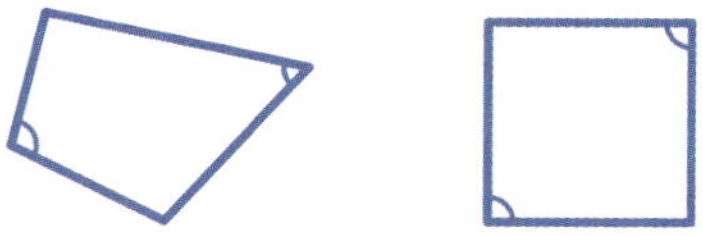

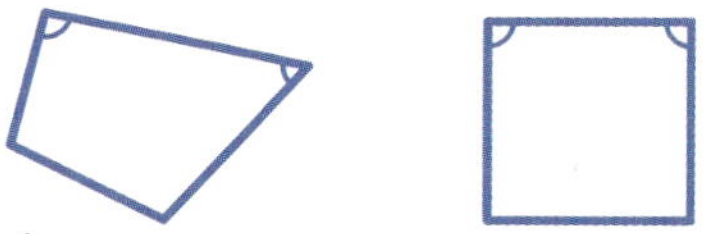

Estos ángulos son opuestos.
Éstos **no** lo son.

palabras importantes
figura regular
ángulos opuestos

Ejercicios
página 200

EL DISEÑO DE ESPACIOS • LECCIÓN 7

8 Ensambla las piezas

DESCRIBE POLÍGONOS

En la descripción de figuras bidimensionales, has estudiado lados, ángulos y nombres de figuras. En esta lección, estudiarás dos propiedades más de las figuras: perímetro y área. Luego aplicarás todo lo aprendido para describir seis figuras. Usarás las figuras en la siguiente fase para construir una casa modelo.

¿Cuántas figuras con un perímetro de 10 cm puedes crear? ¿De 15 cm?

Estudia el perímetro y el área

El *perímetro* y el *área* son propiedades de las figuras. El **perímetro** es la longitud del contorno de una figura; el **área** es el número de unidades cuadradas que contiene la figura. Sigue las instrucciones dadas para estudiar estas dos propiedades. Necesitarás una regla para esta actividad.

El área del rectángulo pequeño es de 12 cm^2 y su perímetro es de 14 cm. ¿Puedes estimar el área y el perímetro del triángulo sombreado?

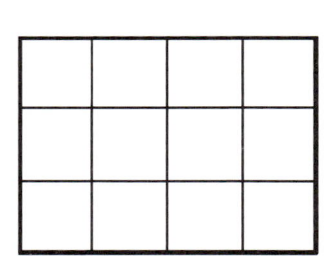

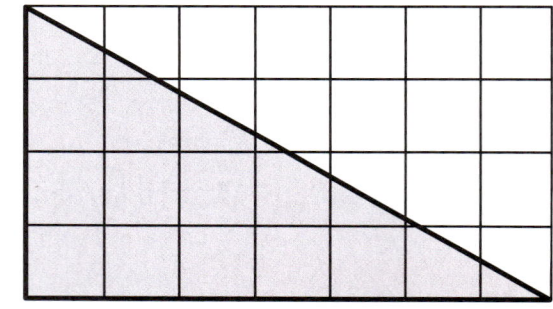

1 Escoge un perímetro entre 8 cm y 16 cm y traza al menos cuatro figuras distintas que tengan dicho perímetro. Luego anota cada figura que hiciste y rotula las longitudes de sus lados.

2 Estima el área en centímetros cuadrados de algunas de las figuras que anotaste. Quizás te sea útil trazar las figuras en papel cuadriculado en centímetros.

Mientras trazabas las diversas figuras con el mismo perímetro, ¿qué notaste sobre el área de las mismas? ¿Por qué crees que se cumpla esto?

Describe figuras de construcción

Más adelante en esta unidad, usarás seis figuras para diseñar y construir una casa. Tu maestro(a) te pasará muestras de estas seis figuras.

- Imagina que le estás explicando a un fabricante las figuras y los tamaños que usarás.
- Describe cada figura de tantas maneras como sea posible.
- Asegúrate de usar los criterios de evaluación al escribir tus descripciones.

¿Cómo puedes usar lo aprendido para describir una figura de modo que la pueda trazar alguien más?

palabras importantes
perímetro
área

Ejercicios
página 201

EL DISEÑO DE ESPACIOS • LECCIÓN 8   **183**

FASE TRES

A: Los diseñadores de casas
De: Gerente general
 Diseñadora de Espacios, S.A.

Nos acaban de contratar para crear una nueva colección de diseños de casas. Tu trabajo en las próximas tareas llevará al diseño de una de estas casas. La casa estará situada en uno de dos climas posibles: caluroso y lluvioso o frío y nevoso. Este proyecto nos brindará la oportunidad de saber cuánto has aprendido mientras trabajabas para nuestra compañía.

En la Segunda fase, estudiaste las propiedades de formas bidimensionales que componen una estructura tridimensional. En esta fase examinarás las propiedades de las estructuras tridimensionales por sí mismas. Usando esta información en el proyecto final, diseñarás, construirás y trazarás los planos de una casa modelo.

Visualiza y representa poliedros

LA MATEMÁTICA DEL ASUNTO

Esta sección se enfocará en:

REPRESENTACIONES MÚLTIPLES

- Usa técnicas de dibujo en perspectiva para representar prismas y pirámides.
- Identifica las vistas ortogonales de una estructura.

PROPIEDADES y COMPONENTES de las FORMAS

- Identifica prismas y pirámides.
- Estudia las propiedades de aristas, vértices y caras.
- Estudia las relaciones entre figuras bidimensionales y tridimensionales.

VISUALIZACIÓN

- Mentalmente, forma imágenes de una estructura a partir de claves sobre la estructura.

Panorama matemático en línea
mathscape1.com/self_check_quiz

9 Más allá de las cajas

DE POLÍGONOS A POLIEDROS

En la primera fase diseñaste casas con cubos. Sin embargo, si miras las casas de diversas partes del mundo, verás muchas figuras distintas. Aquí usarás las figuras que hiciste en la Lección 8 para construir estructuras tridimensionales.

Construye estructuras tridimensionales cerradas

¿Qué estructuras tridimensionales puedes construir escogiendo de seis figuras distintas?

Un **poliedro** es cualquier figura sólida cuya superficie consta de polígonos. Usando las formas de la Lección 8, construirás modelos de poliedros.

1 Usa las figuras geométricas dadas para trazar en cartulina cuatro de las siguientes figuras: triángulos, rectángulos, cuadrados, rombos, trapecios y hexágonos. Luego recórtalas con cuidado.

2 Con las figuras que recortaste, construye al menos dos estructuras distintas. Asegúrate de seguir las Pautas de construcción.

Choza con tejado de paja de Centroamérica

Pautas de construcción

- Usa de 3 a 15 piezas para cada estructura que construyas. Si necesitas más, recorta más.
- La base, o fondo, de la estructura sólo consta de **una** pieza.
- Las piezas **no** pueden traslaparse.
- La estructura debe ser **cerrada.** No se permiten brechas. (Usa cinta adhesiva para mantener unidas las figuras.)
- No se permiten piezas ocultas; tienes que poder verlas todas.

EL DISEÑO DE ESPACIOS • LECCIÓN 9

Registra y describe las propiedades de estructuras

En la Segunda fase, usaste las propiedades de lados y ángulos para describir los polígonos. Puedes usar propiedades de caras, vértices y aristas para describir poliedros.

¿Cuáles son las propiedades de las estructuras tridimensionales que construiste?

1 Para cada estructura que hagas, haz una tabla de propiedades. Anota los siguientes números:

   a. caras
   b. vértices
   c. aristas
   d. grupos de caras paralelas
   e. grupos de aristas paralelas

2 Escribe una descripción de una de las estructuras que construiste, incluyendo suficiente información para que tus compañeros de clase puedan identificarla entre todas las otras. Puedes incluir dibujos. Piensa en esto al escribir tu descripción:

   a. ¿Qué figuras usaste en la estructura? ¿Qué forma tiene la base?
   b. ¿Cuántas caras, vértices y aristas tiene la estructura?
   c. ¿Hay aristas paralelas?
   d. ¿Hay caras paralelas?

Tabla de propiedades

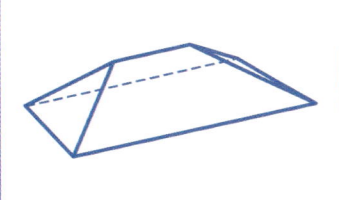

Forma de la base	Figuras usadas	Número de caras	Número de vértices (esquinas)	Número de aristas	Grupos de caras paralelas	Grupos de aristas paralelas
Rectangular	1 rectángulo 2 triángulos 2 trapecios	5	6	9	No (0)	Sí (2)

Añade al Glosario visual

En esta lección, usaste los términos *vértice* y *arista* para describir las propiedades de los poliedros. Escribe sus definiciones.

- Después del análisis en clase, agrega a tu Glosario visual las definiciones de *vértice* y *arista*.
- Asegúrate de incluir dibujos que ilustren tus definiciones.

palabras importantes
vértice
arista

Ejercicios
página 202

EL DISEÑO DE ESPACIOS • LECCIÓN 9

10 Trucos de dibujo

VISUALIZA Y DIBUJA PRISMAS Y PIRÁMIDES

Los arquitectos usan muchas vistas distintas en sus diseños de casas. En la primera fase, aprendiste a trazar dibujos isométricos de casa hechas de cubos. Los métodos que ahora aprenderás para dibujar prismas y pirámides te prepararán para el trazado de planos de casas hechas con otras formas.

Traza prismas

¿Cómo puedes trazar un prisma en dos dimensiones?

Un **prisma** tiene dos caras paralelas, sus **bases,** las cuales pueden tener cualquier forma. Un prisma obtiene su nombre de la forma de sus bases. Por ejemplo, si la base es un cuadrado, el prisma se llama prisma cuadrado. Lee las sugerencias sobre el Trazado de prismas.

- Traza algunos prismas por tu cuenta.
- Rotula con su nombre cada prisma que traces.

Trazado de prismas

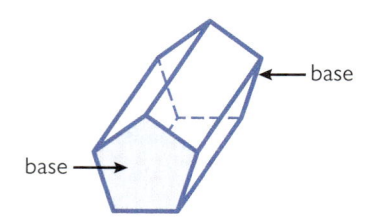

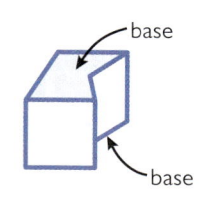

1. Traza una de las bases del prisma. Ésta es la de un prisma pentagonal.

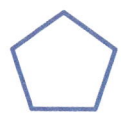

2. Traza la otra base, copiando la ya trazada, de modo que sus lados correspondientes sean paralelos.

3. Une los vértices correspondientes de las dos bases. Esto producirá una colección de aristas paralelas y de la misma longitud.

188 EL DISEÑO DE ESPACIOS • LECCIÓN 10

Traza pirámides

En una **pirámide,** la base puede tener una forma cualquiera, pero todas las otras caras son triángulos. Una pirámide obtiene su nombre de la forma de su base. Por ejemplo, si la base es un triángulo, la pirámide se llama pirámide triangular. Lee las sugerencias sobre el Trazado de pirámides.

- Traza algunas pirámides por tu cuenta, con bases de formas diversas.
- Rotula con su nombre cada pirámide que traces.

¿Cómo puedes trazar una pirámide en dos dimensiones?

Trazado de pirámides

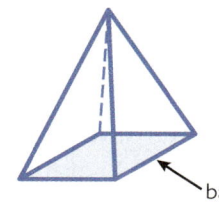

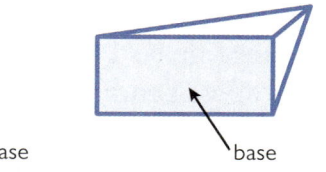

1. Traza la base de la pirámide. Ésta es la de una pirámide pentagonal. 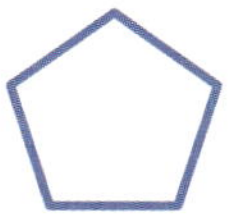
2. Marca un punto que no se halle en la base. 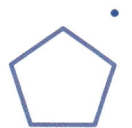
3. Traza segmentos de recta que unan cada vértice de la base al punto exterior a ella.

Añade al Glosario visual

Piensa en los dibujos que hiciste de pirámides y prismas. ¿Qué tienen en común todas las pirámides? ¿Qué tienen en común todos los prismas?

- Después del análisis en clase, agrega a tu Glosario visual las definiciones de *prisma* y *pirámide*.
- Asegúrate de incluir dibujos que ilustren tus definiciones.

palabras **importantes**
prisma
pirámide

Ejercicios
página 203

EL DISEÑO DE ESPACIOS • LECCIÓN 10

11 Estructuras misteriosas

VISUALIZA ESTRUCTURAS TRIDIMENSIONALES

¿Alguna vez has resuelto un acertijo a partir de un grupo de claves? Esto es lo que harás para construir estructuras misteriosas tridimensionales. Luego construirás tu propia estructura misteriosa, con sus claves correspondientes. Para anotarlas, usarás las destrezas de dibujo que ya aprendiste.

¿Cómo puedes aplicar lo que aprendiste sobre figuras bidimensionales para usar claves sobre estructuras tridimensionales?

Resuelve el juego de Estructuras misteriosas

El juego de las Estructuras misteriosas hace uso de todos los conceptos geométricos aprendidos en esta unidad. Juega a este juego con tu grupo. Necesitan lo siguiente: Claves para la primera rueda, un grupo de formas (4 triángulos, 4 rombos, 4 trapecios y 4 hexágonos; 6 rectángulos y 6 cuadrados) y cinta adhesiva.

El juego de las Estructuras misteriosas

Instrucciones:

1. Cada jugador lee una de las claves al grupo, sin mostrar nada. Si tu clave tiene un dibujo, descríbelo.
2. Analicen el posible aspecto de la estructura.
3. Construyan una estructura que corresponda a todas las claves, verificando que cumpla con todas ellas. Tal vez sea necesario revisar varias veces la estructura.
4. Haz un dibujo de la estructura para que muestre profundidad.

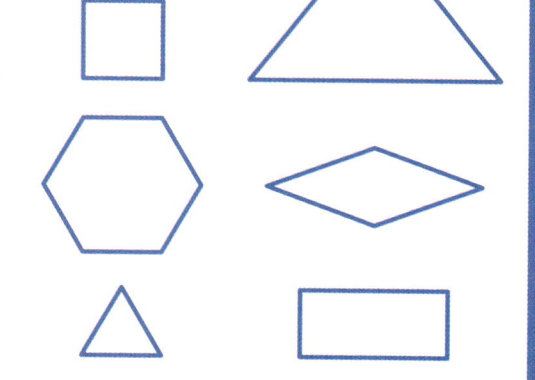

190 EL DISEÑO DE ESPACIOS • LECCIÓN 11

Crea claves

Ahora que ya sabes cómo jugar al juego de las Estructuras misteriosas, sigue estos pasos para escribir tu propio grupo de claves:

1 Construye una figura tridimensional cerrada usando hasta 12 piezas de figuras. Haz una estructura que sea un proyecto interesante para que alguien la construya.

2 Escribe un grupo de cuatro claves sobre tu estructura. Escribe cada una en una hoja de papel aparte. Usa por lo menos un dibujo ortogonal. A partir de tus claves, otra persona podría construir tu estructura.

3 Haz un dibujo de tu estructura donde se muestre la profundidad, para que sirva de clave de respuestas para los alumnos que sigan tus claves.

> ¿Cómo puedes usar lo aprendido sobre figuras para describir estructuras tridimensionales?

Da sugerencias sobre las claves

Intercambia claves con un compañero o compañera y trata de construir su estructura. Una vez que hayas terminado, compara la estructura con la clave de respuestas. Sugiérele a tu compañero(a) cómo mejorar sus claves.

- ¿Son claros los dibujos? ¿Cómo se los podría hacer más claros?
- ¿Son fáciles de seguir las claves? ¿Qué sugerencias se te ocurren para mejorar las claves?
- ¿Qué cosa o par de cosas piensas que están bien hechas?

Casas en el desierto de Siria

Casa de los kirdi en Camerún

Yurta de los kasajos

palabras importantes: polígono, poliedro

Ejercicios página 204

EL DISEÑO DE ESPACIOS • LECCIÓN 11

12 Todo *junto*

PROYECTO FINAL

El clima en que se construirá una casa puede afectar su forma y los materiales para su construcción. Para el proyecto final, estudiarás casas de diversas partes del mundo, para luego aplicar lo aprendido y diseñar una casa modelo para un clima específico.

Construye una casa

¿Qué tipo de estructura tridimensional puedes hacer de modo que cumpla con las pautas de construcción?

Antes de empezar a construir tu casa, lee sobre los diseños de casas en climas diversos. Escoge el clima, caluroso y lluvioso o frío y nevoso. Piensa en las características de diseño que tu casa tendrá que tener para dicho clima y luego construye la casa modelo.

1 Usa las figuras geométricas dadas para trazar y recortar un conjunto de figuras de construcción.

2 Construye una casa usando las figuras. Asegúrate de seguir las Pautas de construcción.

Pautas de construcción

- La casa debe tener un tejado, construido cuidadosamente para que no gotee.
- La casa debe ser firme.
- Hay que usar de 20 a 24 piezas de figuras, pero no tienes que usar cada tipo de figura.
- Puedes agregar una figura nueva.

192 EL DISEÑO DE ESPACIOS • LECCIÓN 12

Crea un conjunto de planos

Una vez construida tu casa, haz sus planos. Otra persona debería poder seguirlos y construir tu casa. Quizás te ayuden estas pautas:

- Incluye tanto dibujos isométricos como ortogonales en los planos, asegurándote de rotularlos, para facilitar la comprensión de los planos.

- Incluye una descripción paso a paso del proceso de construcción para que otro pueda construir tu casa. Usa los nombres y propiedades de las figuras, para que tu descripción sea clara y precisa.

¿Cómo puedes representar tu casa en dos dimensiones?

Escribe las especificaciones de diseño

Envíales un memorando a los directivos de la compañía Diseñadora de Espacios, S.A. donde les describas tu casa. Las especificaciones deben explicar claramente el diseño. En el departamento de mercadotecnia, se debería comprender y vender tu diseño. Los diseñadores deberían poder hacer las formas y calcular los costos aproximadamente. El memorando debería contestar las siguientes preguntas:

- ¿Qué aspecto tiene tu casa?
- ¿Cómo describirías la figura de toda la casa?
- ¿Cómo describirías la forma de su base, techo y otras características especiales?
- ¿Para qué clima se diseñó tu casa?
- ¿Qué propiedades hacen que tu casa sea adecuada al clima escogido?
- ¿En qué lugar del mundo podría situarse tu casa?
- ¿Qué figuras se usan en tu casa?
- ¿Cuántas figuras hay de cada una?
- ¿Cuántas aristas y vértices tiene tu casa?
- ¿Tiene caras paralelas tu casa? Si es así, ¿cuántas?

palabras **importantes**: dibujo isométrico, dibujo ortogonal

Ejercicios

página 205

EL DISEÑO DE ESPACIOS • LECCIÓN 12

Ejercicios 1
Planifica y construye una casa modular

Aplica destrezas

¿Cuántas caras tiene cada estructura?

1. **2.**

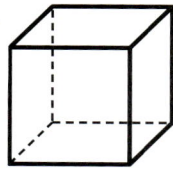

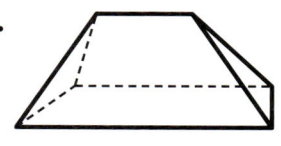

3. 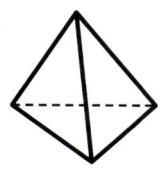 **4.**

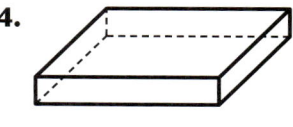

¿Cuántos cubos hay en cada modelo? Recuerda que todo cubo de un nivel superior descansa en uno bajo él.

5. **6.**

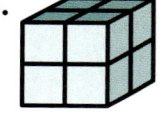

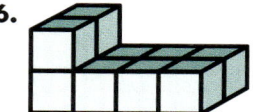

7. 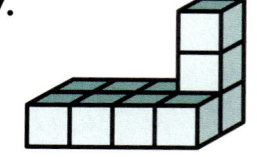 **8.**

9. De los modelos **5** al **8**, ¿cuáles tienen la misma capa inferior?

Amplía conceptos

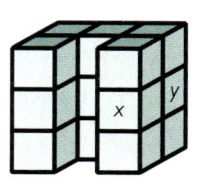

Examina esta casa modelo. Supón que pintaste todas las superficies exteriores del modelo, incluyendo la parte boca abajo.

10. ¿Cuántos cuadrados pintaste?

11. ¿Cuántas caras aparecerían pintadas en el cubo marcado con la x? ¿En el marcado con la y?

12. ¿Hay un cubo que tenga 4 caras pintadas? ¿5? ¿Por qué?

13. Traza una figura de 6 caras que no sea un cubo.

Redacción

14. Busca en la sección de bienes raíces de un periódico o en revistas de vivienda, fotos que muestren casas o edificios de diversas maneras. Busca dos o tres ejemplos de maneras distintas de mostrar.

Ejercicios 2

Ve alrededor de las esquinas

Aplica destrezas

Considera la primera estructura de cada recuadro. Indica cuáles de las otras estructuras son rotaciones de ella y, para cada estructura, responde *sí* o *no*.

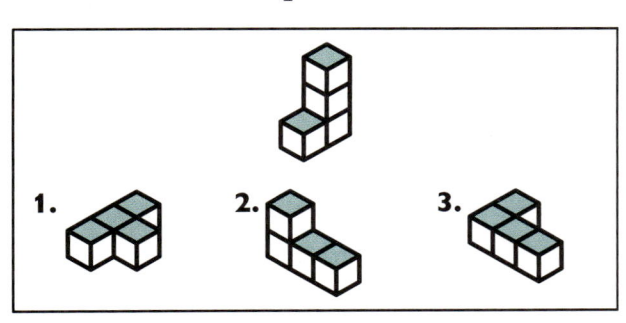

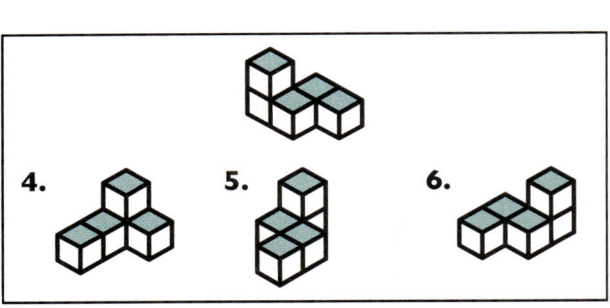

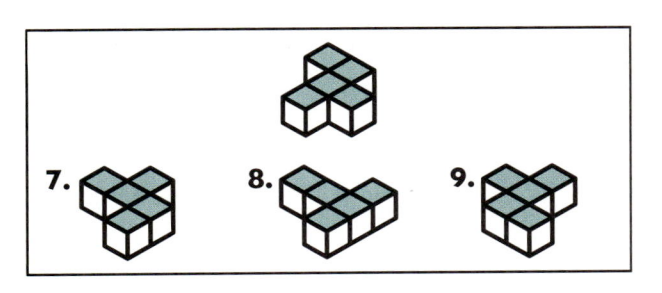

1. 2. 3.

4. 5. 6.

7. 8. 9.

Amplía conceptos

10. Dibuja esta estructura en una posición distinta. Muestra su aspecto si:

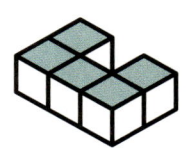

    a. se la rota en un semicírculo

    b. se la levanta y se la hace descansar en uno de sus lados

Haz la conexión

11. Dibuja la siguiente estructura de este patrón.

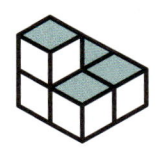

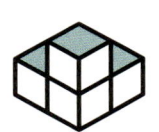

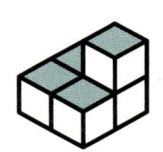

12. Haz un dibujo isométrico del frente de tu casa, escuela u otro edificio. Luego haz un dibujo isométrico de la estructura desde su lado izquierdo.

EL DISEÑO DE ESPACIOS • EJERCICIOS 2 195

Ejercicios 3

Examina todas las posibilidades

Aplica destrezas

Examina detenidamente cada dibujo isométrico, en los que están sombreadas las vistas superiores. Clasifica cada vista ortogonal como *vista frontal*, *vista posterior*, *superior*, *lateral* o *imposible*.

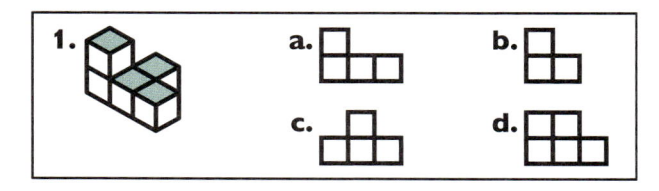

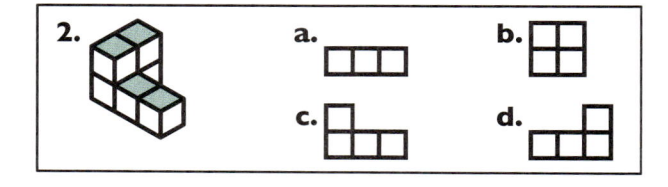

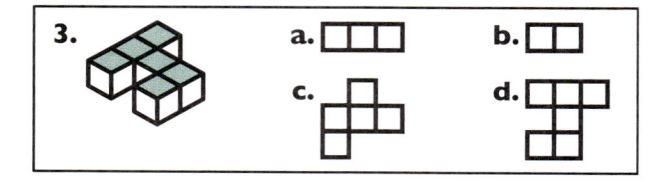

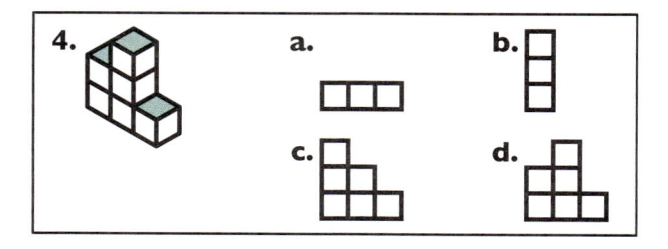

1.
2.
3.
4.

Amplía conceptos

5. Haz dibujos ortogonales de este modelo mostrando estas vistas:

   a. vista superior
   b. vista posterior
   c. vista derecha

6. ¿Cómo le dirías por teléfono a un amigo cómo construir esta estructura?

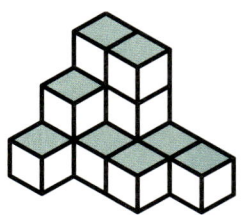

Redacción

7. Esta vivienda está situada en el suroeste de Estados Unidos. ¿Por qué crees que tenga esta forma? ¿De qué materiales crees que está hecha? Da razones.

196 EL DISEÑO DE ESPACIOS • EJERCICIOS 3

Ejercicios 4

Imagínate lo siguiente

Aplica destrezas

Examina detenidamente cada juego de dibujos ortogonales y escoge los dibujos isométricos que corresponden a la misma estructura, respondiendo *posible* o *imposible*. Algunas estructuras pueden ser rotaciones de otras.

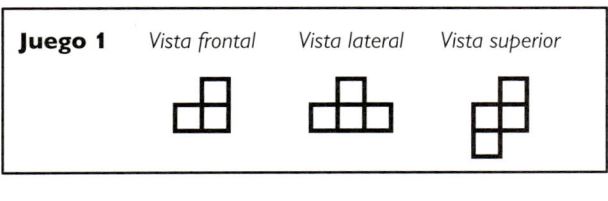

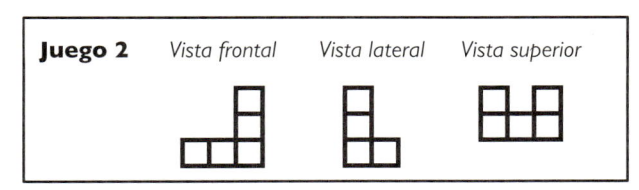

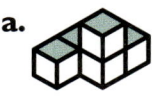

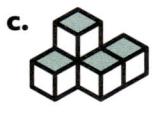

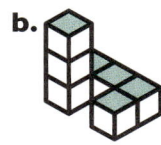

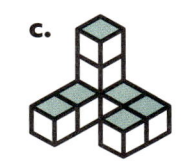

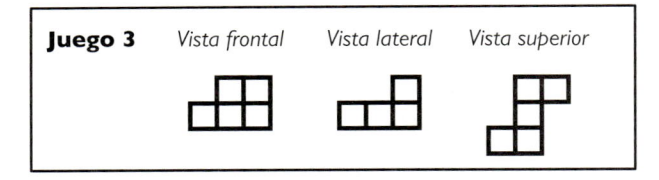

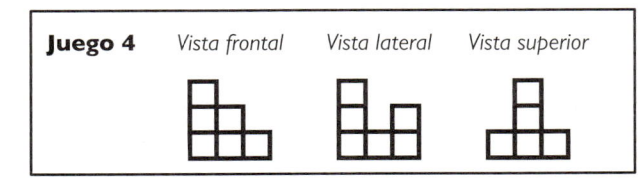

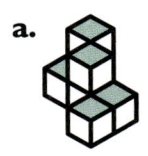

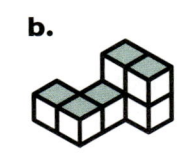

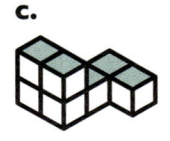

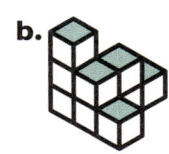

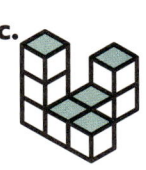

Juego 1   Vista frontal   Vista lateral   Vista superior

a.   b.   c.

Juego 2   Vista frontal   Vista lateral   Vista superior

a.   b.   c.

Juego 3   Vista frontal   Vista lateral   Vista superior

a.   b.   c.

Juego 4   Vista frontal   Vista lateral   Vista superior

a.   b.   c.

Amplía conceptos

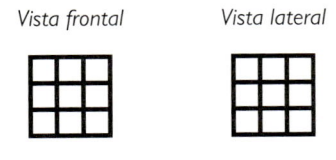

Vista frontal   Vista lateral

5. Traza al menos tres vistas superiores distintas de estructuras que tengan estas vista superior y derecha.

Haz la conexión

6. Haz bosquejos ortogonales del edificio de tu escuela. Muestra cuál crees que sea el aspecto de sus vistas superior, frontal y derecha.

EL DISEÑO DE ESPACIOS • EJERCICIOS 4

Ejercicios 5

Figuras con cordeles

Aplica destrezas

1. ¿Qué polígonos tienen al menos dos lados paralelos?

2. ¿Qué polígonos tienen más de dos pares de lados paralelos?

3. Enumera todos los polígonos equiláteros.

4. ¿Qué polígonos equiláteros tienen cuatro lados?

5. Enumera todos los polígonos con un número impar de lados.

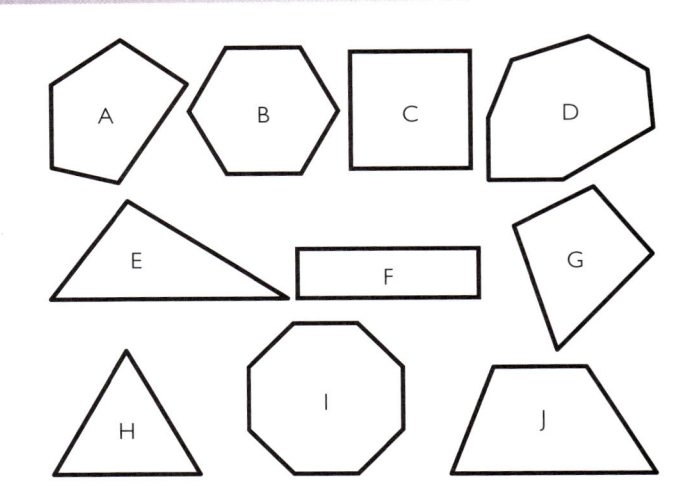

Amplía conceptos

```
tri-
cuadr-
penta-
hexa-
hepta-
octo-
```

6. Escoge un prefijo para describir cada polígono anterior.

7. Traza un polígono diferente que corresponda a cada prefijo.

   a. Rotula los lados paralelos e iguales.

   b. Escribe claves para que alguien pueda identificar tus polígonos.

Haz la conexión

8. Une títulos y dibujos, indicando el porqué de cada selección.

   El Pentágono
   Un trípode
   Un hexagrama
   Un pulpo
   Un cuarteto

Caminos poligonales

Aplica destrezas

Usa regla y transportador en las preguntas 1 a 6.

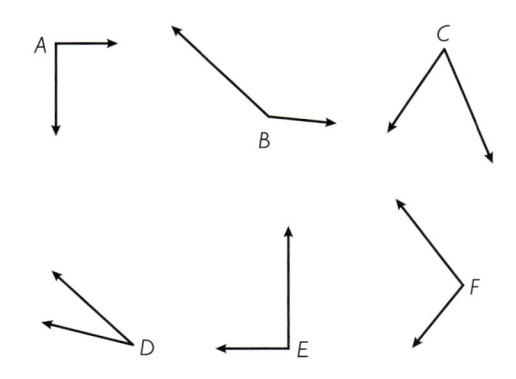

1. ¿Qué ángulos miden menos de 90°?
2. ¿Qué ángulos miden más de 90°?
3. ¿Qué ángulos miden exactamente 90°?

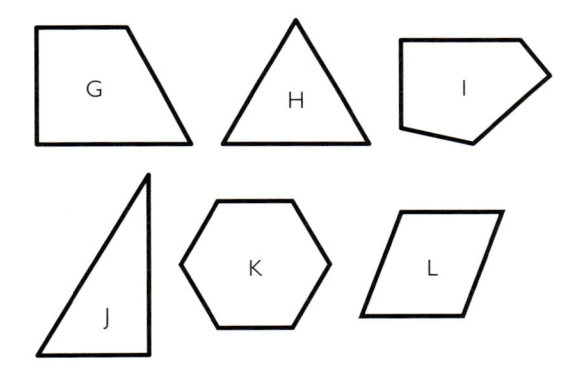

4. ¿Qué polígonos tienen al menos un ángulo recto?
5. ¿Qué polígonos tienen al menos dos ángulos iguales?
6. ¿Qué polígonos tienen todos sus ángulos iguales?

Amplía conceptos

7. Usa regla y transportador. Diseña y traza un camino para crear un polígono según cada una de las siguientes especificaciones. ¿Cómo se llama cada polígono?

   a. cuatro lados

   por lo menos un par de lados paralelos

   sin ángulos de 90°

   b. tres lados

   un ángulo de 90°

   dos lados de la misma longitud

Redacción

8. Traza un vecindario imaginario que tenga un camino hecho de segmentos de rectas (que vaya de un extremo del vecindario al otro). Describe el camino dando la longitud de cada segmento de recta y el ángulo y dirección de cada vuelta que da el camino por la vecindad.

   Ejemplo:

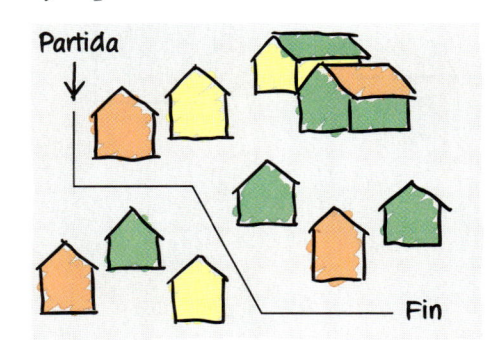

EL DISEÑO DE ESPACIOS • EJERCICIOS 6

Ejercicios 7

Lados y ángulos

Aplica destrezas

Indica si cada polígono es *regular* o *no*.

1. 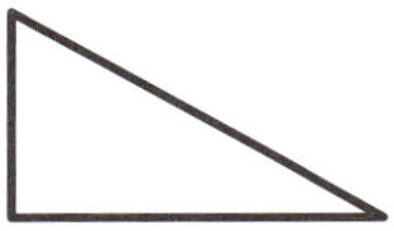
2. 
3. 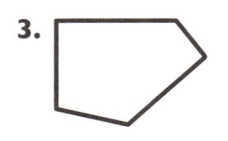
4. 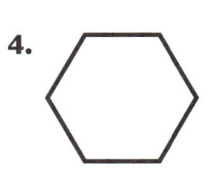
5. 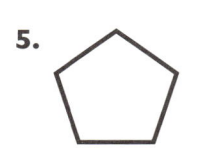
6. 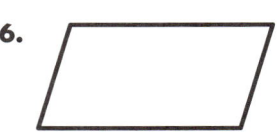
7. 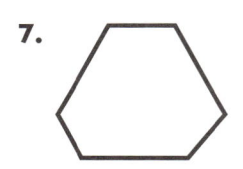
8.

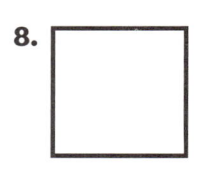

Copia cada cuadrilátero y marca un par de ángulos opuestos.

9. 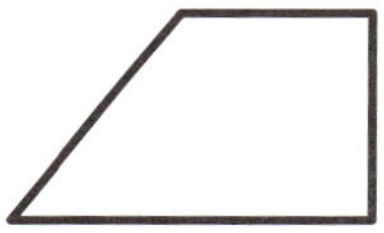
10. 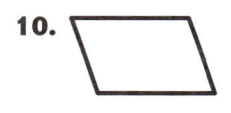
11. 
12.

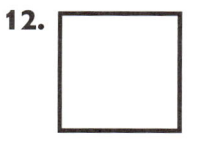

Amplía conceptos

Puede usarse cordel o soga como herramientas para hacer ángulos rectos.

Método: Una soga de doce pies de largo está marcada en cada pie y puesta en forma de triángulo. Los lados se ajustaron hasta que un lado mide 3 pies, otro 4 pies y el tercero 5 pies. Cuando se obtienen lados exactos de estas longitudes, el triángulo contiene un ángulo recto.

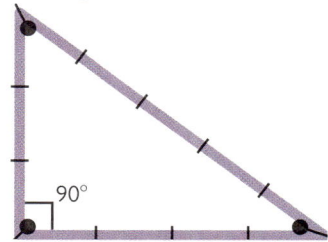

13. Halla otro trío de medidas que dé un triángulo rectángulo. Explica cómo sabes que tienes un ángulo recto. Puedes usar cordel o soga para hacer el modelo. (Un factor de escala fácil de usar es 1 pie de soga en el problema equivale a 1 pulgada de cordel en tu modelo.)

Haz la conexión

14. Halla otros dos tríos de longitudes que produzcan un ángulo recto en un triángulo. Estos tríos de longitudes siguen ciertos patrones. Si ves un patrón, descríbelo y predice cómo hallarías otras longitudes.

Ejercicios 8

Ensambla las piezas

Aplica destrezas

1. ¿Cuáles de los rectángulos A–H tienen el mismo perímetro?

2. ¿Cuáles de los rectángulos A–H tienen la misma área?

Usa papel cuadriculado en centímetros o papel de puntos.

3. Traza un polígono que no sea regular y que tenga el mismo perímetro que el rectángulo B.

4. Traza un polígono regular que tenga el mismo perímetro que el rectángulo F.

Amplía conceptos

5. Usa un cordel de unos 20 cm de largo. Anuda sus puntas y úsalo como el contorno de al menos tres triángulos distintos. Para compararlos, bosquéjalos en papel cuadriculado o papel de puntos. Estima el área de cada uno.

6. Examina estas definiciones. ¿Describen exactamente cada polígono? ¿Puedes mejorar la lista de claves?

a. Todos los lados son iguales.
Tiene lados paralelos.
Tiene cuatro lados.

b. No es regular.
Sus lados no son iguales.
No tiene lados paralelos.

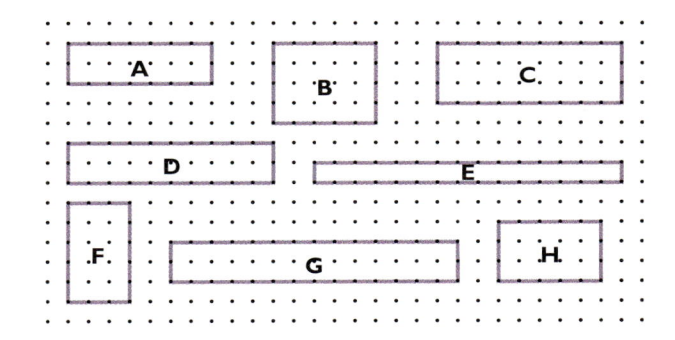

Redacción

7. Responde esta carta al Dr. Matemático.

> Estimado Dr. Matemático:
>
> No entiendo cómo es que dos rectángulos con el mismo perímetro pueden tener áreas distintas. ¿Me lo puede explicar?
>
> Peri Metro

EL DISEÑO DE ESPACIOS • EJERCICIOS 8

Ejercicios 9

Más allá de las cajas

Aplica destrezas

¿Qué figura bidimensional verás en el interior de cada corte?

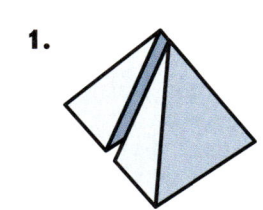

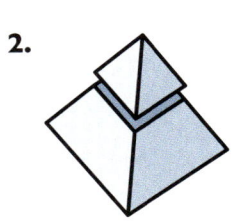

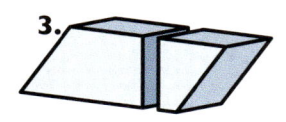

1.

2.

3.

4.

Copia esta tabla y complétala para cada estructura.

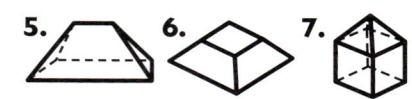

	5.	6.	7.
Forma de la base			
Formas utilizadas			
Número de caras			
Número de vértices			
Número de aristas			
Grupos de caras paralelas			
Grupos de aristas paralelas			

Amplía conceptos

8. Traza tres figuras tridimensionales y añádelas a la tabla anterior. ¿Puedes hallar un patrón de la relación entre el número de aristas, vértices y caras de las figuras? Detalla todos los pasos de tu razonamiento.

9. ¿Puedes trazar una figura que no cumpla con el patrón descrito en el punto **8**?

Redacción

10. Imagina una moneda de un centavo. Ahora imagina diez monedas de un centavo dispuestas en una columna de modo que todos sus bordes estén alineados perfectamente.

   a. Describe la figura de la columna. ¿Qué propiedades tiene?

   b. Imagina que se corta dicha columna de monedas por la mitad y que se separan ambas mitades. ¿Cuál es la figura bidimensional de las nuevas caras producidas por el corte?

   c. Piensa en otro ejemplo de disposición de un grupo de objetos planos para producir una figura nueva. Describe la figura y cómo la hiciste.

10 Ejercicios · Trucos de dibujo

Aplica destrezas

¿Es la figura un prisma o una pirámide? Identifica el polígono que forma la base.

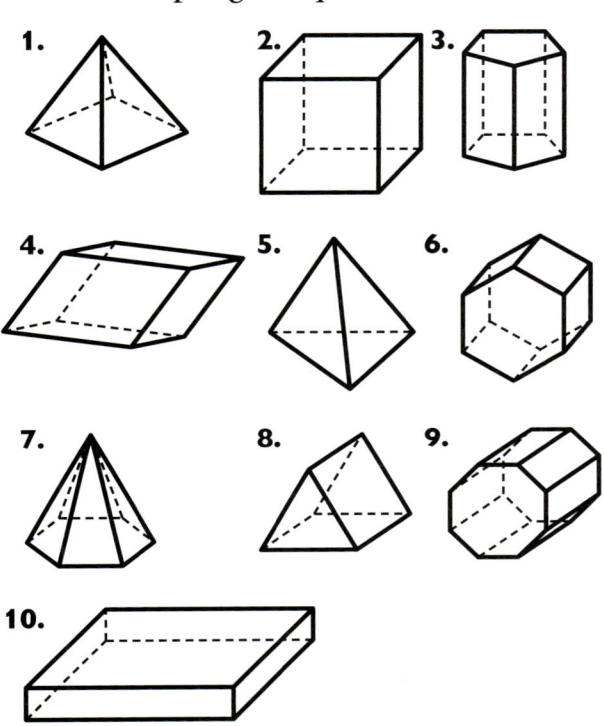

1.
2.
3.
4.
5.
6.
7.
8.
9.
10.

Traza cada poliedro e indica su número de caras.

11. Pirámide pentagonal
12. Prisma pentagonal
13. Prisma triangular
14. Pirámide triangular

Amplía conceptos

15. Imagina que deambulas por el grupo de edificios de los dibujos. Escoge un dibujo como punto de partida. Enumera los dibujos en el orden en que los verías mientras circulas por ellos.

a.
b.
c.
d.
e.
f.

Redacción

16. Indica cómo te imaginaste que circulabas por el grupo de edificios.

EL DISEÑO DE ESPACIOS • EJERCICIOS 10

Ejercicios 11: Estructuras misteriosas

Aplica destrezas

En las preguntas **1** a **8**, indica las letras de los poliedros que cumplen con las claves.

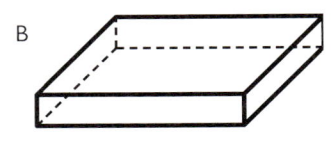

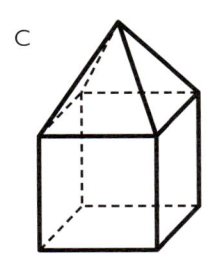

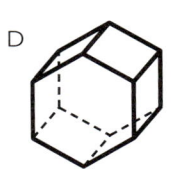

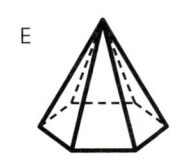

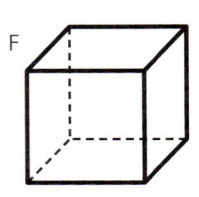

A B
C D
E F

1. Tiene 7 vértices.
2. Su base es un cuadrado.
3. La estructura es un prisma.
4. Tiene exactamente 3 grupos de caras paralelas.
5. Todos los lados son equiláteros.
6. Tiene 16 aristas.
7. Tiene 4 grupos de caras paralelas.
8. No tiene grupos de caras paralelas.

Amplía conceptos

9. Traza dos poliedros distintos de bases cuadriláteras y escribe una lista de claves que los distingan.

Redacción

> Mi estructura misteriosa
> Tiene algunas aristas.
> Todas las aristas miden lo mismo.
> Termina en un punto en la parte superior.
> Algunas de las piezas son triángulos.
> La base es un cuadrado.

10. ¿Crees que el alumno escribió una buena lista de claves?

    a. Traza una estructura que cumpla con las claves.
    b. ¿Podrías trazar una estructura distinta que cumpla con las mismas claves?
    c. Si crees que se puede mejorar, vuelve a escribir la lista de claves. Explica tus cambios.

12 Ejercicios: Todo junto

Aplica destrezas

Haz una tabla como la que se muestra. Complétala describiendo cada figura o estructura.

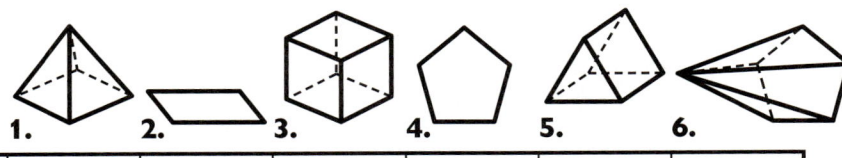

	1.	2.	3.	4.	5.	6.
Nombre de la figura o estructura						
Polígono o poliedro						
Número de lados o caras						
Número de vértices						
Número de ángulos rectos						
Grupos de lados o de aristas paralelas						

Amplía conceptos

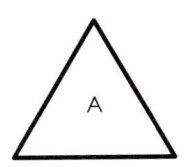

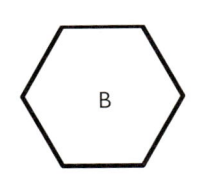

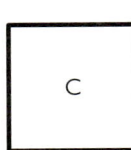

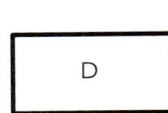

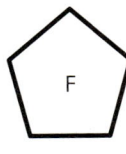

Usando estas piezas, indica cuántas de ellas necesitarías para hacer cada poliedro. (Supón que puedes encajar las aristas correspondientes.)

7. Pirámide hexagonal

8. Prisma triangular

9. Cubo

10. Prisma pentagonal

Redacción

11. Escribe una carta en la que aconsejes a los diseñadores del año entrante. Indica algunas de las cosas que te ayudaron con los estudios.

FASE UNO
Los decimales

Tal vez tengas algunas monedas en tu bolsillo en este momento. En esta fase, estudiarás la relación entre el dinero y los decimales. Aprovecharás lo aprendido sobre fracciones equivalentes para darle sentido a todo.

¿Cómo puedes usar tu propio sentido numérico para resolver problemas de fracciones, decimales, porcentajes y enteros?

Punto por Punto

FASE DOS
Calcula con decimales

Los decimales nos rodean por doquier. En esta fase, trabajarás con adición, sustracción, multiplicación y división de decimales, explotando la relación entre fracciones y decimales para hallar métodos de cálculo eficientes.

FASE TRES
Porcentajes

En esta fase, se explora la relación entre fracciones, decimales y porcentajes. Calcularás porcentajes para interpretar datos. Estudiarás porcentajes menores que 1% y porcentajes mayores que 100%. Finalmente, estudiarás el uso común de los porcentajes y algunos de sus malos usos.

FASE CUATRO
Los enteros

Quizá hayas oído de los números negativos en conversaciones sobre juegos y temperaturas. En esta fase, estudiarás cómo los números negativos completan los enteros. Usarás rectas numéricas y cubos para aprender a sumar y a restar con números negativos.

FASE UNO

¿Cómo se relacionan las monedas que tienes en tu bolsillo con los decimales? ¿Cómo puedes usar lo que sabes sobre el dinero para darle sentido a los decimales? Esta fase te permitirá establecer relaciones entre fracciones y decimales.

Los decimales

LA MATEMÁTICA DEL ASUNTO

Esta sección se enfocará en:

NÚMEROS Y CÁLCULOS

- Expresa el dinero y la notación decimal
- Usa modelos de área para interpretar y representar decimales
- Convierte entre fracciones y decimales
- Compara fracciones y decimales

ESTIMACIÓN

- Redondea decimales

Panorama matemático en línea
mathscape1.com/self_check_quiz

1 La conexión entre fracciones y decimales

USA DECIMALES EN LA NOTACIÓN DEL DINERO

Ya estás familiarizado(a) con los decimales puesto que los ves a menudo y en tu vida diaria. Usas decimales cada vez que usas dinero o comparas precios. Para comenzar este estudio a fondo de los decimales, relacionarás monedas y decimales.

Haz rectángulos de monedas de un centavo

¿Cuál es la relación entre fracciones y decimales?

Usando las monedas de papel, trabaja con un compañero para determinar el número de maneras distintas en que pueden disponerse rectangularmente 100 monedas de un centavo. Cada fila debe tener el mismo número de monedas.

Para organizar tus resultados, haz una tabla como la siguiente. Algunos resultados pueden dar el mismo rectángulo, orientado de otra manera.

Describe el rectángulo hecho con 100 monedas de un centavo.	Escribe una de las filas como fracción del todo.	Reduce dicha fracción.	Escribe el valor de una fila.
4 filas de 25 monedas 4×25	$\frac{25}{100}$	$\frac{1}{4}$	$0.25

210 PUNTO POR PUNTO • LECCIÓN 1

Usa modelos de área

Puedes usar modelos de área para representar fracciones y decimales.

1 Escribe la fracción que representa cada parte sombreada en cada cuadrado o cuadrados y luego escribe el decimal correspondiente.

a.

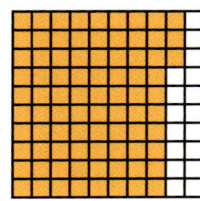

b.

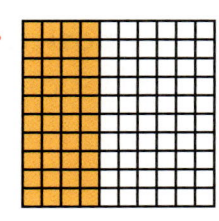

c.

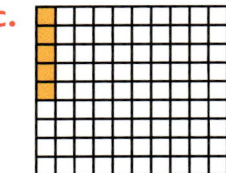

d.

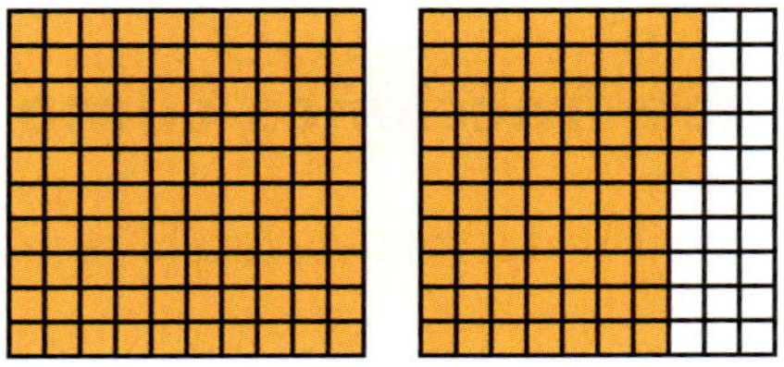

2 Haz un modelo de área de cada decimal.

a. 0.41   b. 0.95   c. 1.10   d. 1.38

Resuelve un rompecabezas decimal

Ahora, tu compañero y tú resolverán rompecabezas decimales. Recorta cuadrados de 10 centímetros por 10 centímetros.

- Divide tu cuadrado en al menos cuatro partes y sombrea cada una con un color distinto. Trata de que cada parte tenga una forma y tamaño distintos.

- Recorta cuidadosamente las partes a lo largo de las líneas, obteniendo piezas de rompecabezas. Intercambia piezas con tu compañero.

- Describe cada pieza del rompecabezas de tu compañero como fracción del todo y como decimal. Luego trata de armar el rompecabezas.

- Describe el rompecabezas en dos enunciados numéricos, usando fracciones en uno y decimales en el otro.

palabras importantes sistema decimal

Ejercicios página 256

PUNTO POR PUNTO • LECCIÓN 1

2 ¿Cuál es el punto?

CONVIERTE UNA FRACCIÓN A DECIMAL

En la Lección 1, para convertir una fracción a decimal, tuviste que usar el valor de posición. Ahora convertirás más fracciones a decimales, pero algunos de ellos necesitarán más lugares decimales.

Escribe fracciones como decimales

¿Cómo conviertes una fracción a decimal?

Para escribir decimales, usa la siguiente tabla de valor de posición.

1. Escribe dos números distintos que tengan 7 en las decenas, 3 en las centenas, 0 en la décimas, 4 en las centésimas y 2 en las unidades. Los números tendrán que diferir en otros lugares.

2. Convierte cada número a decimal.

   a. $13\frac{7}{10}$ b. $23\frac{4}{10}$ c. $2\frac{13}{100}$

3. Aplica lo que sabes sobre fracciones equivalentes para convertir cada número en decimal.

   a. $25\frac{1}{2}$ b. $12\frac{3}{5}$ c. $3\frac{8}{25}$

4. ¿Cómo escribirías 17 de modo que tenga un dígito en las décimas y que corresponda al mismo número?

Valor de posición decimal

decenas de millar 10,000	unidades de millar 1,000	COMA (para separar los millares)	centenas 100	decenas 10	unidades 1	PUNTO DECIMAL	décimas $\frac{1}{10}$ 0.1	centésimas $\frac{1}{100}$ 0.01	milésimas $\frac{1}{1,000}$ 0.001	diezmilésimas $\frac{1}{10,000}$ 0.0001	cienmilésimas $\frac{1}{100,000}$ 0.00001
4	,		7	2	1	.	0	3	8		

¿Qué número se muestra en el diagrama?

¿Cuál es el dígito de las décimas?

212 PUNTO POR PUNTO • LECCIÓN 2

Halla un método de conversión

Estudia estos patrones.

Patrón I		Patrón II	
$4,000 \div 5 = 800$	$\frac{4,000}{5} = 800$	$1,000 \div 8 = 125$	$\frac{1,000}{8} = 125$
$400 \div 5 = 80$	$\frac{400}{5} = 80$	$100 \div 8 = 12.5$	$\frac{100}{8} = 12.5$
$40 \div 5 = 8$	$\frac{40}{5} = 8$	$10 \div 8 = 1.25$	$\frac{10}{8} = 1.25$
$4 \div 5 = ?$	$\frac{4}{5} = ?$	$1 \div 8 = ?$	$\frac{1}{8} = ?$

¿Puedes idear un método para convertir una fracción a decimal?

1 Sin usar fracciones equivalentes, ¿cómo convertirías $\frac{4}{5}$ y $\frac{1}{8}$ a decimales?

2 Usa tu método para convertir cada fracción a decimal. Usa una calculadora en tus cálculos.

a. $\frac{5}{8}$ b. $3\frac{3}{8}$ c. $\frac{9}{16}$

d. $\frac{7}{32}$ e. $\frac{13}{40}$ f. $\frac{5}{64}$

palabras importantes: valor de posición, fracciones equivalentes

Ejercicios página 257

PUNTO POR PUNTO • LECCIÓN 2

3 Ordénalos

COMPARA Y ORDENA DECIMALES

Ves decimales a diario y a menudo necesitas compararlos.
En esta lección, completarás unas notas para aprender a comparar decimales en la recta numérica. Luego, aprenderás a compararlos sin ella, para finalizar jugando un juego donde una estrategia te permite producir números ganadores.

Compara decimales

¿Cómo puedes comparar decimales?

El maestro les pidió a Chris y a Pat que determinaran el número mayor entre 23.7 y 3.17.

Pat dijo, —Los alineé y comparé sus dígitos. Es como comparar 237 y 317. Ya que 3 es mayor que 2, esto me dice que 3.17 es mayor que 23.7.

```
23.7
 3.17
```

Chris, al escuchar esto, dijo, —Estoy de acuerdo que 317 es mayor que 237. Pero 3.17 no es mayor que 23.7 porque 3.17 es un poco más que 3, mientras que 23.7 es un poco más que 23. No creo que los alineaste correctamente.

1 ¿Con quién estás de acuerdo? ¿Cómo explicarías cuál de los números es el mayor? ¿Cómo los alinearías? Escribe una regla para comparar decimales, explicando por qué funciona.

2 Usa tu regla para ordenar de menor a mayor los siguientes números. Si dos números son iguales, coloca el signo igual entre ellos.

18.1   18.01   18.10   1.80494   2.785   0.2785   18.110

El juego de "Valor de posición"

Éste es un juego para dos personas.

1 Juega una ronda de prueba. ¿Cuántos puntos obtuvo cada jugador? Analiza las posibilidades.

a. Supón que no cambiaron las posiciones de los dígitos de tu compañero(a). ¿Podrías haber colocado tus dígitos de otra manera y ganado dos puntos?

b. Supón que no cambiaron las posiciones de tus dígitos. ¿Podría tu compañero(a) haber colocado sus dígitos de otra manera y ganado dos puntos?

c. Escogiendo de los seis dígitos que sacaste, ¿cuál es el mayor número que podrías formar? ¿El menor?

d. Escogiendo de los seis dígitos que sacó tu compañero, ¿cuál es el mayor número que podría formar él(ella)? ¿El menor?

2 Jueguen hasta que alguien obtenga 10 puntos. Analicen estrategias para ganar.

¿Cómo puedes formar el menor y el mayor decimal?

El juego del Valor de posición

Cada jugador necesita:
- diez trozos de papel, cada uno con uno de los dígitos (0, 1, 2, 3, 4, 5, 6, 7, 8, 9),
- una bolsa para los trozos de papel y
- este diagrama para cada ronda.

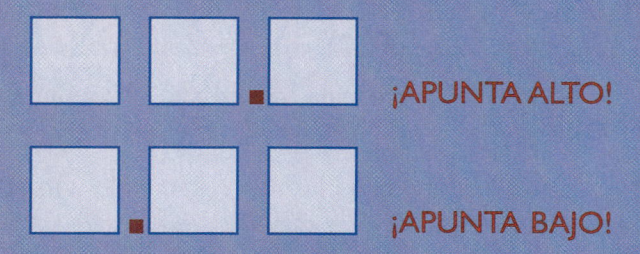

¡APUNTA ALTO!

¡APUNTA BAJO!

En cada ronda del juego, los jugadores se turnan sacando un dígito de sus bolsas y colocándolo en una de las casillas. Los jugadores siguen haciendo esto hasta llenar las seis casillas. Una vez jugado, el lugar de los dígitos no puede cambiarse y no se los devuelve a la bolsa. El jugador con el puntaje "Apunta alto" mayor y el jugador con el puntaje "Apunta bajo" menor ganan cada uno un punto. Gana el jugador que primero obtenga 10 puntos.

palabras importantes: valor de posición

Ejercicios página 258

4 Suficientemente cercano

REDONDEA DECIMALES

En la vida diaria, las estimaciones a veces pueden ser más útiles que los números exactos. Para estimar bien, es importante saber redondear decimales y, afortunadamente, esto se parece al redondeo de números enteros.

Redondea decimales

¿Cómo puedes redondear decimales?

Puedes usar una recta numérica para redondear decimales.

1 Copia esta recta numérica.

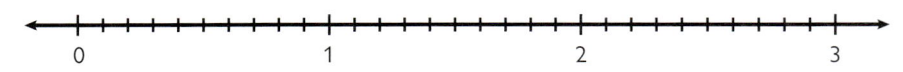

[recta numérica del 0 al 3]

   a. Marca 2.7 en la recta numérica.
   b. ¿De dónde está más cerca la marca? ¿Del 2? ¿Del 3?
   c. Redondea 2.7 al entero más cercano.
   d. Usa la recta numérica para redondear 1.3 al entero más cercano.

Redondea a décimas

Si el dígito de las centésimas es 4 ó menos, "redondea hacia abajo" eliminando el dígito de las centésimas y todos los dígitos a su derecha.

Si el dígito de las centésimas es 5 ó más, "redondea hacia arriba" sumando uno al dígito de la décimas y eliminando el dígito de las centésimas y todos los dígitos a su derecha.

2 Redondea cada número a la décima más cercana.

   a. 9.3721
   b. 6.5501
   c. 19.8397

3 Redondea 3.1415928 a la centésima, milésima y diezmilésima más cercanas.

216 PUNTO POR PUNTO • LECCIÓN 4

Ordena fracciones y decimales

¿Cómo puedes redondear decimales?

Considera estos números.

$\frac{3}{10}$ 0.125
0.75
$\frac{3}{4}$
1.25
$\frac{75}{5}$
0.13 $\frac{1}{100}$
$3\frac{1}{2}$
0.03

1 Escribe cada uno de ellos en pedacitos de papel y usa cualquier estrategia que consideres útil para ordenarlos de menor a mayor. Si dos son iguales, escribe el signo igual entre ellos. Mientras haces esto, escribe notas que puedas usar para convencer a alguien de que tu orden es el correcto.

2 Una vez que estés contento(a) con tu orden, escribe los números de menor a mayor, colocando < o = entre los números. Asegúrate que tu lista contenga todos los números y que cada número aparezca escrito como se lo muestra originalmente.

Escribe sobre cómo ordenar números

Los números $\frac{19}{8}$, 2.3 y $2\frac{1}{8}$ están escritos de formas distintas. Explica cómo determinar el menor y el mayor.

palabras importantes redondeo

Ejercicios
página 259

PUNTO POR PUNTO • LECCIÓN 4   **217**

FASE DOS

En esta fase, les darás sentido a las operaciones con decimales. Es importante saber dónde colocar el punto decimal al sumar, restar, multiplicar o dividir decimales. Piensa dónde ves decimales a diario. Estudiarás formas de usar cálculo mental, estimación y predicción, para determinar rápidamente las respuestas.

Calcula con decimales

LA MATEMÁTICA DEL ASUNTO

Esta sección se enfocará en:

CÁLCULOS

- Comprende los decimales
- Suma, resta, multiplica y divide decimales

ESTIMACIÓN

- Usa estimaciones para determinar la ubicación del punto decimal
- Usa estimaciones para ver si la respuesta tiene sentido

Panorama matemático en línea
mathscape1.com/self_check_quiz

5 Ubica el punto

SUMA Y RESTA DECIMALES

Para sumar decimales, puedes aplicar lo aprendido sobre fracciones y decimales. Una forma de sumarlos es convirtiendo los sumandos a números mixtos, sumándolos y convirtiendo la suma a decimales. En esta lección, usarás este método y descubrirás otra regla para sumar decimales.

Suma decimales

¿Cómo puedes sumar decimales?

Usa lo que sabes sobre la adición de números mixtos.

1 Carl está tratando de sumar 14.5 con 1.25, pero no está seguro de la respuesta. Piensa que el resultado podría ser 0.270, 2.70, 27.0 ó 270.

$$\begin{array}{r} 14.5 \\ +\ 1.25 \\ \hline 270 \end{array}$$

   a. Usa una estimación para mostrar que ninguno de estos números es el resultado correcto.

   b. Escribe 14.5 y 1.25 como números mixtos y súmalos.

   c. Convierte a decimal el resultado hallado en **b**.

   d. Enséñale a Carl cómo sumar decimales.

2 Vonda, la hermana de Carl, le dijo que debía alinear los puntos decimales. ¿Tiene razón? Para averiguarlo, convierte los decimales a números mixtos, súmalos y convierte la suma a decimal. Luego usa el método de Vonda de alineación de puntos decimales y compara las sumas.

   a. 12.5 + 4.3   **b.** 22.25 + 6.4   **c.** 5.65 + 18.7

¿Por qué alineamos los puntos decimales?

Al sumar decimales, uno quiere asegurarse que las décimas se sumen con décimas, centésimas con centésimas, etc.

2.35	2 unidades 3 décimas 5 centésimas
+ 12.4	+ 1 decena 2 unidades 4 décimas
14.75	1 decena 4 unidades 7 décimas 5 centésimas

220 PUNTO POR PUNTO • LECCIÓN 5

Juega al "Valor de posición"

Coloca diez trozos de papel, numerados 0, 1, 2, 3, 4, 5, 6, 7, 8 y 9, en una bolsa. Tu compañero(a) y tú se turnarán sacando de la bolsa 6 trozos de papel, uno a la vez. Cada vez que tu compañero(a) o tú saquen un papel, anoten su número en uno de los cuadrados del siguiente diagrama y luego devuelvan el papel a la bolsa. Gana un punto el jugador con la suma mayor. Jueguen nueve rondas para determinar el ganador y luego contesten las siguientes preguntas.

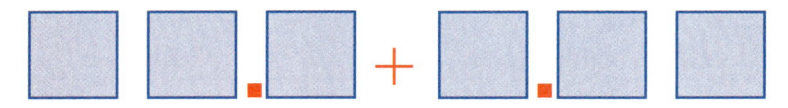

¿Cómo puedes producir la mayor suma o diferencia?

☐ ☐ . ☐ + ☐ . ☐ ☐

1 Si los seis números que sacaste fueron 1, 3, 4, 6, 7 y 9, ¿dónde los colocarías para obtener la mayor suma?

2 ¿Dónde colocarías los dígitos para obtener la mayor resta?

☐ ☐ . ☐ − ☐ . ☐ ☐

3 Explica tu estrategia para cada juego de "Valor de posición".

¿Y si no tienes suficientes décimas?

Al tratar de calcular 23.25 − 8.64, alineas los decimales como en la adición. Como hay más décimas en 8.64 que en 23.25, ¿qué debes hacer? Vonda lo hizo como se muestra. Explica lo que hizo. ¿Está bien su respuesta?

$$\begin{array}{r} \overset{1\ 12\ 12}{23.25} \\ -\ 8.64 \\ \hline 14.61 \end{array}$$

palabras importantes
suma
resta
operación

Ejercicios
página 260

PUNTO POR PUNTO • LECCIÓN 5 **221**

6 Más al punto

MULTIPLICA NÚMEROS ENTEROS POR DECIMALES

¿Puedes multiplicar decimales como lo haces con números enteros? En la lección pasada, hallaste una forma de sumar y restar decimales que se parece mucho a la suma y resta de números enteros. En esta lección, aprenderás a multiplicar un número entero por un decimal.

¿Dónde colocas el punto decimal?

Busca un patrón

Puedes usar una calculadora para buscar un patrón al multiplicar números especiales.

1 Calcula los productos en cada grupo de problemas.

- **a.** 124.37 × 10
  124.37 × 100
  124.37 × 1,000
- **b.** 14.352 × 10
  14.352 × 100
  14.352 × 1,000
- **c.** 0.568 × 10
  0.568 × 100
  0.568 × 1,000

2 Indica lo que pasa con el punto decimal cuando multiplicas por 10, 100 y 1,000.

3 Halla los productos en cada grupo de problemas.

- **a.** 532 × 0.1
  532 × 0.01
  532 × 0.001
- **b.** 3,467 × 0.1
  3,467 × 0.01
  3,467 × 0.001
- **c.** 72 × 0.1
  72 × 0.01
  72 × 0.001

4 Indica lo que pasa con el punto decimal cuando multiplicas por 0.1, 0.01 y 0.001.

5 Usa los patrones descubiertos para hallar cada producto y luego usa una calculadora para verificar tus resultados.

- **a.** 4.83 × 1,000
- **b.** 3.6 × 100
- **c.** 477 × 0.01
- **d.** 572 × 0.001
- **e.** 91 × 0.1
- **f.** 124.37 × 10,000

222 PUNTO POR PUNTO • LECCIÓN 6

Multiplica números enteros por decimales

Puedes seguir estudiando patrones para descubrir cómo multiplicar por decimales.

¿Cómo puedes multiplicar un número entero por un decimal?

1 Usa una calculadora para calcular los productos en cada grupo de problemas.

a. 300 × 52
300 × 5.2
300 × 0.52
300 × 0.052

b. 230 × 25
230 × 2.5
230 × 0.25
230 × 0.025

c. 14 × 125
14 × 12.5
14 × 1.25
14 × 0.125

d. 18 × 24
18 × 2.4
18 × 0.24
18 × 0.024

e. 261 × 32
261 × 3.2
261 × 0.32
261 × 0.032

f. 4,300 × 131
4,300 × 13.1
4,300 × 1.31
4,300 × 0.131

2 Examina cada grupo de problemas. ¿En qué se parecen los productos en cada grupo? ¿En qué difieren?

3 Predice el valor de cada producto y luego usa una calculadora para verificar tus resultados.

a. 700 × 2.1

b. 700 × 0.21

c. 14 × 1.5

d. 34 × 0.25

e. 710 × 0.021

f. 57 × 0.123

Escribe sobre la multiplicación de decimales

Piensa en los problemas de esta página. ¿Cómo determinaste la posición del punto decimal después de multiplicar los números enteros? ¿Por qué esto tiene sentido?

palabras importantes: algoritmo, producto

Ejercicios página 261

PUNTO POR PUNTO • LECCIÓN 6

7 Ubica exactamente el punto decimal

MULTIPLICA DECIMALES

Para multiplicar decimales, puedes multiplicar los números enteros y luego colocar el punto decimal en el lugar correcto. En esta lección, aprenderás a calcular el producto de dos decimales.

Multiplica decimales

¿Cómo puedes multiplicar un decimal por un decimal?

La colocación del punto decimal es importante en la multiplicación decimal.

1 Aquí se dan los cálculos de cada multiplicación, pero no se ha colocado el punto decimal en el producto. Usa la estimación para ubicar cada punto decimal y una calculadora para verificar tu resultado.

a.	25.3	b.	64.1	c.	1.055
	× 1.25		× 0.252		× 4.52
	1265		1282		2110
	506		3205		5275
	253		1282		4220
	31625		161532		476860

2 ¿Cómo se relacionan los números de lugares decimales en los dos factores con el número de lugares decimales en el producto correspondiente?

3 Explica tu método para ubicar el punto decimal del producto de dos factores decimales.

4 Usa tu método para hallar cada producto y luego usa una calculadora para verificar tu resultado.

   a. 12.5×2.4 **b.** 24.3×1.15 **c.** 8.9×0.003

Otra versión del juego de "Valor de posición"

Al igual que en las versiones previas, éste es un juego de dos personas. Cada jugador debe hacer un diagrama como éste.

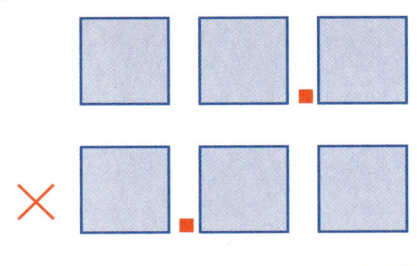

¿Cómo puedes producir el producto mayor?

Los jugadores se turnan lanzando un dado y anotando los resultados de la lanzada en uno de sus cuadrados. Cuando cada jugador ha llenado todos sus cuadrados, debe calculan sus productos y gana un punto quien tenga el producto mayor. Jueguen nueve rondas y luego contesten estas preguntas.

1 ¿Cuáles son los productos mayor y menor que puedes obtener mientras juegas este juego?

2 Si lanzas 1, 6, 5, 6, 2 y 3, ¿cuál crees que sea el mayor producto posible? Compara tus respuestas con las de tus compañeros.

¿Por qué funciona?

$$\begin{array}{r} 32.4 \\ \times\ 1.23 \\ \hline ????? \end{array} \Rightarrow \begin{array}{r} 324 \\ \times\ 123 \\ \hline 39852 \end{array} \Rightarrow \begin{array}{r} 32.4 \\ \times\ 1.23 \\ \hline 39.852 \end{array} \begin{array}{l} \leftarrow\ \text{1 lugar decimal} \\ \leftarrow\ +\text{2 lugares decimales} \\ \leftarrow\ \text{3 lugares decimales} \end{array}$$

Al calcular el producto de 32.4 por 1.23, ignoras los puntos decimales y multiplicas los números enteros 324 y 123.

Al ignorar el punto decimal en 32.4, 324 es 10 veces mayor que 32.4 y en el caso de 1.23, 123 es 100 veces mayor que 1.23. Así, el producto de los números enteros es 10, 100 ó 1,000, veces el producto de 32.4 por 1.23. Todo esto significa que el punto decimal se corrió tres lugares a la derecha, así que para obtener el resultado correcto, hay que moverlo tres lugares a la izquierda.

palabras importantes: producto, factor

Ejercicios página 262

8 Patrones y predicciones

DIVIDE DECIMALES

Hay muchas formas de pensar en la división de decimales.
Todos estos métodos suponen cosas que ya sabes.

¿Cómo determinas qué divisiones tienen el mismo cociente?

Escribe problemas de división equivalentes

Puedes usar una calculadora para buscar patrones al dividir decimales.

1 Calcula el cociente en cada grupo de problemas.

- **a.** 24 ÷ 12
  2.4 ÷ 1.2
  0.24 ÷ 0.12
- **b.** 875 ÷ 125
  87.5 ÷ 12.5
  8.75 ÷ 1.25
- **c.** 720 ÷ 144
  72 ÷ 14.4
  7.2 ÷ 1.44

2 ¿Qué es lo que notas en los cocientes de cada grupo de problemas? ¿En qué se parecen los problemas de cada grupo? ¿En qué difieren?

3 Usa una calculadora para hallar cada cociente y luego examina los resultados.

- **a.** 495 ÷ 33
- **b.** 4,950 ÷ 330
- **c.** 49,500 ÷ 3,300
- **d.** 49.5 ÷ 3.3
- **e.** 4.95 ÷ 0.33
- **f.** 0.495 ÷ 0.033

4 ¿Cuáles de los siguientes cocientes crees que sean iguales a 408 ÷ 2.4? Explica tu razonamiento y luego usa una calculadora para verificar tus predicciones.

- **a.** 4,080 ÷ 24
- **b.** 40,800 ÷ 240
- **c.** 408 ÷ 24
- **d.** 40.8 ÷ 0.24
- **e.** 40.8 ÷ 2.4
- **f.** 4.08 ÷ 0.024

5 Vuelve a plantear cada división como división equivalente de números enteros y luego calcula el cociente.

- **a.** $1.2\overline{)36}$
- **b.** $1.25\overline{)22.5}$
- **c.** $1.45\overline{)261}$

Divide decimales

¿Qué pasa si el cociente es un decimal?

Si calculas 12 ÷ 5, obtienes $\frac{12}{5}$ ó $2\frac{2}{5}$. Nota que $2\frac{2}{5}$ es lo mismo que $2\frac{4}{10}$ ó 2.4. Puedes obtener el mismo resultado como sigue.

```
      2.4
   5)12.0
     10
     ──
      2.0    Nota que 2.0 es lo mismo que
      2.0    20 décimas. Como 20 ÷ 5 = 4,
      ───    sabes entonces que 20 décimas
        0    divididas entre 5 son 4 décimas.
```

1 Trabaja con un compañero para que se ayuden a entender que 19 ÷ 4 = 4.75. Aquí se muestran dos formas de mostrar los cálculos.

```
      4.75              4.75
   4)19.00           4)19.00
     16                16
     ──                ──
      3.0               30
      2.8               28
      ───               ──
      0.20              20
      0.20              20
      ────              ──
      0.00               0
```

2 Copia y completa esta división. Luego verifica tu resultado multiplicando y usando una calculadora.

```
       32.1
   8)257.000
     24
     ──
      17
      16
      ──
       10
        8
        ──
        2
```

3 Halla cada cociente y usa una calculadora para verificar tu resultado.

a. 326.7 ÷ 13.5   **b.** 323.15 ÷ 12.5   **c.** 428.571 ÷ 23.4

Escribe sobre cómo dividir decimales

Escribe una explicación de cómo dividir decimales.

palabras importantes: cociente

Ejercicios página 263

9 Sigue y sigue

ESCRIBE DECIMALES PERIÓDICOS Y DECIMALES TERMINALES

Ya aprendiste a usar la división para convertir fracciones en decimales. En lecciones anteriores, los decimales se representaron usando décimas, centésimas o milésimas. En esta lección, estudiarás los decimales que no terminan jamás.

Escribe decimales periódicos

¿Hasta dónde llega un decimal?

Si usas una calculadora para hallar 4 ÷ 9, obtienes 0.4444444 ó 0.44444444 ó 0.44444444444. El resultado depende del número de dígitos que muestre tu calculadora. ¿Cuál es el resultado *verdadero*?

1. Halla los cinco primeros lugares decimales de $\frac{4}{9}$ dividiendo 4.00000 entre 9. Muestra tu trabajo.

2. Cuando Vonda hizo el paso **1**, dijo "¡Los 4 no terminan nunca!" ¿Tiene razón? Examina tu división y explica.

3. Otro decimal periódico es la representación decimal de $\frac{5}{27}$. ¿Qué parte se repite? ¿Cómo sabes que se repite para siempre?

4. Cada fracción tiene una representación decimal que se repite o termina. Halla una representación decimal de cada fracción e indica si el decimal es *periódico* o *terminal*.

   a. $\frac{5}{16}$ b. $\frac{4}{27}$ c. $\frac{1}{6}$ d. $\frac{4}{13}$ e. $\frac{13}{25}$

Decimales periódicos

El equivalente decimal de $\frac{2}{9}$ es 0.2222.... Éste se llama **decimal periódico** porque el 2 se repite para siempre. Para 0.3121212..., el 12 se repite. Para 0.602360236023..., el 6023 se repite. A veces, un decimal periódico se escribe con una barra sobre la parte que se repite.

$$0.\overline{2} \quad 0.3\overline{12} \quad 0.\overline{6023}$$

Un decimal que tiene un número finito de dígitos se llama **decimal terminal.**

Usa decimales

¿Qué es Celsius?

Para medir la temperatura, en Estados Unidos se usa la escala Fahrenheit. Casi todo el resto del mundo usa la escala Celsius. Para convertir grados Celsius a grados Fahrenheit, puedes seguir estos dos pasos.

- Multiplica los grados Celsius por 1.8.
- Suma 32 al producto.

1 Copia esta tabla y complétala usando los dos pasos.

°C	0	5	7	9	12	15	20	30	40
°F	32								

2 Los dos pasos dan una conversión exacta. Para *aproximar* la temperatura en Fahrenheit, dobla la temperatura en Celsius y suma 30.

Usa este método y aproxima cada temperatura Fahrenheit de la tabla y compara los resultados con sus valores exactos. ¿Qué temperaturas están a 2 grados de la temperatura exacta?

3 Trabaja con uno o más de tus compañeros para idear una forma de convertir grados Fahrenheit a grados Celsius. Usa la tabla del paso **1** para verificar tu método y luego úsalo para convertir cada temperatura en Fahrenheit a Celsius.

   a. 50°F   **b.** 95°F   **c.** 64.4°F

Escribe sobre la conversión de temperaturas

La tarea de matemática de Teresa y Donte fue llevar la cuenta de la temperatura máxima diaria durante tres días y luego hallar la temperatura máxima media en grados Celsius. Teresa y Donte sólo tenían un termómetro en grados Fahrenheit. Éstas son las temperaturas que registraron.

    viernes: 68°F   sábado: 56°F   domingo: 74°F

Teresa piensa que primero hay que promediar las tres temperaturas y luego convertirlas a grados Celsius. Donte piensa que hay que convertir las tres temperaturas a grados Celsius y luego promediarlas.

- ¿Funcionan ambos métodos?
- ¿Es uno más exacto que el otro?
- Halla la temperatura media usando ambos métodos y explica cuál crees que sea más eficiente y por qué.

palabras importantes
decimal periódico
decimal terminal
promedio

Ejercicios
página 264

FASE TRES

Los porcentajes se usan a diario. En esta fase, usarás el cálculo mental y la estimación para calcular porcentajes de un número. Estudiarás la relación entre fracciones, decimales y porcentajes, así como el uso y el mal uso que se hace de ellos.

Porcentajes

LA MATEMÁTICA DEL ASUNTO

Esta sección se enfocará en:

CÁLCULOS

- Comprende la relación entre fracciones, decimales y porcentajes
- Usa el cálculo mental para hallar respuestas exactas con porcentajes
- Calcula el porcentaje de un número

ESTIMACIÓN

- Usa la estimación para verificar si un resultado es razonable

Panorama matemático en línea
mathscape1.com/self_check_quiz

10 Pasa a los porcentajes

ESCRIBE FRACCIONES, DECIMALES Y PORCENTAJES EQUIVALENTES

Al escribir un número usando centésimas, también puedes usar porcentajes. La palabra *porcentaje* proviene de la expresión "por ciento". El símbolo % se usa para indicar que se trata de un porcentaje.

Interpreta porcentaje

¿Cómo puedes determinar el porcentaje de un todo?

Veintitrés centésimas de un todo es el veintitrés por ciento de un todo.

$$\frac{23}{100} = 23\%$$

En cada dibujo, determina el porcentaje sombreado.

1 **2** 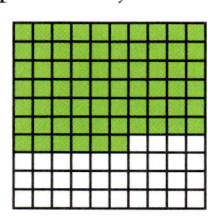 **3**

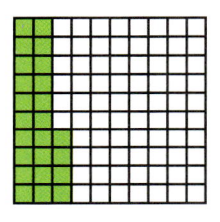

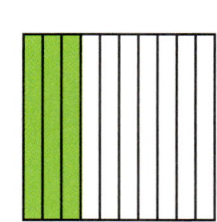

4 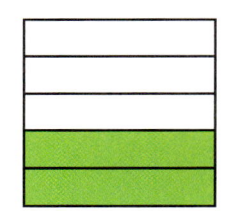 **5** 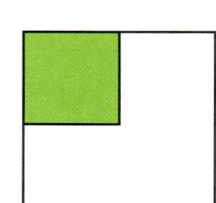 **6**

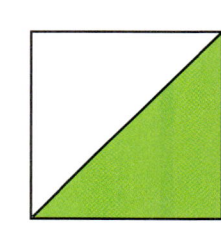

7  **8**  **9**

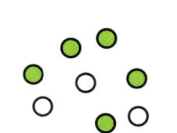

10 Hoy en día, Estados Unidos tiene 50 estados, pero sólo 13 de ellos firmaron la Declaración de Independencia en 1776. ¿Qué porcentaje de los estados actuales firmó la Declaración de Independencia?

Escribe partes de un todo de diferentes formas

He aquí algunos ejemplos en los que se ilustra cómo puedes escribir un porcentaje como fracción o decimal, o una fracción o decimal como porcentaje.

41% puede escribirse como $\frac{41}{100}$ y como 0.41.

0.09 puede escribirse como $\frac{9}{100}$ y como 9%.

$\frac{4}{5}$ puede escribirse como $\frac{8}{10}$, como 0.8 y como 80%.

1 Cada uno de estos números puede escribirse como fracción, como decimal y como porcentaje. Escribe cada número de dos formas distintas.

a. $\frac{3}{10}$ b. 80%   c. 0.75
d. 55%   e. 0.72   f. $\frac{7}{25}$

2 Stephanie colecciona barajas de naipes. Tiene 200 barajas y 35 de ellas son de países extranjeros.

a. Representa su colección con un cuadriculado de 100 cuadrados. ¿Cuántas barajas corresponden a cada cuadrado?

b. Sombrea el número de cuadrados que corresponde a las 35 barajas extranjeras.

c. Escribe una fracción, un decimal y un porcentaje que correspondan a la parte de barajas extranjeras de su colección.

3 Escribe cada número de dos formas distintas.

a. 0.755   b. 5.9%   c. $\frac{3}{8}$
d. $\frac{5}{16}$ e. 0.003   f. 17.4%

¿Cuál es la relación entre fracciones, decimales y porcentajes?

Resume conversiones

Escribe instrucciones que alguien más pueda seguir para efectuar cada conversión.

- De porcentaje a decimal.
- De porcentaje a fracción.
- De fracción a porcentaje.
- De decimal a porcentaje.

palabras importantes
porcentaje
razón

Ejercicios
página 265

11 Trabaja con porcentajes comunes

REPRESENTA PORCENTAJES COMUNES

¡Asombra a tus amigos! ¡Impresiona a tus padres! Sabiendo unos pocos porcentajes, puedes determinar respuestas razonables.

¿Cómo se relacionan las fracciones comunes y los decimales con los porcentajes?

Modela porcentajes importantes

A menudo ves fracciones como $\frac{1}{2}, \frac{1}{3}, \frac{1}{4}$ y $\frac{3}{4}$. Quizás tengas una buena idea de lo que significan estos números.

1 Considera las fracciones $\frac{1}{2}, \frac{1}{3}, \frac{2}{3}, \frac{1}{4}, \frac{3}{4}, \frac{1}{5}, \frac{2}{5}, \frac{3}{5}, \frac{4}{5}$.

   a. Representa cada fracción en un cuadriculado de 10×10 ó en una recta numérica. Rotula cada cuadriculado o punto con la fracción correspondiente.

   b. Rotula cada cuadriculado o punto con el decimal y el porcentaje correspondientes.

   c. Representa 0 y 1 en un cuadriculado o en una recta numérica.

2 Para cada porcentaje, haz un cuadriculado nuevo o agrega un punto nuevo a la recta numérica. Rotula cada cuadriculado nuevo o punto nuevo con el porcentaje, la fracción y el decimal correspondientes.

   a. 10%   b. 30%   c. 70%   d. 90%

3 ¿Qué fracción del paso **1** está más cerca de cada porcentaje?

   a. 15%   b. 85%   c. 39%   d. 73%

Estimación con porcentajes

79% está entre $\frac{3}{4}$ ó 75% y $\frac{4}{5}$ u 80%. Está más cerca de $\frac{4}{5}$ que de $\frac{3}{4}$.

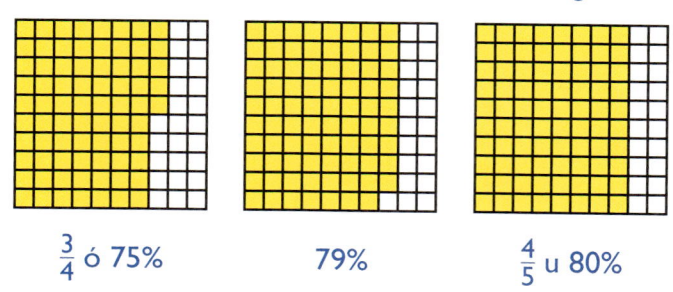

$\frac{3}{4}$ ó 75%   79% $\frac{4}{5}$ u 80%

Halla porcentajes importantes

50%, 10% y 1% son tres porcentajes importantes y son fáciles de calcular rápidamente.

1 Usa los números de la Lista A que compilaste en clase.

   a. Escoge un número y, por tu cuenta, halla el 50%, el 10% y el 1% del mismo. Usa cualquier estrategia que tenga sentido para ti. Anota cada respuesta y explica cómo la hallaste.

   b. Por tu cuenta, halla el 50%, el 10% y el 1% de otro número. Ve si puedes usar estrategias distintas de las que usaste con el primer número. Busca patrones en tus respuestas.

   c. Comparte tus respuestas y estrategias con un compañero y analicen los patrones que puedan discernir.

   d. Con tu compañero, hallen el 50%, el 10% y el 1% de cada número que ni tú ni él hayan usado. No olvides anotar respuestas y estrategias.

2 Con tu compañero, escoge al menos tres números de la Lista B y halla el 50%, el 10% y el 1% de cada uno.

¿Cómo puedes calcular mentalmente el 50%, el 10% y el 1% de un número?

Escribe sobre porcentajes

Escribe un breve párrafo donde expliques cómo puedes calcular rápido el 50%, el 10% y el 1% de cualquier número.

palabras importantes: porcentajes

Ejercicios
página 266

PUNTO POR PUNTO • LECCIÓN 11

12 Potencia porcentil

CALCULA PORCENTAJES

¿Cómo puedes calcular el porcentaje de un número? En la Lección 11 hallaste el 50%, el 10% y el 1% de un número. En esta lección, aprenderás a calcular un porcentaje cualquiera de un número cualquiera.

Calcula el porcentaje de un número

¿Cómo puedes estimar y calcular el porcentaje exacto de un número?

En esta lección, usarás fracciones para estimar el porcentaje de un número. Supón que quieres estimar el 58% de 40.

58% es un poquito menos que 60% ó $\frac{3}{5}$.

$\frac{3}{5}$ de 40 es 24.

Así, el 58% de 40 es un poquito menos que 24.

1 Para cada problema, halla una fracción que creas que esté cerca del porcentaje. Usa la fracción para estimar la cantidad y anota tus respuestas en la columna "Estimación" de las notas Cálculo de porcentajes.

a. 63% de 70
b. 34% de 93
c. 12% de 530
d. 77% de 1,084

2 Completa las cuatro primeras filas de las notas y verifica el valor exacto comparándolo con la estimación que hallaste en el paso **1**.

3 Escoge seis números y seis porcentajes de la siguiente lista. Escribe los números en las columnas correspondientes de las notas. Usa al menos un número de tres dígitos y al menos uno de cuatro y luego completa la tabla.

Número				Porcentaje deseado			
25	40	36	90	15%	18%	90%	3%
390	784	135	124	38%	23%	44%	83%
9,300	4,220	3,052	4,040	9%	51%	73%	62%

236 PUNTO POR PUNTO • LECCIÓN 12

Usa cien para calcular porcentajes

A Liz y a su hermano gemelo Nate les gusta coleccionar tarjetas. Unas son de deportes (béisbol, fútbol americano y automovilismo), algunas son de revistas de historietas y otras son de juegos. Entre los dos tienen 1,000 tarjetas, que Liz ha separado en 10 grupos de 100, así que cada grupo tiene el mismo número de cada tipo de tarjeta.

Mientras respondes cada pregunta, piensa cómo hallaste la respuesta.

1 Cada grupo tiene 10 tarjetas de automovilismo. ¿Qué porcentaje de un grupo es esto? ¿Qué porcentaje de las 1,000 tarjetas son las de automovilismo?

2 En cada grupo, el 23% es de revistas de historietas. ¿Cuántas tarjetas de este tipo hay en cada grupo? ¿Cuántas tarjetas de revistas de historietas tienen en total Liz y Nate?

3 De las 1,000 tarjetas, 340 son de béisbol. ¿Qué porcentaje de las 1,000 es esto? ¿Qué porcentaje de cada grupo son tarjetas de béisbol?

4 Hay 8 tarjetas de fútbol americano en cada grupo de 100, así que el 8% de cada grupo consta de tarjetas de fútbol americano. Nate combinó cinco grupos en un grupo de 500, de modo de tener la mitad de las tarjetas.

   a. ¿Cómo calcularías el número de tarjetas de fútbol americano en cada grupo de 500? ¿En todas las 1,000 tarjetas?

   b. ¿Cómo hallarías el porcentaje de tarjetas de fútbol americano en cada grupo de 500? ¿En todas las 1,000 tarjetas?

5 Liz aún tiene grupos de 100 y cada uno tiene 25 tarjetas de juegos.

   a. ¿Cuántos grupos necesita combinar para tener exactamente 100 tarjetas de juego?

   b. De las 25 tarjetas en cada grupo, 12 son de un cierto tipo de juego. ¿Cuántas hay en la combinación de 100 tarjetas de juegos? ¿Qué porcentaje de las 100 tarjetas de juegos representa este juego?

¿Cómo puedes calcular porcentajes usando grupos de 100?

Escribe sobre el uso de proporciones

Cuando dos grupos tienen el mismo porcentaje o fracción de un artículo, se dice que los grupos son *proporcionales*. Por ejemplo, la fracción de tarjetas de béisbol en cada grupo pequeño es la misma que la fracción de tarjetas de béisbol en el grupo grande. Escribe un párrafo donde expliques cómo usar la idea de proporción para hallar el porcentaje de un número.

palabras importantes: proporción

Ejercicios página 267

PUNTO POR PUNTO • LECCIÓN 12 **237**

13 Porcentajes menos comunes

COMPRENDE PORCENTAJES MENORES QUE 1 Y MAYORES QUE 100

A veces, un porcentaje puede corresponder a una parte muy pequeña de un todo o a una parte mayor que un todo. En esta lección, estudiarás estos tipos de porcentajes.

Porcentajes menores que 1

¿Qué significa un porcentaje menor que 1?

Para entender el significado de los porcentajes menores que 1%, responde estas preguntas.

1 Carlos ganó un vale de $200 en una tienda de artículos electrónicos y lo usó para comprar los siguientes seis artículos. ¿Qué porcentaje del vale usó en cada artículo?

    a. un sistema de juegos: $100   **b.** un juego: $30

    c. otro juego: $20   **d.** una película en DVD: $24

    e. música incidental de una película: $12

    f. un CD de música rock: $13

2 Suma los precios del paso **1**.

    a. ¿Cuánto del vale no gastó? ¿Qué porcentaje de los $200 no gastó?

    b. Si gastó todos los $200, ¿qué porcentaje del vale gastó?

3 Para cada porcentaje, escribe la fracción y el decimal correspondientes.

    a. 0.2%   **b.** 0.7%   **c.** $0.\bar{3}$%   **d.** $\frac{1}{10}$%   **e.** $\frac{2}{5}$%

4 ¿Cuáles de estos números corresponden a un porcentaje menor que uno? Trata de responder sin convertir la fracción o decimal a porcentaje. Prepárate para analizar tus respuestas.

    a. 0.1   **b.** 0.004   **c.** 0.013   **d.** 0.0082

    e. $\frac{1}{200}$ **f.** $\frac{3}{200}$ **g.** $\frac{1}{34}$ **h.** $\frac{10}{1,000}$

Comprende porcentajes mayores que cien

Nichelle está ordenando la colección de fotos de su familia, para lo que tiene varios álbumes del mismo tamaño.

¿Qué significa un porcentaje mayor que 100?

1 Con la primera caja de fotos, Nichelle llenó $\frac{3}{4}$ de un álbum de fotos. Este dibujo representa $\frac{3}{4}$ del álbum.

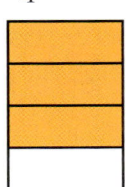

¿Qué porcentaje del álbum usó?

2 La siguiente caja tenía el mismo número de fotos. El espacio requerido por ambas cajas es el doble del requerido por la primera.

   a. Para representar lo que se ha llenado de los álbumes de fotos, traza un dibujo parecido al del paso **1**.

   b. ¿A qué fracción de álbum corresponde tu dibujo?

   c. ¿A qué porcentaje de álbum corresponde tu dibujo? ¿Cómo hallaste la respuesta?

3 Cada álbum contuvo 60 fotos.

   a. Halla el número de fotos que había en la primera caja.

   b. Halla el número de fotos que había en la segunda caja.

   c. Nichelle terminó llenando tres álbumes y $\frac{1}{5}$ de otro. ¿Qué porcentaje de álbum llenó? ¿Cuántas fotos había?

Haz modelos

Haz un modelo de $\frac{1}{2}$% y uno de 250%. Explica cómo cada modelo corresponde al porcentaje representado.

palabras importantes: porcentaje

Ejercicios página 268

PUNTO POR PUNTO • LECCIÓN 13

14 Dámelo directamente

COMPRENDE LOS USOS Y MALOS USOS DE LOS PORCENTAJES

A veces, se les da un mal uso a los porcentajes. Los porcentajes engañosos parecen bien al principio. Sin embargo, si usas lo aprendido sobre ellos, descubrirás rápido los enunciados que están mal.

¿En qué enunciados se usan correctamente los porcentajes?

Analiza usos de los porcentajes

Examina estos enunciados que suponen porcentajes y decide si el uso de los porcentajes está bien en cada uno.

- Si el uso es correcto, describe lo que significa el enunciado. En algunos casos, quizá tengas que usar números para dar un ejemplo del significado.
- Si el uso es incorrecto, explica por qué.

1 Jewel dijo,—Terminé cerca de un 50% de mi tarea.

2 La tienda Gracie's ofrece un 15% de descuento de los precios normales de todos los zapatos de hombre.

3 De la gente mayor de 60 años y que vive sola, 34% son mujeres y sólo un 15% son hombres.

4 La matrícula en la secundaria Central es un 105% de la del año pasado.

5 Los helados adquieren su textura al agregarles aire. Algunos heladeros doblan su volumen agregándoles un 100% de aire.

6 Una marca de bocadillos tiene un 13% de las ventas anuales de 900 millones de dólares de bocadillos similares.

7 Los adolescentes representan un 130% de los visitantes de un parque de diversiones.

8 La pluviosidad en una cierta zona es 120% menor que hace 25 años.

Navega el laberinto

Para este laberinto, vas a crear una senda de cuadrados marcados que van de la esquina inferior izquierda a la superior derecha, según estas reglas.

- Se empieza marcando el cuadrado inferior izquierdo.
- Puedes marcar un cuadrado no marcado a la izquierda, a la derecha, sobre o bajo el último cuadrado que se marcó.
- Sólo puedes marcar el cuadrado cuyo valor sea el más cercano al valor del último cuadrado que se marcó.

En este ejemplo, el último cuadrado que se marcó fue 45%. Hay tres posibilidades para el siguiente cuadrado, $\frac{4}{10}, \frac{4}{5}$ ó $\frac{1}{4}$. Como $\frac{4}{10}$ está más cerca de 45%, hay que marcar dicho cuadrado.

17%	$\frac{4}{5}$	$0.\overline{3}$
$\frac{4}{10}$	45%	$\frac{1}{4}$
0.2	0.3	$\frac{3}{4}$

Trata de hacer el laberinto en las notas.

¿Puedes hallar la senda correcta en un laberinto?

Interpreta los datos

Trent y Marika encuestaron a 150 alumnos de su escuela, con estos resultados.

Porcentaje de alumnos que tienen varios tipos de mascotas

Perros: $33.\overline{3}$%   Gatos: 30%   Aves: 6%   Otros: 2%   Ninguno: 44%

Número total de mascotas que tienen los alumnos

Perros: 86   Gatos: 95   Aves: 14   Otros: 5

1 ¿Cuántos alumnos tienen cada tipo de mascota? ¿Cuántos no tienen mascotas?

2 ¿Qué porcentaje de las mascotas son perros? ¿Gatos? ¿Aves? ¿Otras mascotas?

3 Marika pensó que habían cometido un error. Al sumar el número de alumnos de la parte 1, dijo que había demasiados alumnos. ¿Por qué crees que haya dicho eso? ¿Tiene razón?

palabras importantes: porcentaje

Ejercicios página 269

PUNTO POR PUNTO • LECCIÓN 14   **241**

FASE CUATRO

Los números negativos se usan cuando la temperatura es muy baja, cuando alguien está perdiendo en un juego o cuando falta algo. Todos los números que ya has usado tienen sus homólogos negativos. Si puedes trabajar con los números enteros 0, 1, 2, 3, 4, ... , puedes aprender formas de trabajar con números negativos, −1, −2, −3, −4, ... y todos los enteros.

Los enteros

LA MATEMÁTICA DEL ASUNTO

Esta sección se enfocará en:

NÚMEROS y CÁLCULOS

- Usa enteros negativos para indicar valores
- Ubica números negativos en la recta numérica
- Suma y resta enteros
- Escribe problemas de adición y sustracción equivalentes

FUNCIONES ALGEBRAÍCAS

- Identifica y escribe expresiones equivalentes

Panorama matemático en línea
mathscape1.com/self_check_quiz

15 El otro extremo de la recta numérica

COMPRENDE LOS NÚMEROS NEGATIVOS

¿Qué números son menores que cero? Cuando un meteorólogo dice que la temperatura es de 5° bajo cero, está usando un número menor que cero.

¿Cómo puedes ordenar números menores que cero?

Juega a "¿Cuánto frío hace?"

"¿Cuánto frío hace?" es un juego para dos personas.

1 Sigue las reglas del juego.

- Una persona piensa y anota una temperatura entre 0°F y −50°F.

- La otra persona trata de adivinar la temperatura. Después de cada prueba, la primera dice si la temperatura es mayor o menor que la que pensó.

- Cuando una persona adivina la temperatura, anota el número de intentos. Luego los jugadores intercambian papeles.

- Después de cuatro rondas, gana el jugador que adivinó la temperatura con el menor número de intentos.

2 Usa los récord de temperaturas mínimas para determinar la ciudad que tuvo el récord de temperatura mínima. Enumera las ciudades de temperatura de menor a mayor.

Temperaturas mínimas récord

Nome, Alaska	−54°F	Missoula, Montana	−33°F
Phoenix, Arizona	17°F	El Paso, Texas	−8°F
Apalachicola, Florida	9°F	Burlington, Vermont	−30°F
St. Cloud, Minnesota	−43°F	Elkins, West Virginia	−24°F

PUNTO POR PUNTO • LECCIÓN 15

Juega a "¿Quién tiene mi número?"

Juega este juego con toda la clase o en un grupo pequeño.

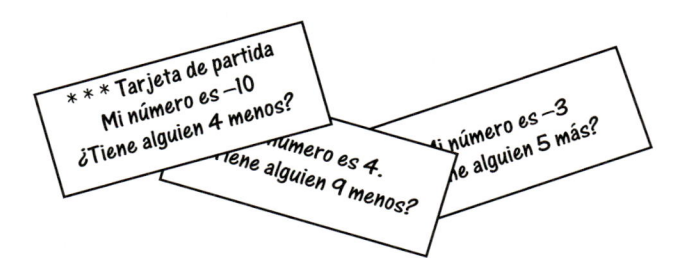

*** Tarjeta de partida
Mi número es −10
¿Tiene alguien 4 menos?

Mi número es 4.
¿Tiene alguien 9 menos?

Mi número es −3
¿Tiene alguien 5 más?

¿Cómo puedes mostrar números menores que cero en la recta numérica?

¿Quién tiene mi número?

Para jugar a este juego, tu maestro(a) le pasará a tu grupo un mazo de tarjetas y una hoja de puntajes con una recta numérica.

- Baraja las tarjetas y repártelas todas.
- La persona con la tarjeta marcada con la estrella, empieza leyendo la tarjeta.
- Ubica el número en la recta numérica. Los jugadores deben usar la recta numérica y la clave para ubicar el siguiente número.
- La persona que tiene dicho número en su tarjeta, la lee y el juego continúa.

Idea tus propias claves

Escribe tus propias claves para este juego.

- Incluye claves de modo que los números vayan de −15 a 10.
- Escribe al menos seis claves.
- Marca con una estrella la tarjeta de partida.
- Traza una recta numérica y muestra las jugadas, para asegurarte que las claves estén bien.

palabras importantes entero

Ejercicios
página 270

PUNTO POR PUNTO • LECCIÓN 15   **245**

16 Movimientos en la recta numérica

SUMA ENTEROS EN LA RECTA NUMÉRICA

Si en la mañana la temperatura es −5°F y se eleva en 20°F por la tarde, ¿cuál es la temperatura en la tarde? Para contestar esto debes sumar enteros y en esta lección lo vas a hacer en la recta numérica.

Suma enteros en la recta numérica

¿Cómo puedes usar la recta numérica para sumar enteros?

La suma de un número positivo corresponde a un movimiento hacia la derecha.

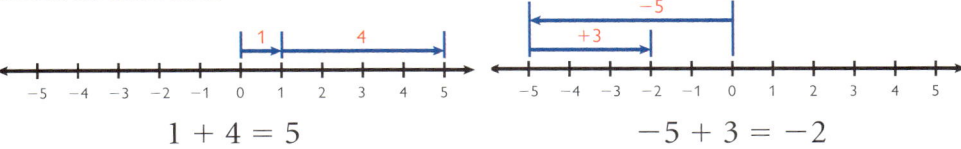

$$1 + 4 = 5 \qquad -5 + 3 = -2$$

La suma de un número negativo corresponde a un movimiento hacia la izquierda.

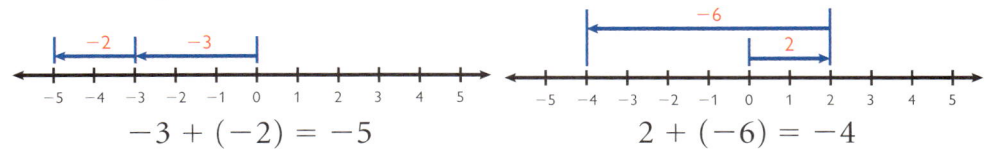

$$-3 + (-2) = -5 \qquad 2 + (-6) = -4$$

Juega a "Confrontación en la recta numérica" con un compañero.

Confrontación en la recta numérica

- Quita todas las figuras de un mazo de naipes normal. Baraja y reparte los naipes boca abajo. Los naipes negros serán los números positivos y los rojos los negativos.

- El Jugador 1 voltea el naipe superior de su montón y luego traza una flecha en la recta numérica que corresponde al movimiento de 0 al número.

- El Jugador 2 voltea el naipe superior de su pila y traza en la recta numérica una flecha que indica el movimiento del número del Jugador 1, completando así la suma.

- Si la suma es positiva, el Jugador 1 recibe los naipes que se jugaron. Si la suma es negativa, el Jugador 2 es el que recibe los naipes que se jugaron. Si la suma es cero, nadie recibe los naipes.

- Los jugadores se turnan para ser el Jugador 1 y el Jugador 2.

- Gana el jugador que tiene el mayor número de naipes, una vez que éstos se han jugado todos.

Juega variaciones de "Confrontación en la recta numérica"

Ahora vas a jugar una variación más complicada de "Confrontación en la recta numérica". Tu compañero(a) y tú deben decidir la variación del juego que deseen jugar.

¿Cómo puedes sumar más de dos enteros?

Variaciones de Confrontación en la recta numérica

Primera variación

El Jugador 1 voltea sus dos naipes superiores, los usa para trazar un problema de adición en la recta numérica y halla la suma. Luego, el Jugador 2 voltea sus dos naipes superiores y hace lo mismo. El jugador con la suma mayor recibe los naipes que se jugaron.

Segunda variación

El Jugador 1 voltea sus cuatro naipes superiores y muestra en la recta numérica la adición de los cuatro números. Luego, el Jugador 2 voltea sus cuatro naipes superiores y hace lo mismo. El jugador con la suma mayor recibe los naipes que se jugaron.

Escribe sobre la adición en la recta numérica

Harás un manual donde expliques cómo sumar y restar números positivos y negativos. El manual es para alguien que no sabe nada sobre adición y sustracción de estos números.

Hoy escribirás la Parte I, que debe incluir una breve descripción de la adición de números positivos y negativos en una recta numérica.

- Inventa tres ejemplos de problemas de adición, incluyendo un número positivo más un número negativo, un número negativo más un número positivo y un número negativo más un número negativo.

- Para cada problema, muestra cómo usar la recta numérica para resolverlo y escribe una ecuación de adición que acompañe cada dibujo.

- Incluye tus propias claves.

palabras importantes: números con signo, enunciado numérico

Ejercicios
página 271

17 Acepta el desafío

USA CUBOS PARA SUMAR ENTEROS

Para hacer un modelo de la adición de enteros, también pueden usarse cubos. En esta lección, usarás varios cubos de un color para representar los números positivos y varios cubos de otro color para representar los números negativos.

Desarrolla otro modelo de la adición

¿Qué otro modelo puede usarse para representar la adición de enteros?

Para jugar al "El desafío del color", un compañero necesitará 10 cubos rosa, para representar números positivos, y otro necesitará 10 cubos verdes, para representar números negativos. También necesitarán una flecha giratoria. Si tu compañero(a) y tú usan cubos de otros colores, cambien los nombres de los colores en la flecha giratoria.

Jueguen varias rondas de "El desafío del color".

El desafío del color

- Túrnense haciendo girar la flecha. Al cabo de cada giro, coloquen el número correspondiente de cubos que indicó la flecha en el centro del pupitre o mesa.
- Mientras juegas, trabaja con tu compañero para inventar un método de llevar la cuenta de quién tiene más cubos en el centro. ¿Cuántos cubos más tiene el otro jugador?
- Gana el primer jugador que tenga al menos 4 cubos más en el centro que el otro jugador.

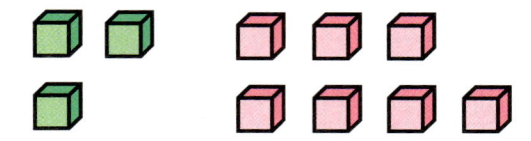

Hay cuatro cubos rosados más que verdes, así que gana el rosado.

248 PUNTO POR PUNTO • LECCIÓN 17

Escribe ecuaciones de adición

Juega al "Bingo de la adición". Al igual que "El desafío del color", un jugador necesitará 10 cubos de un color y el otro jugador 10 cubos de otro color. También se necesita una flecha giratoria nueva y un tablero de juegos.

Bingo de la adición

- El primer jugador hace girar la flecha dos veces, coloca los cubos correspondientes en el pupitre y escribe el problema de adición que representan los cubos.
- El primer jugador halla la suma de los cubos, quitando el mismo número de cada color, de modo que sólo quede un color. El(los) cubo(s) restantes representan la suma.
- Después de hallar la suma, el primer jugador tacha un problema de adición correspondiente en su tablero. Si no hay problema de adición correspondiente, o si ya se lo tachó, el jugador pierde su turno.
- Los jugadores se turnan haciendo girar la flecha, escribiendo problemas de adición y tachando cuadrados.
- Gana el primer jugador que haya tachado cuatro cuadrados seguidos, vertical, horizontal o diagonalmente.

Escribe sobre la adición usando cubos

Escribe la Parte II de tu manual sobre adición y sustracción de números positivos y negativos. Describe la adición de estos números usando cubos.

- Inventa tres ejemplos de problemas de adición, incluyendo un número positivo más un número negativo y de suma positiva, un número positivo más un número negativo y de suma negativa y un número negativo más un número negativo.
- Para cada problema, muestra cómo usar cubos para resolverlo y escribe una ecuación de adición que acompañe cada dibujo.
- Incluye tus propias claves.

palabras importantes: suma, par nulo

Ejercicios página 272

PUNTO POR PUNTO • LECCIÓN 17

18 El significado del signo

RESTA ENTEROS EN LA RECTA NUMÉRICA

Al igual que las palabras, los símbolos matemáticos a veces pueden tener más de un significado. Uno de estos símbolos es el signo —. A veces, indica sustracción y, a veces, un número negativo.

Resta enteros en la recta numérica

¿Cómo puedes usar rectas numéricas para restar enteros?

En una recta numérica, la sustracción de un número positivo corresponde a moverse hacia la izquierda.

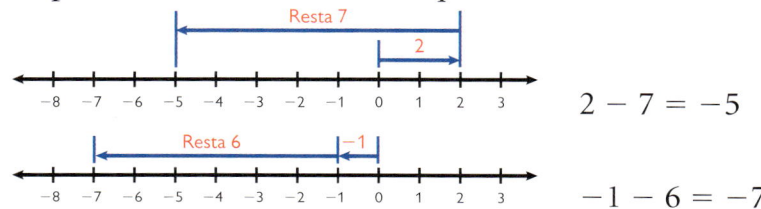

$2 - 7 = -5$

$-1 - 6 = -7$

Tu maestro(a) te pasará un grupo de cuatro dados y una hoja para anotaciones.

1. Con un compañero, echa los dados y escribe en la hoja los números que salgan.

2. Cada alumno debe usar los cuatro números y los signos de adición y sustracción para escribir una expresión, tratando de disponer números y signos para obtener el menor número posible y usando al menos un signo de adición y al menos uno de sustracción.

3. En una recta numérica, usa flechas para representar toda la expresión del paso **2**. Escribe la ecuación.

4. Escribe otra expresión de modo que el resultado sea el mayor número posible.

5. En una recta numérica, usa flechas para representar toda la expresión del paso **4**. Escribe la ecuación.

6. Compara tus respuestas con las de tu compañero(a). ¿Quién obtuvo el menor número? ¿El mayor?

Resuelve crucigramas de sustracción

Para resolver los crucigramas en esta página, empieza con un número en la columna izquierda y réstale un número de la fila superior.

¿Cómo puedes usar lo que sabes sobre la sustracción para resolver crucigramas?

1 Este crucigrama muestra $0 - 4 = -4$. Cópialo y complétalo.

Segundo número

Primer número

−	3	6	4	8
2			↓	
−1				
0	→		−4	
4				

2 Copia y completa estos crucigramas.

−	2	4		
5				
−2			−3	
		−1		−5
			−7	

−	2	9		
4			−2	
−9				
			−1	
			−3	−5

Escribe sobre la sustracción en una recta numérica

Escribe la Parte III de tu manual sobre adición y sustracción de números positivos y negativos. Describe la sustracción en una recta numérica.

- Inventa tres ejemplos de problemas de sustracción, incluyendo un número positivo menos un número positivo y de resta positiva, un número positivo menos un número positivo y de resta negativa y un número negativo menos un número positivo.

- Para cada problema, muestra cómo usar la recta numérica para resolverlo y escribe una ecuación de sustracción que acompañe cada dibujo.

- Incluye tus propias claves.

palabras importantes: operaciones inversas

Ejercicios
página 273

19 El modelo del cubo

USA CUBOS PARA RESTAR ENTEROS

Al usar cubos para modelar la sustracción, a veces no se tienen suficientes cubos que eliminar. Puedes añadir pares nulos para resolver esto. Un par nulo es un cubo positivo junto con uno negativo.

Usa cubos para restar enteros

¿Cómo puedes usar cubos para restar enteros?

Al usar cubos como modelos de enteros, recuerda que los cubos rosa corresponden a números positivos y los verdes a números negativos. Puedes usar otros colores, pero primero hay que decidir el color que corresponde a los números positivos y el que corresponde a los negativos.

1 Usa cubos para hallar cada resta.

a. $2 - 7$ b. $-1 - 5$ c. $-2 - 2$
d. $-6 - 3$ e. $-3 - 7$ f. $4 - 9$
g. $-5 - 1$ h. $-4 - 4$ i. $-3 - 5$

2 Examina los problemas de sustracción del paso **1** y usa lo aprendido sobre la sustracción para hallar cada resta.

a. $-\frac{2}{3} - \frac{1}{3}$ b. $\frac{3}{4} - \frac{6}{4}$ c. $-4.5 - 1.4$
d. $5.2 - 10.1$ e. $\frac{1}{2} - \frac{7}{8}$ f. $-\frac{4}{5} - \frac{19}{20}$

Sustracción con cubos

Para hallar $-2 - 1$, sigue estos pasos.
- Usa dos cubos verdes para -2.
- Necesitas eliminar un cubo rosa, pero no hay cubos rosa.
- Añade un par nulo, de modo que tengas un cubo rosa para eliminar.
- Quita el cubo rosa.
- Quedan tres cubos verdes. La respuesta es -3.

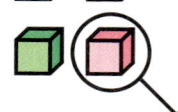

Halla errores

La Srta. Parábola recogió la tarea de sus alumnos y halló unos cuantos errores. Cada una de estas soluciones contiene algún error. Determina por qué está mal, escribe una explicación de lo que el alumno hizo mal y luego resuelve correctamente el problema.

1. Resolví el problema $-3 - 3$ colocando 3 cubos negativos. Luego eliminé los 3 cubos negativos, obteniendo 0.

2. Resolví el problema $-2 - 4$ añadiendo dos pares nulos a 2 cubos negativos. Eliminé 4 cubos negativos y obtuve $+2$.

3. Resolví el problema $3 - 5$ añadiendo 5 cubos positivos a los tres cubos positivos. Luego eliminé 5 cubos positivos y obtuve $+3$, ¡pero eso no puede estar bien!

4. Resolví el problema $3 - 2$ añadiendo 2 pares nulos a los 3 cubos positivos. Luego eliminé 2 cubos negativos, obteniendo $+5$.

Escribe sobre la sustracción usando cubos

Escribe la Parte IV de tu manual sobre adición y sustracción de números positivos y negativos. Describe la sustracción usando cubos.

- Para cada uno de los siguientes problemas, muestra cómo usar cubos para resolverlo. Escribe una ecuación de sustracción que acompañe cada dibujo.

    $5 - 8$ $-4 - 2$ $-1 - 3$

- Incluye tus propias claves.

palabras importantes: par nulo

Ejercicios página 274

20 Escríbelo de otra forma

ESCRIBE ENUNCIADOS EQUIVALENTES

Ya sabes que hay una relación entre adición y sustracción. En esta lección, aprenderás a escribir un problema de adición como uno de sustracción y viceversa.

¿Cómo se relacionan la adición y la sustracción?

Busca patrones en la adición y en la sustracción

Chris escribió esta lista de ecuaciones de adición. El primer número es siempre el mismo y el segundo es siempre uno menos que el número anterior.

$4 + 3 = 7$
$4 + 2 = 6$
$4 + 1 = 5$
$4 + 0 = 4$
$4 + (-1) = 3$
$4 + (-2) = 2$
$4 + (-3) = 1$
$4 + (-4) = 0$
$4 + (-5) = -1$
$4 + (-6) = -2$

1 Escribe una lista similar de ecuaciones de sustracción, empezando con $4 - 10$. Haz que el segundo número sea uno menos que el número anterior, terminando cuando el segundo número sea cero.

2 Compara las dos listas. ¿Qué problemas tienen los mismos resultados? Describe los patrones que notes.

3 Usando el patrón que notaste, escribe $3 + (-7)$ como un problema de sustracción. Usa dados para mostrar cómo hallaste la respuesta a cada problema.

4 Escribe $5 - 8$ como un problema de adición. Usa una recta numérica para mostrar cómo hallaste el resultado a cada problema.

Redacta una prueba

¡Ésta es tu oportunidad! Vas a escribir una prueba que no puede ser muy fácil para que todos contesten correctamente todas las preguntas y que no sea tan difícil como para que nadie pueda contestar las preguntas. Asegúrate de incluir por lo menos uno de los siguientes tipos de problemas.

- un problema de adición de enteros con un resultado negativo
- un problema de adición de enteros con una suma positiva
- un problema de sustracción de enteros con una resta negativa
- un problema de sustracción de enteros con una resta positiva
- un problema verdadero/falso sobre la estimación de un resultado, ya sea a un problema de adición o de sustracción (Puedes usar números enteros, fracciones o decimales, asegurándote de que el problema te muestre si el que da la prueba entiende el orden de los números negativos y positivos en la recta numérica.)
- un problema de selección múltiple en que se use el orden de las operaciones (Incluye números positivos y negativos y cuatro opciones de respuesta.)
- un problema de redacción donde se pregunte sobre algo nuevo que el alumno haya aprendido acerca de la adición y sustracción de números positivos y negativos (Puedes pedir que se conteste una pregunta, que el alumno le explique algo a alguien o que le conteste una carta al Dr. Matemático que hayas escrito tú.)

Prepara una clave de respuestas para tu prueba, lo cual te permitirá asegurar que la prueba no sea ni muy fácil ni muy difícil.

¿Puedes escribir diversos tipos de problemas usando números positivos y negativos?

palabras **importantes** equivalente

Ejercicios
página 275

Ejercicios 1

La conexión entre fracciones y decimales

Aplica destrezas

Convierte cada fracción a decimal y luego escríbela como una suma de dinero usando el signo de dólar.

1. $\frac{2}{100}$
2. $\frac{48}{100}$
3. $\frac{99}{100}$
4. $\frac{50}{100}$
5. $\frac{2}{10}$
6. $\frac{8}{10}$

Para cada grupo de monedas, escribe su valor en centavos. Escríbelo como fracción sobre 100 monedas de un centavo. Reduce la fracción y luego escribe el valor como una suma de dinero usando el signo de dólar.

7. 10 monedas de 1 centavo
8. 5 monedas de 5 centavos
9. 6 monedas de 10 centavos
10. 1 moneda de 25 centavos, 5 monedas de 10 centavos y 12 monedas de 1 centavo
11. 10 monedas de 10 centavos, 1 moneda de 25 centavos y 2 monedas de 5 centavos

Escribe la fracción que corresponde a la parte sombreada de cada cuadrado o cuadrados. Luego escribe el decimal correspondiente.

12.

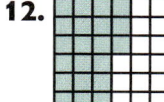

13.

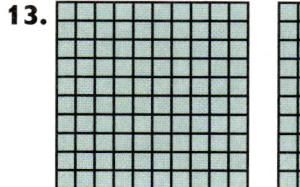

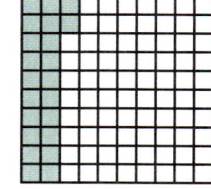

Amplía conceptos

Escribe la fracción que corresponde a la parte sombreada de cada figura. Luego escribe el decimal correspondiente.

14.

15.

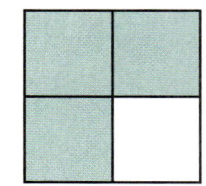

16.

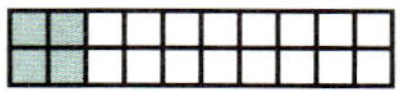

17.

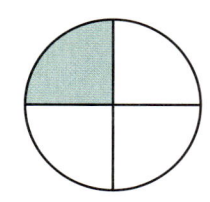

18. Este recibo de caja se rompió. ¿Cuánto recibió de vuelto la clienta?

Almacén: Barrita de dulce	$0.88
Contado	$1.00
Vuelto	

Haz la conexión

Un *milisegundo* es una milésima de segundo y un *milicurio* es una milésima de curio (una unidad de radiactividad). Una *milésima* de dólar equivale a $\frac{1}{10}$ de centavo.

19. ¿Qué fracción de dólar es una milésima de dólar? Da la respuesta como fracción y como decimal.

20. Explica el nombre de esta unidad.

Ejercicios 2

¿Cuál es el punto?

Aplica destrezas

Escribe cada número.

1. un número con un 3 en las décimas, un 1 en las centenas, un 2 en las decenas y un 9 en las unidades

2. un número con un 4 en las centenas, un 5 en las unidades, un 6 en las décimas un 8 en las decenas y un 3 en las centésimas

3. un número con un 7 en las milésimas, un 4 en las unidades, un 1 en las decenas y ceros en las décimas y centésimas

4. un número igual a 29.05 y que tiene un dígito en las milésimas

Convierte cada número a decimal.

5. $5\frac{3}{10}$
6. $137\frac{56}{100}$
7. $10\frac{9}{10}$
8. $6\frac{7}{100}$
9. $12\frac{13}{50}$
10. $4\frac{4}{5}$
11. $5\frac{1}{2}$
12. $12\frac{1}{4}$

13. Completa cada patrón llenando los espacios vacíos.

$\underline{\ ?\ } \div 4 = 500 \qquad \frac{2{,}000}{4} = 500$

$200 \div 4 = 50 \qquad \frac{\ ?\ }{\ } = 50$

$20 \div 4 = 5 \qquad \frac{20}{4} = 5$

$2 \div \underline{\ ?\ } = \underline{\ ?\ } \qquad \frac{2}{4} = \underline{\ ?\ }$

Usa una calculadora para convertir cada número a decimal.

14. $\frac{7}{8}$
15. $\frac{3}{16}$
16. $\frac{25}{200}$
17. $2\frac{3}{4}$
18. $7\frac{4}{5}$
19. $30\frac{23}{40}$
20. $\frac{11}{32}$
21. $\frac{19}{64}$
22. $3\frac{55}{200}$
23. $13\frac{35}{80}$

Amplía conceptos

24. Escribe 12 milésimas como decimal y como fracción simplificada.

25. El huevo del colibrí de Vervain pesa unas $\frac{128}{10{,}000}$ de onza. Escribe esto como decimal y luego escribe éste en palabras.

Escritura

26. El número 0.52 se lee "52 centésimas." El 5 está en las décimas y el 2 en las centésimas. Explica por qué estas posiciones llevan estos nombres.

Ordénalos

Ejercicios 3

Aplica destrezas

En esta recta numérica aparecen marcados seis números. Escribe cada uno como fracción, número mixto o número entero y luego escríbelos como decimales.

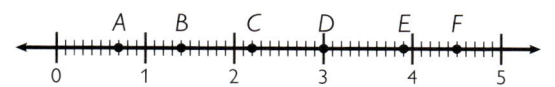

1. punto A
2. punto B
3. punto C
4. punto D
5. punto E
6. punto F

Compara cada par de decimales, escribiendo <, > o =.

7. 6.4 y 6.7
8. 5.8 y 12.2
9. 7.02 y 7.20
10. 13.9 y 13.84
11. 16.099 y 160.98
12. 0.331 y 0.303
13. 47.553 y 47.5

Ordena de menor a mayor cada conjunto de números. Si hay dos números iguales, coloca el signo igual entre ellos.

14. 14.8, 14.09, 4.99, 14.98, 14.979, 14.099
15. 43, 42.998, 43.16, 42.022, 43.1600, 43.6789
16. 12.3, 12.008, 1.273, 12.54, 120, 12.45
17. 1.2, 4.4. 1.1. 0.9, 17.7, 1.3, 0.95

Amplía conceptos

Copia esta recta numérica y marca cada número en ella.

18. 5.07
19. 5.24
20. 5.36
21. 5.1
22. 5.17
23. 5.51

24. Copia este diagrama. Coloca los dígitos 0, 2, 3, 4, 5, 6, 7 y 8 en las casillas de modo que el primer número sea lo más grande posible y el segundo lo más pequeño posible. Cada dígito sólo puede usarse una vez.

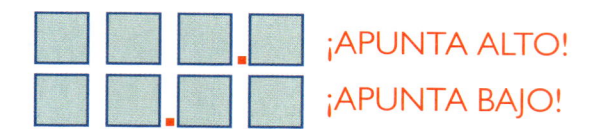

¡APUNTA ALTO!
¡APUNTA BAJO!

Escritura

25. Supón que estás ayudando a comparar decimales a un alumno de otra clase. Escribe unas cuantas frases en las que expliques por qué 501.1 es mayor que 501.01.

Ejercicios 4 — Suficientemente cercano

Aplica destrezas

Copia esta recta numérica y marca cada número en ella. Quizá tengas que estimar algunos puntos.

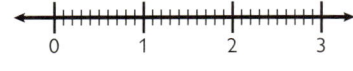

```
  |··········|··········|··········|
  0          1          2          3
```

1. 2.5　　　　　　**2.** 0.75

3. 2.80　　　　　 **4.** 0.07

5. 0.25　　　　　 **6.** 1.005

Determina los números que están entre 4.2 y 4.22.

7. 4.06　　　　　**8.** 4.217

9. 4.27　　　　　**10.** 4.022

11. 4.2016　　　 **12.** 4.2301

13. 4.2099　　　 **14.** 4.199

15. Redondea 3.2808 a la décima más cercana.

16. Redondea 3.2808 a la milésima más cercana.

17. Redondea 33.81497 a la milésima más cercana.

18. Redondea 33.81497 a la centésima más cercana.

19. Redondea 4.6745 a la milésima más cercana.

20. Redondea 4.6745 a la centésima más cercana.

21. Redondea 4.6745 a la décima más cercana.

22. Redondea 0.219 a la centésima más cercana.

23. Redondea 6.97 a la décima más cercana.

24. Redondea 19.98 a la décima más cercana.

25. Escribe cada uno de estos números en trozos de papel. Ordena de menor a mayor estos números. Si dos son iguales, escribe el signo igual entre ellos y el signo < entre los otros números.

$\frac{6}{10}$　　6.10　　$6\frac{1}{5}$

0.6666　　6.2　　$\frac{66}{100}$

$\frac{6}{3}$　　$\frac{61}{10}$　　0.6667

Amplía conceptos

26. Escribe un número mayor que 3.8 que se redondee a 3.8 y uno menor que 3.8 que se redondee a 3.8.

27. Escribe tres números que cada uno se redondee a 14.37.

Haz la conexión

En la mayoría de los países no se mide en pulgadas, pies y yardas, sino que en metros. El metro es un poco más de una yarda. $\frac{1}{100}$ de un metro es un centímetro (cm) y $\frac{1}{1,000}$ de metro es un milímetro (mm).

Usa una regla métrica para trazar una recta de cada longitud.

28. 3.2 cm (32 mm)

29. 8.1 cm (81 mm)

30. 12.6 cm (126 mm)

Ejercicios 5: Ubica el punto

Aplica destrezas

Halla cada suma o resta.

1. $1.25 + 0.68$
2. $13.82 - 5.52$
3. $15.3 - 0.92$
4. $16.89 - 2.35$
5. $2.0034 + 25.4$
6. $0.007 + 23.6$
7. $34.079 - 13.24$
8. $16.923 + 2.3$
9. $0.89 - 0.256$
10. $5 + 2.35$
11. $20 - 5.98$
12. $17.9 + 7.41$

13. Asako y su familia están planificando un camping con un presupuesto de $500.00 y quieren comprar estos artículos.

Artículo	Precio
saco de dormir	$108.36
cocinilla a gas	$31.78
carpa	$359.20
utensilios de cocina	$39.42
botiquín	$21.89
sistema global de ubicación	$199.99
brújula	$26.14
binoculares	$109.76
cuchillo	$19.56
linterna	$20.88

¿Qué combinaciones de equipo de camping puede comprar la familia de Asako con el dinero que tiene? Halla tantas combinaciones como te sea posible. Muestra tu trabajo.

Amplía conceptos

14. Cuando Miguel suma números mentalmente, lo hace en notación expandida. Por ejemplo, $1.32 + 0.276$ puede interpretarse como $1 + 0 = 1$, $0.3 + 0.2 = 0.5$, $0.02 + 0.07 = 0.09$ y $0.000 + 0.006 = 0.006$. Se suman estos números, dando un total de 1.596. Explica lo que hace Miguel y por qué funciona.

Da los siguientes dos números de cada sucesión y explica cómo los hallaste.

15. $2.5, 3.25, 4, 4.75, 5.5, 6.25, \ldots$
16. $24.8, 23.7, 22.6, 21.5, 20.4, 19.3, \ldots$

Haz la conexión

Usa esta información del *Almanaque Mundial* sobre salto de trampolín olímpico.

Año	Nombre/País	Puntos
1972	Vladimir Vasin/URSS	594.09
1976	Phil Boggs/EE.UU.	619.52
1980	Aleksandr Portnov/URSS	905.02
1984	Greg Louganis/EE.UU.	754.41
1988	Greg Louganis/EE.UU.	730.80
1992	Mark Lenzi/EE.UU.	676.53
1996	Xiong Ni/China	701.46
2000	Xiong Ni/China	708.72

17. ¿Cuántos puntos más obtuvo Greg Louganis en 1984 que en 1988?

18. ¿Cuántos puntos más obtuvo Xiong Ni en 2000 que en 1996?

Ejercicios 6

Más al punto

Aplica destrezas

Calcula cada producto.

1. 23.62×100
2. 1.876×10
3. $16.8 \times 1{,}000$
4. 78.2×100
5. 125×0.1
6. 56×0.1
7. $7{,}834 \times 0.01$
8. 8×0.01
9. 159×0.001
10. $1{,}008 \times 0.01$

11. Explica cómo el saber multiplicar por 0.1, 0.01 y 0.001 te ayuda a multiplicar decimales. Da ejemplos si es necesario.

12. Si $670 \times 91 = 60{,}970$, ¿cuánto es 670×9.1?

13. Si $1{,}456 \times 645 = 939{,}120$, ¿cuánto es $1{,}456 \times 6.45$?

14. Si $57 \times 31 = 1{,}767$, ¿cuánto es 57×0.031?

Calcula cada producto.

15. 550×0.3
16. 71×2.2
17. 45×1.1
18. 231×0.12
19. 235×6.2
20. $1{,}025 \times 0.014$
21. 9×25.8
22. 62×0.243
23. $7{,}000 \times 1.8$
24. 41×1.15

25. Escoge uno de los ejercicios **15 al 24** y explica cómo supiste dónde colocar el punto decimal.

Amplía conceptos

26. Para el cumpleaños de Kate, ella y ocho de sus amigos fueron a patinar sobre hielo, acompañándolos su madre, padre y abuela. Se tomaron un descanso, bebiendo chocolate caliente y café. El chocolate caliente cuesta $1.35 por taza y el café $1.59 por taza. Si los 9 amigos bebieron chocolate caliente y los 3 adultos bebieron café, ¿cuánto costó todo?

Da los siguientes dos números de cada sucesión y explica cómo los hallaste. Quizá necesites usar una calculadora.

27. 15.8, 31.6, 63.2, 126.4, 252.8, 505.6, . . .

28. 6.1, 30.5, 152.5, 762.5, 3,812.5, 19,062.5, . . .

29. Escribe tu propia sucesión de multiplicación que empiece con un decimal. Incluye al menos seis números y la regla de la secuencia.

Escritura

30. Contesta esta carta al Dr. Matemático.

> Estimado Dr. Matemático,
> ¿Qué es la gran cosa del punto decimal? ¿Es realmente tan importante? Si lo es, ¿por qué?
> Inéz Deci

Ejercicios 7
Ubica exactamente el punto decimal

Aplica destrezas

1. Si 382 × 32 = 12,224, ¿cuánto es 38.2 × 0.032?

2. Si 62 3 876 5 54,312, ¿cuánto es 6.2 3 0.876?

3. Si 478 × 52 = 24,856, ¿cuánto es 4.78 × 5.2?

4. Si 14 × 75 = 1,050, ¿cuánto es 0.14 × 7.5?

Calcula cada producto.

5. 15.2 × 3.4
6. 6.7 × 0.04
7. 587 × 3.2
8. 4.2 × 0.125
9. 0.35 × 1.4
10. 5.2 × 0.065
11. 3.06 × 4.28
12. 0.9 × 0.15
13. 18.37 × 908.44
14. 0.003 × 0.012

15. Escoge uno de los ejercicios del **5 al 14** y explica cómo supiste dónde colocar el punto decimal.

16. Rebeca y Miles pertenecen al comité de decoración del baile escolar. Necesitan 12 rollos de cinta y 9 bolsas de globos. ¿Cuánto cuestan estos artículos si un rollo de cintas cuesta $1.39 y una bolsa de globos $2.09?

17. La rapidez media de Plutón mientras orbita el Sol es de 10,604 millas por hora. Dado que la Tierra orbita a 6.28 veces más rápido que Plutón, ¿cuál es la rapidez promedio de la Tierra?

18. La tortuga gigante puede caminar a 0.2 kilómetros por hora. A este ritmo, ¿cuánto recorre en 1.5 horas?

Amplía conceptos

Stacy y Kathryn modificaron las reglas del juego "Valor de posición". Usaron los dígitos del 1 al 6 sólo una vez.

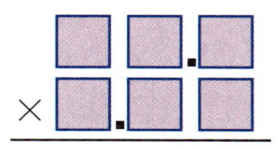

19. ¿Cómo podrían colocar los dígitos para obtener el producto más grande? ¿Cuál es este producto?

20. ¿Cómo podrían colocar los dígitos para obtener el producto más pequeño? ¿Cuál es este producto?

El área de un rectángulo es su largo por su ancho. Halla el área de cada rectángulo.

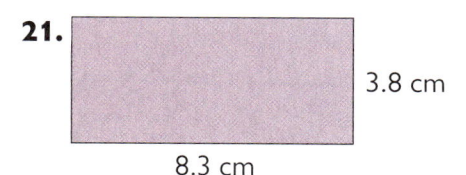

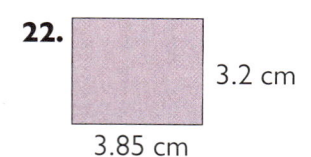

21. 8.3 cm × 3.8 cm

22. 3.85 cm × 3.2 cm

Escritura

23. Escribe algunas estrategias que te permitan ganar en el juego "Valor de posición".

Patrones y predicciones

Aplica destrezas

1. Si 125 ÷ 5 = 25, ¿cuánto es 12.5 ÷ 0.5?

2. Si 288 ÷ 12 = 24, ¿cuánto es 2.88 ÷ 0.12?

3. Si 369 ÷ 3 = 123, ¿cuánto es 36,900 ÷ 300?

4. Si 18,000 ÷ 36 = 500, ¿cuánto es 180 ÷ 0.36?

5. Explica cómo cambiar un problema de división de decimales para que sea más fácil de resolver.

Halla cada cociente.

6. 812 ÷ 0.4
7. 0.34 ÷ 0.2
8. 20.24 ÷ 2.3
9. 180 ÷ 0.36
10. 23 ÷ 0.023
11. 576 ÷ 3.2
12. 14.4 ÷ 0.12
13. 4.416 ÷ 19.2
14. 259.2 ÷ 6.48
15. 4.6848 ÷ 0.366
16. 97.812 ÷ 1.1
17. 38.57 ÷ 1.9
18. 199.68 ÷ 9.6
19. 131.1 ÷ 13.8
20. 5.992 ÷ 74.9
21. 39.95 ÷ 799

Amplía conceptos

22. El padre de Vladik llenó el tanque de gasolina de su auto. Si ésta cuesta $1.48 por galón y el costo total de la gasolina fue de $22.94, ¿cuántos galones de gasolina bombeó el padre de Vladik en su auto?

23. Una tabla mide 7.5 pies de largo. Si se la corta en partes de 2.5 pies de largo, ¿cuántas partes hay?

24. Ann y su madre fueron al almacén y compraron 2 docenas de naranjas a $2.69 la docena. Estima el precio de cada naranja. Explica tu razonamiento.

25. El Sr. y la Sra. Francisco compraron su primera casa. Durante el primer año pagarán una hipoteca total de $12,159.36. ¿Cuánto pagarán en hipoteca por mes? Muestra tu trabajo.

26. Drew quiere invitar al cine al mayor número de amigos que pueda costear. Tiene $20.00.

    a. El precio de cada entrada es de $4.50. Estima el número de amigos que puede invitar al cine.

    b. Una bolsa de palomitas de maíz cuesta $1.75. Estima el número de amigos que puede invitar al cine si les va a comprar a todos, incluido él mismo, una bolsa de palomitas de maíz.

Escritura

27. Halla el producto de 5.5 por 0.12 y luego escribe dos problemas de división relacionados. Explica cómo los problemas de división confirman las reglas de división de decimales.

9 Ejercicios

Sigue y sigue

Aplica destrezas

Convierte cada fracción a decimal y luego indica si éste es *periódico* o *finito*.

1. $\frac{3}{8}$
2. $\frac{2}{3}$
3. $\frac{5}{6}$
4. $\frac{7}{16}$
5. $\frac{7}{10}$
6. $\frac{8}{9}$
7. $\frac{5}{11}$
8. $\frac{17}{25}$
9. $\frac{2}{11}$
10. $\frac{1}{3}$
11. $\frac{3}{4}$
12. $\frac{1}{8}$
13. $\frac{5}{9}$
14. $\frac{3}{6}$
15. $\frac{4}{15}$
16. $\frac{41}{50}$
17. $\frac{12}{15}$
18. $\frac{1}{7}$
19. $\frac{9}{11}$
20. $\frac{8}{12}$

Convierte cada temperatura Celsius a grados Fahrenheit.

21. 25°C
22. 100°C
23. 55°C
24. 75°C

Convierte cada temperatura Fahrenheit a grados Celsius.

25. 95°F
26. 113°F
27. 131°F
28. 122°F

Amplía conceptos

29. Una pulgada es unos 2.54 centímetros. Copia y completa esta tabla.

Nombre	Estatura (pulgadas)	Estatura (centímetros)
John	53	
Krista		127
Miwa		152.4
Tommy	74	

30. Sin efectuar la división, piensa en tres fracciones que pudieran tener representaciones decimales periódicas. Escribe cada fracción y usa una calculadora para confirmar que sus representaciones son periódicas.

Escritura

31. Contesta esta carta al Dr. Matemático.

> Estimado Dr. Matemático,
> Un compañero y yo estamos ordenando algunos números. Mi compañero dice que $3.\overline{3}$ es mayor que 3.333333 y yo digo que 3.333333 es mayor. De hecho, esto es obvio, pues sólo basta observar el número de dígitos que tiene. Ayúdenos a decidir quién tiene la razón y por qué.
> Cordiales saludos,
> M.E. Confunde

Ejercicios 10 — Pasa a los porcentajes

Aplica destrezas

Para cada dibujo, determina el porcentaje del todo que aparece sombreado.

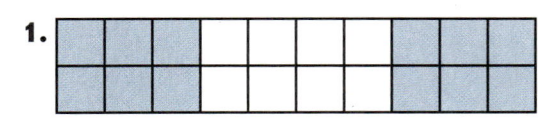

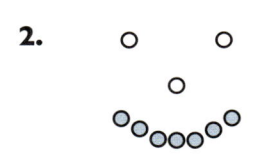

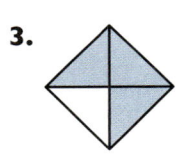

1.
2.
3.

Traza un modelo para cada porcentaje.

4. 65% **5.** 80% **6.** 30%

7. ¿Qué porcentaje de los meses del año empiezan con J?

8. ¿Qué porcentaje de los meses del año empiezan con Y?

9. Copia y completa esta tabla.

Fracción	Decimal	Porcentaje
$\frac{4}{10}$		
	0.6	
		90%
		5%
	0.02	
$\frac{1}{8}$		

Amplía conceptos

Una clase de sexto año está horneando galletas para recaudar fondos. Hicieron una gráfica con el número de cada tipo que se les encargaron.

10. Escribe una fracción equivalente para cada porcentaje.

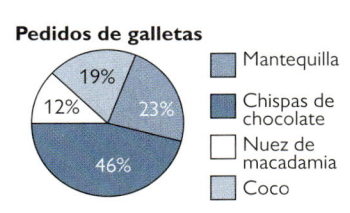

Pedidos de galletas
- Mantequilla: 23%
- Chispas de chocolate: 46%
- Nuez de macadamia: 12%
- Coco: 19%

11. Si se les encargaron un total de 200 galletas, ¿cuántas de cada tipo necesitarán hornear?

12. Como las macadamias son caras, la clase perdería dinero en cada galleta de macadamia que vendiera. Supón que las reemplazan por galletas de coco. ¿Cuántas galletas de coco necesitarán hornear si se les encargó un total de 200 galletas?

Escritura

13. Contesta esta carta al Dr. Matemático.

> Estimado Dr. Matemático:
> Ya sé que puedo escribir una fracción como decimal y un decimal como fracción. Después de todo, son sólo números. Pero, ¿son distintos los porcentajes? Llevan ese extraño símbolo al final. ¿Cómo es que una fracción, un decimal y un porcentaje pueden significar lo mismo? ¿Me puede ayudar?
> Cordiales saludos,
> Porci Ento

Ejercicios 11
Trabaja con porcentajes comunes

Aplica destrezas

Une cada porcentaje con la fracción más cercana.

1. 83%
2. 35%
3. 27%
4. 52%
5. 65%
6. 42%
7. 59%
8. 73%
9. 19%

A. $\frac{1}{2}$
B. $\frac{1}{3}$
C. $\frac{2}{3}$
D. $\frac{1}{4}$
E. $\frac{3}{4}$
F. $\frac{1}{5}$
G. $\frac{2}{5}$
H. $\frac{3}{5}$
I. $\frac{4}{5}$

Halla el 50%, el 10% y el 1% de cada número.

10. 100
11. 600
12. 60
13. 40
14. 150
15. 340
16. 18
17. 44

Amplía conceptos

18. Escribe de menor a mayor los números $\frac{672}{900}$, 0.012, $\frac{7}{10}$, 32%, $\frac{1}{10}$, 0.721 y 65%.

19. Escribe de menor a mayor los números 63%, $\frac{2}{10}$, 0.8, $\frac{8}{29}$, 85%, 0.12, $\frac{55}{90}$ y 89%.

20. Un día un agricultor recogió cerca del 20% de las fresas de su huerta. Después ese mismo día, su mujer recogió cerca de un 25% de las fresas restantes. Aún más tarde ese mismo día, su hijo recogió cerca del 33% de las fresas restantes. Incluso más tarde ese mismo día, su hija recogió un 50% de las fresas restantes, quedando sólo 3 fresas. ¿Cerca de cuántas fresas había originalmente en el jardín? Explica tu razonamiento.

Escritura

21. Explica la relación entre fracciones, decimales y porcentajes. Da ejemplos.

Ejercicios 12: Potencia porcentil

Aplica destrezas

Estima cada valor.

1. 19% de 30
2. 27% de 64
3. 48% de 72
4. 73% de 20
5. 67% de 93
6. 25% de 41
7. 65% de 76
8. 81% de 31
9. 34% de 301
10. 41% de 39

Calcula cada valor.

11. 25% de 66
12. 13% de 80
13. 52% de 90
14. 16% de 130
15. 37% de 900
16. 32% de 68
17. 66% de 43
18. 7% de 92
19. 42% de 85
20. 78% de 125

Amplía conceptos

21. Halla el costo total de una comida de $25.50 después de sumar una propina del 15%.

22. Una camisa que costaba $49.99 se ha rebajado en un 30%. Halla el precio de liquidación.

23. El veintisiete por ciento del sueldo anual de Camila va a los impuestos federales y estatales. Si ganó $35,672, ¿cuánto le quedó?

24. Un tío de Jared compró 100 acciones de un capital a $37.25 por acción. En seis meses, el capital subió en un 30%. ¿Cuánto valieron en seis meses las 100 acciones?

25. La familia de Kyal compró una molino de rueda en liquidación. Estaba rebajado en un 25% del precio original de $1,399.95. Si pagaron la mitad del precio de liquidación como cuota inicial, ¿cuál fue esta cuota inicial?

26. Maxine y su familia fueron de vacaciones a San Francisco el verano pasado. El primer día le dieron a un taxista una propina del 15% y $2.00 al botones por llevar el equipaje al cuarto del hotel. Si la tarifa del taxi fue de $15.75, ¿cuánto gastaron en total?

Haz la conexión

En una buena dieta, el total de calorías que ingiere una persona no debe tener más del 30% de materia grasa. Indica los alimentos que cumplen con esta recomendación. Muestra tu trabajo.

27. Papas fritas de contenido graso reducido
    Calorías por porción: 140
    Calorías de materia grasa: 70

28. Barrita de dulce de bajo contenido graso
    Calorías por porción: 150
    Calorías de materia grasa: 25

29. Palomitas de maíz de bajo contenido calórico
    Calorías por porción: 30
    Calorías de materia grasa: 6

30. Sopa sana
    Calorías por porción: 110
    Calorías de materia grasa: 25

Ejercicios 13: Porcentajes menos comunes

Aplica destrezas

Convierte cada porcentaje a su equivalente en decimal y en fracción.

1. 0.4%
2. 0.3%
3. 0.25%
4. 0.05%
5. 0.079%
6. 0.008%
7. $\frac{1}{5}$%
8. $\frac{7}{10}$%
9. $\frac{1}{4}$%
10. $\frac{4}{25}$%
11. $\frac{1}{8}$%
12. $\frac{1}{25}$%

Indica los números que corresponden a porcentajes menores que uno. Escribe *sí* o *no*.

13. 0.02
14. 0.0019
15. 0.0101
16. 0.7
17. 0.0009
18. 0.0088
19. $\frac{1}{50}$
20. $\frac{1}{2,500}$
21. $\frac{7}{300}$
22. $\frac{2}{300}$
23. $\frac{9}{1,000}$
24. $\frac{4}{700}$

25. Haz un modelo del 110%.
26. Convierte 925% a decimal y a número mixto.
27. Ordena de menor a mayor 25%, $\frac{1}{4}$%, 125% y 1.

Amplía conceptos

28. Liana hace prendas de bisutería con cuentas, que piensa vender en la feria escolar. Liana quiere vender cada artículo a 135% del costo de confección. Copia y completa esta tabla para hallar el precio de venta de cada artículo.

Artículo	Costo de confección	Precio de venta
Collar largo	$22.00	
Collar corto	$16.00	
Pulsera	$14.50	
Zarcillos	$9.25	

29. Durante un concurso reciente en la escuela intermedia South, se otorgaron premios al 0.4% del alumnado. Si hay 500 alumnos en la escuela, ¿cuántos recibieron premios?

30. El diámetro del Sol es de 865,500 millas y el de la Tierra es cerca del 0.9% de este número. Halla el diámetro de la Tierra.

Escritura

31. Un entrenador quiere que sus jugadores se esfuercen en un 110%. Explica lo que se entiende por 110%. ¿Es razonable que un entrenador pida un esfuerzo del 110%? Explica.

Ejercicios 14 Dámelo directamente

Aplica destrezas

Examina cada enunciado y determina si se usa correctamente el porcentaje. Explica tu respuesta.

1. El desempleo bajó un 5% en julio.

2. Yogi Berra dijo "La mitad de un partido es 90% mental".

3. Roberto regaló el 130% de su colección de estampillas.

4. Un 72% de la clase prefiere bocadillos que contienen chocolate.

5. El equipo ganó el 70% de sus partidos, perdió el 25% de los mismos y empató un 10% de sus partidos.

6. Tu estatura actual es el 0.1% de tu estatura al año de edad.

7. Las ventas de la tienda en abril fueron un 130% de las ventas en marzo.

8. El valor de la casa es el 125% de su valor hace 5 años.

9. Un 45% de los miembros de la clase tiene un hermano, un 50% tiene una hermana y un 20% no tiene ni hermanos ni hermanas.

10. En el picnic de la clase, los alumnos se comieron el 130% de las galletas preparadas por los padres.

Amplía conceptos

11. Mark y Fala reunieron datos en la hora de almuerzo para averiguar los tipos de postres más populares. Aquí se dan los resultados de los 75 alumnos que formaron la fila del almuerzo.

Tipo de postre	Porcentaje de los alumnos que compraron el postre
Galletas	24%
Helado	40%
Fruta	4%
Dulces	12%
Ninguno	20%

¿Cuántos alumnos compraron cada tipo de postre? ¿Cuántos no compraron postre?

12. La escuela intermedia North tiene 645 alumnos divididos en partes iguales en los años sexto, séptimo y octavo. En una reciente encuesta escolar, Dan notó que sólo los de octavo jugaban lacrosse. Después de leer los datos, dijo, —86 alumnos juegan lacrosse. Paula dijo, —¡Eso es imposible! 40% de los de octavo juegan lacrosse. Explica cómo ambos alumnos pueden tener la razón.

Escritura

13. En esta unidad, usaste fracciones, decimales y porcentajes. Explica la relación entre los tres y describe la ventaja de cada representación. Usa ejemplos para aclarar tu explicación.

Ejercicios 15: El otro extremo de la recta numérica

Aplica destrezas

Determina si cada frase es *verdadera* o *falsa*.

1. $4 > -2$
2. $3\frac{1}{2} < 3\frac{3}{4}$
3. $0.3 > 0.25$
4. $0 > -1$
5. $-\frac{1}{4} < -\frac{1}{2}$
6. $-5 > -4$
7. $-6.5 > -6$
8. $-107 < -106$

Usa < o > para comparar los números de cada par.

9. 37 y 42
10. -25 y -37
11. -12 y 12
12. -144 y -225
13. -512 y -550
14. -300 y -305
15. -960 y -890
16. 385 y 421

Evan y Alison juegan a "¿Quién tiene mi número?" y se leen las tarjetas uno al otro. Para cada tarjeta, determina el siguiente número.

17. Mi número es -13. ¿Tiene alguien 4 más?
18. Mi número es -21. ¿Tiene alguien 25 más?
19. Mi número es -9. ¿Tiene alguien 9 más?
20. Mi número es -14. ¿Tiene alguien 7 menos?
21. Mi número es 4. ¿Tiene alguien 17 menos?
22. Ordena de menor a mayor las respuestas a las preguntas **17 a 21**.

Amplía conceptos

Ordena de menor a mayor cada grupo de números.

23. $2, -2.5, -6.8, 6.7, 4, 0.731, -3$
24. $-\frac{1}{3}, 4, -\frac{3}{4}, \frac{7}{8}, 1, -\frac{7}{8}, -2, 5$
25. $-1\frac{2}{3}, -\frac{6}{4}, 3, 0, 4\frac{1}{5}, \frac{5}{3}, 4, -2, -1\frac{4}{5}$

Haz la conexión

26. Considera esta lista de elevaciones. Ordénalas de mayor a menor.

Lugar	Elevación (metros)
Mar Muerto, Israel	-408
Chimborazo, Ecuador	6,267
Valle de la Muerte, California	-86
Fosa Challenger, océano Pacífico	$-10,924$
Zuidplaspoldor, Holanda	-7
Fujiyama, Japón	3,776

27. Halla las elevaciones de otros tres lugares interesantes del mundo y agrégalas a la lista anterior.

Ejercicios 16: Movimientos en la recta numérica

Aplica destrezas

Para cada recta numérica escribe una ecuación de adición.

1. 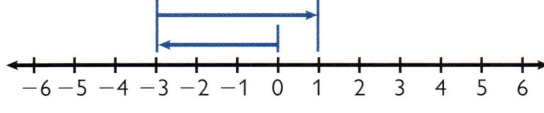
2. 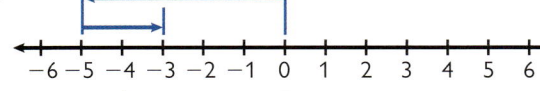
3. 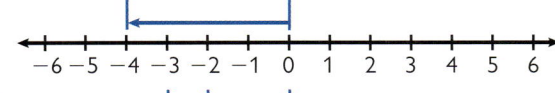
4. 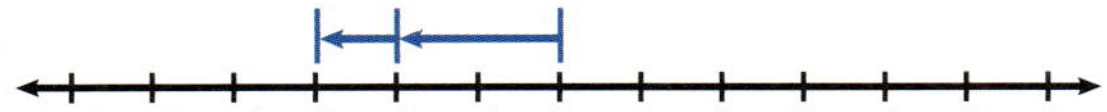
5.

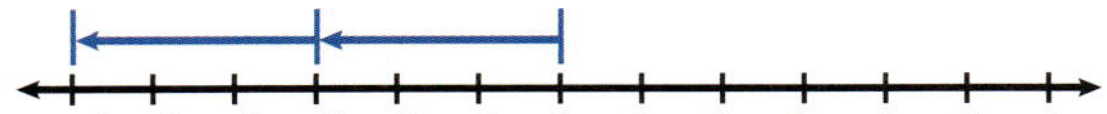

Usa una recta numérica para hallar cada suma.

6. $-4 + 7$
7. $6 + (-3)$
8. $-3 + (-2)$
9. $-2 + (-2)$
10. $1 + (-5)$
11. $-8 + 5$
12. $-5 + 5$
13. $-5 + 7$
14. $6 + (-9)$
15. $-2 + (-5)$

Amplía conceptos

Las fracciones y los decimales también tienen negativos. Usa lo aprendido para hallar cada suma.

16. $1\frac{3}{5} + (-5)$
17. $-\frac{3}{7} + (-\frac{6}{7})$
18. $5.2 + (-7.3)$
19. $-12.352 + 4.327$

Escritura

20. Contesta esta carta al Dr. Matemático.

> Estimado Dr. Matemático,
> El otro día en clase de Matemática estaba tratando de calcular -3 + 7 + (-5) + 1. Empecé trazando flechas en la recta numérica. En eso pasó mi amiga Maya y me dijo que el resultado era cero. Le pregunté cómo lo había obtenido tan rápido y me dijo que primero sumó los dos números positivos (7 + 1), obteniendo 8. Luego, sumó los números negativos (-3 + (-5)) y obtuvo -8. Dijo entonces que 8 + (-8) es cero. Pensé que estaba equivocada, pero cuando lo verifiqué en la recta numérica, el resultado fue cero. ¿Por qué está BIEN sumar los números desordenadamente?
> Firmado,
> Sumamente Confusa

17 Ejercicios — Acepta el desafío

Aplica destrezas

Margo (rosa) y Lisa (verde) juegan "El desafío del color". Para cada grupo de giros, determina quién lleva la delantera y por cuánto.

1. Suma 2 cubos verdes.
   Suma 1 cubo rosado.
   Suma 1 cubo verde.
   Suma 2 cubos rosados.

2. Suma 1 cubo verde.
   Suma 1 cubo verde.
   Suma 3 cubos rosados.
   Suma 2 cubos verdes.
   Suma 1 cubo rosado.
   Suma 2 cubos rosados.

3. Suma 2 cubos rosados.
   Suma 1 cubo rosado.
   Suma 1 cubo rosado.
   Suma 2 cubos verdes.
   Suma 1 cubo verde.
   Suma 2 cubos rosados.
   Suma 3 cubos verdes.
   Suma 1 cubo verde.

Para cada dibujo, escribe una ecuación de adición.

4.

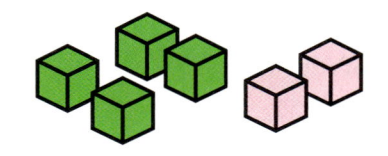

5.

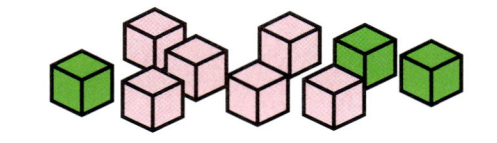

Halla cada suma mediante cubos.

6. $-2 + 6$
7. $-5 + 3$
8. $4 + (-5)$
9. $7 + (-4)$
10. $-5 + (-6)$
11. $-1 + (-8)$

Amplía conceptos

Quizá sepas que multiplicar es una forma rápida de sumar. Por ejemplo, puedes usar 4×3 para hallar $3 + 3 + 3 + 3$.

12. Considera $-3 + (-3) + (-3) + (-3)$.

    a. Traza una colección de cubos que corresponda a este problema de adición.

    b. Escribe el problema de multiplicación correspondiente y su producto.

13. Considera $-2 + (-2) + (-2) + (-2) + (-2)$.

    a. Traza una colección de cubos que corresponda a este problema de adición.

    b. Escribe el problema de multiplicación correspondiente y su producto.

14. ¿Cuánto es $4 \times (-5)$? Trata de calcular el resultado sin dibujos o cubos.

Haz la conexión

15. A fines del mes pasado, Keston tenía $1,200 en su cuenta de ahorros. En su siguiente estado de cuenta se registró un depósito de $100, un débito de $300 y otro depósito de $150. Escribe un problema de adición que corresponda a esta situación. ¿Cuánto tiene ahora en su cuenta?

Ejercicios 18 — El significado del signo

Aplica destrezas

Para cada recta numérica escribe una ecuación de sustracción.

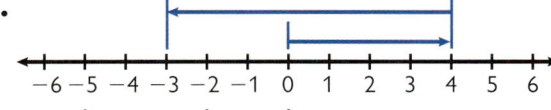

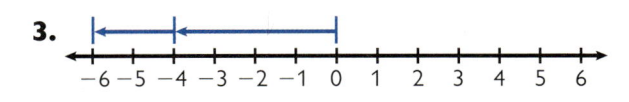

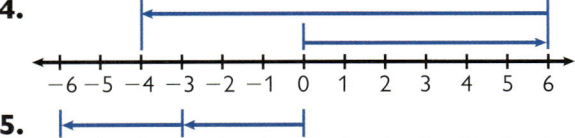

1.
2.
3.
4.
5.

Usa una recta numérica para calcular cada resta.

6. $3 - 8$
7. $-1 - 5$
8. $-3 - 2$
9. $-2 - 2$
10. $5 - 9$
11. $-2 - 9$
12. $-5 - 4$
13. $6 - 8$
14. $-7 - 8$
15. $4 - 10$

Amplía conceptos

Debes sumar y restar enteros según el orden de las operaciones. Para cada problema, dos alumnos obtuvieron respuestas distintas. Averigua cuál de los alumnos obtuvo el resultado correcto.

16. Ellen: $-3 - 7 + 1 = -11$
    Tia: $-3 - 7 + 1 = -9$

17. Robert: $4 - 3 + 6 = 7$
    Josh: $4 - 3 + 6 = -5$

18. Emma: $-2 + (-4) - 7 + (-1) = -12$
    Lucas: $-2 + (-4) - 7 + (-1) = -14$

19. HaJeong: $3 - 5 + (-3) - 1 = 0$
    Janaé: $3 - 5 + (-3) - 1 = -6$

Haz la conexión

20. Opal y Dory están conduciendo un sumergible a 200 metros bajo el nivel del mar. Para recuperar cierto equipo, deben descender 2,400 metros más. Escribe una ecuación de sustracción que describa a esta situación. ¿Cuál es la profundidad final alcanzada?

21. La temperatura era de 15°F en la tarde. Durante la noche, la temperatura bajó a 17°F. Escribe una ecuación de sustracción que corresponda a esta situación. ¿Cuál fue la temperatura en la noche?

Ejercicios 19 — El modelo del cubo

Aplica destrezas

Para cada dibujo, escribe una ecuación de sustracción.

1. 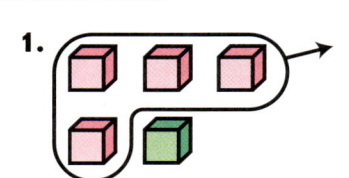
2. 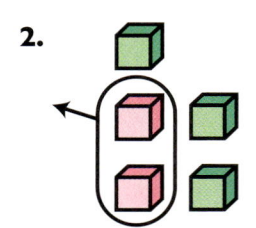
3. 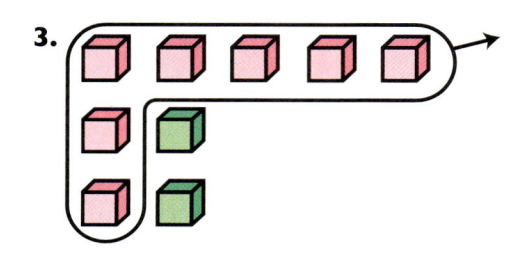
4. 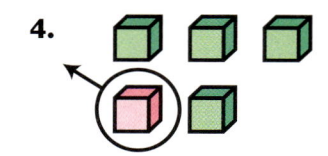
5.

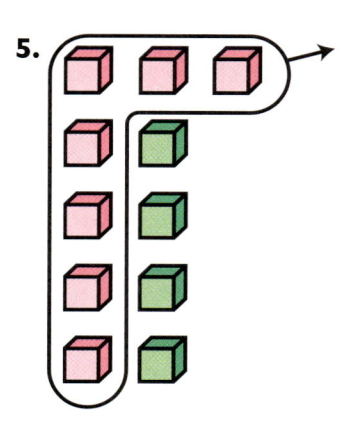

Usa cubos para hallar cada resta.

6. $-2 - 6$
7. $5 - 7$
8. $-5 - 2$
9. $4 - 7$
10. $-1 - 1$
11. $-1 - 3$
12. $6 - 9$
13. $-5 - 6$
14. $-8 - 2$
15. $8 - 9$

Amplía conceptos

Quizá hayas pensado la división $15 \div 5$ como la separación de 15 cosas en grupos de 5.

16. Supón que tienes 12 cubos negativos.
    a. Haz un dibujo donde muestres cómo los cubos pueden separarse en grupos de 3.
    b. Escribe el problema de división de esta situación.
    c. ¿Cuál es el cociente?

17. Supón que tienes 10 cubos negativos.
    a. Haz un dibujo donde muestres cómo los cubos pueden separarse en grupos de 5.
    b. Escribe el problema de división de esta situación.
    c. ¿Cuál es el cociente?

18. ¿Cuánto es $-24 \div 6$? Trata de calcular el resultado sin usar dibujos o cubos. Explica tu resultado.

Escritura

19. Usa palabras o dibujos para describir cómo usarías pares nulos para hallar $-4 - 6$.

Ejercicios 20: Escríbelo de otra forma

Aplica destrezas

Escribe cada problema de sustracción como un problema de adición y luego resuélvelo.

1. $-5 - 1$
2. $4 - 11$
3. $-2 - 7$
4. $8 - 6$
5. $-1 - 8$
6. $0 - 7$

Escribe cada problema de adición como un problema sustracción y luego resuélvelo.

7. $-4 + (-5)$
8. $8 + (-7)$
9. $3 + (-11)$
10. $-7 + (-8)$
11. $-1 + (-5)$
12. $6 + (-6)$

Halla cada suma o resta.

13. $-3 + 8$
14. $-3 - 8$
15. $-4 + (-6)$
16. $5 - 9$
17. $0 - 2$
18. $-3 + 10$

Amplía conceptos

19. Usa el patrón de sustracción que empezaste al comienzo de la lección.

    a. Extiende la lista de problemas de sustracción para incluir los siguientes:

    $4 - (-1)$
    $4 - (-2)$
    $4 - (-3)$
    $4 - (-4)$
    $4 - (-5)$

    b. Usa el patrón para hallar las soluciones de los problemas de sustracción.

    c. Copia y completa el siguiente enunciado.

    Sustraer un número negativo es lo mismo que ___?___.

Usa lo aprendido sobre el patrón para hallar cada diferencia.

20. $5 - (-3)$
21. $-3 - (-7)$
22. $-8 - (-4)$
23. $1 - (-8)$
24. $0 - (-3)$
25. $-1 - (-6)$
26. $9 - (-5)$
27. $7 - (-7)$

Haz la conexión

28. El Valle de la Muerte en California es la elevación más profunda de Estados Unidos. Está a 280 pies bajo el nivel del mar, o -280 pies de elevación. El monte McKinley en Alaska tiene la elevación más alta a unos 20,000 pies sobre el nivel del mar. Escribe un enunciado numérico en que muestres la diferencia de elevación entre el monte McKinley y el Valle de la Muerte. ¿Cuál es esta diferencia?

29. La temperatura más alta registrada en Norteamérica fue de 134°F en el Valle de la Muerte, California. La más baja que se ha registrado fue de -87°F en Northice, Groenlandia. ¿Cuál es la diferencia entre estas temperaturas?

LOS MUNDOS DE GULLIVER

¿De qué tamaño son las cosas en los mundos de Gulliver?

20 de junio de 1702

Yo, Lemuel Gulliver, comienzo aquí un diario de mis aventuras. No será un registro completo, pues por naturaleza no soy el más fiel de los escritores. Sí prometo, sin embargo, incluir todos los sucesos de interés general.

El impulso de visitar tierras extrañas y exóticas me ha acompañado desde mi juventud, cuando estudiaba medicina en Londres. Pasaba a menudo mis ratos libres aprendiendo navegación y otras ramas de las matemáticas útiles a los viajeros.

Esta primavera me embarqué en el buque Adventura bajo las órdenes del capitán John Nicholas. Me había embarcado como médico de a bordo e íbamos rumbo a Surat. Tuvimos una travesía sin novedad, hasta que pasamos por el estrecho de Madagascar, donde los vientos soplaban con fuerza, continuando así por veinte días seguidos. Nos desviamos mil quinientas millas hacia el este, más allá de lo que había navegado el marinero de a bordo de más edad.

Lemuel Gulliver

FASE UNO
Brobdingnag

El diario de Gulliver contiene claves sobre el tamaño de las cosas en Brobdingnag, una tierra de gigantes. Usando dichas claves hallarás formas de estimar el tamaño de otras cosas y luego usarás la matemática para hacer dibujos de tamaño natural de un objeto gigante. También compararás tamaños en ambas tierras. Finalmente, usarás lo que sabes sobre escalas para escribir un cuento ambientado en Brobdingnag.

FASE DOS
Lilliput

Lilliput es una tierra de gente diminuta. El diario de Gulliver y sus dibujos te permitirán aprender sobre el tamaño de las cosas en Lilliput. Compararás el sistema de medidas de Lilliput con el nuestro, para luego explorar área y volumen, mientras tratas de calcular el número de objetos liliputienses que se requieren para alimentar y alojar a Gulliver. Finalmente, escribirás un cuento ambientado en Lilliput.

FASE TRES
Tierras de lo grande y Tierras de lo pequeño

Las claves en dibujos te permitirán escribir un factor de escala que relacione los tamaños de cosas en diversas tierras a los tamaños de cosas en Nuestra Tierra. Seguirás estudiando longitud, área y volumen y su cambio al cambiar de escala. Finalmente, usarás todo lo aprendido para hacer una exposición de museo sobre una de estas tierras.

FASE UNO

29 de agosto de 1702

Hoy finalmente avistamos tierra y desembarcamos cerca de un arroyuelo.

Me había ausentado por un momento, pero, al volver hacia el lugar de desembarco, los marineros remaban frenéticamente mar adentro. Pude ver una enorme criatura que los perseguía por el agua. Sin embargo, se detuvo en un arrecife abrupto, lo cual permitió la huida de los marineros.

Esto no fue, debo confesar, de mucho alivio para mí, pues ahora me encontraba solo. Temiendo por mi vida, corrí tierra adentro. Más allá de una colina empinada, distinguí unas cañas de unos dieciocho pies de altura. Parecía que eran de trigo. Llegué a unas escaleras de piedra, pero no pude subirlas pues cada escalón tenía 6 pies de altura. Los árboles a lo largo de su orilla eran tan altos que no podría adivinar su altura.

Lemuel Gulliver

Imagina un mundo en el que todo es tan grande que pareces tan pequeño como un ratón. ¿Cómo puedes estimar el tamaño de las cosas en este mundo?

En esta fase, aprenderás a calcular un factor de escala que describa la relación entre el tamaño de las cosas. Usarás un factor de escala para hacer dibujos de tamaño natural, resolver problemas y escribir cuentos.

Brobdingnag

LA MATEMÁTICA DEL ASUNTO

Esta sección se enfocará en:

RECOPILAR DATOS
- Saca información de un cuento
- Organiza datos para hallar patrones

MEDICIÓN y ESTIMACIÓN
- Mide en pulgadas, pies y fracciones de pulgada
- Estima el tamaño de objetos grandes

ESCALA y PROPORCIÓN
- Calcula el factor de escala que describe la relación entre tamaños
- Usa el factor de escala para estimar el tamaño de objetos
- Traza dibujos a escala
- Explora el efecto del cambio de escala en el área y el volumen

Panorama matemático en línea
mathscape1.com/self_check_quiz

1 El tamaño de las cosas en Brobdingnag

CALCULA EL FACTOR DE ESCALA

¿Cuánta imaginación tienes para ver mentalmente los sucesos descritos en la anotación del diario de Gulliver? Aquí reunirás claves, sacadas del diario, sobre el tamaño de las cosas en Brobdingnag y aprenderás sobre las escalas al comparar los tamaños de las cosas en Brobdingnag con los tamaños de las cosas en Nuestra Tierra.

---

29 de agosto de 1702

No tuve un momento de descanso pues se acercaba otro monstruo. Ahora pude ver que parecía un ser humano, pero su tamaño (tan alto como un mástil) hacía que pareciese un monstruo. Asustado y confundido, retrocedí, tropezando con el corazón de una manzana que yacía como un tronco detrás de mí. Al incorporarme, el gigante empezó a segar el trigo con una gran guadaña. Con cada tranco que daba, se me acercaba unas diez yardas más y me vi en peligro de ser pisoteado o cortado en dos. Salí entonces de mi escondite y le grité para llamar su atención.

Compara tamaños para determinar el factor de escala

Un factor de escala es una razón que nos indica la relación entre los tamaños de las cosas. Por ejemplo, algunos trenes en miniatura usan un factor de escala de 20:1, lo que significa que cada parte del tren real es 20 veces tan grande como la parte correspondiente del tren en miniatura. Sigue estos pasos para calcular el factor de escala que relaciona los tamaños en Brobdingnag con los tamaños en Nuestra Tierra.

1 Haz una tabla de tres columnas. En la columna 1 se escribe el nombre de cada objeto, en la columna 2 se escribe el tamaño del objeto en Brobdingnag y en la columna 3 se escribe el tamaño del objeto correspondiente en Nuestra Tierra.

2 Llena las columnas 1 y 2 con claves halladas en el relato sobre los tamaños de los objetos en Brobdingnag. Mide o estima el tamaño posible del objeto en Nuestra Tierra e ingresa esta información en la columna 3.

3 Usa la información en tu tabla para averiguar un factor de escala que nos indique la relación entre los tamaños de las cosas en Brobdingnag y en Nuestra Tierra.

Objeto	Brobdingnag	Nuestra Tierra
Caña de trigo	Unos 18 pies	

¿Cuál sería el tamaño en Brobdingnag de un objeto de Nuestra Tierra?

¿Cómo se relacionan los tamaños de las cosas en Brobdingnag con los tamaños de las cosas en Nuestra Tierra?

palabras importantes
magnitud de escala
factor de escala

Ejercicios
página 308

LOS MUNDOS DE GULLIVER • LECCIÓN 1

2 Un **objeto de tamaño natural** en **Brobdingnag**

CAMBIOS DE ESCALA

El relato continúa con Gulliver describiendo más sucesos de su vida en Brobdingnag. En la lección anterior, averiguaste la relación entre los tamaños en Brobdingnag con tamaños en Nuestra Tierra. En esta lección, aplicarás lo aprendido para hacer un dibujo de tamaño natural de un objeto de Brobdingnag.

---

30 de agosto de 1702

Pronto fui un miembro más de la familia del gigante. Tratando de obtener una privacidad que mucho necesitaba, coloqué dos sobres grandes contra una pila de libros de 10 pies de altura. Me arrastré bajo los sobres y tuve un lugar amplio, el que me protegía de las miradas inquisitivas y me daba algo de paz. Luego hice una cama espaciosa con una agenda pequeña y, como almohada, usé una goma de borrar abandonada. Recorriendo con la mirada mi cuarto improvisado, hice un cálculo mental rápido, determinando que una hoja de cuaderno sería la frazada perfecta para mi siesta tan anticipada. Desafortunadamente, debido a su gran tamaño, el papel era como cartón y me hizo añorar la frazada de lana de mi casa.

Traza un dibujo de tamaño natural

Escoge un objeto de Nuestra Tierra lo bastante pequeño como para que quepa en tu bolsillo o en tu mano. ¿Cuál sería el tamaño de este objeto en Brobdingnag? Haz un dibujo de tamaño natural del objeto de Brobdingnag.

1 Haz el tamaño de tu dibujo lo más preciso posible. Rotula las medidas.

2 Después de terminar tu dibujo, halla una forma de verificar si tu dibujo y medidas son fidedignos.

3 Escribe una breve descripción sobre cómo determinaste el tamaño de tu dibujo y cómo verificaste que el dibujo era fidedigno.

¿Cómo puedes evaluar el tamaño de un objeto de Brobdingnag?

Estudia el efecto del cambio de escala

¿Cuántos objetos de Nuestra Tierra se requieren para cubrir totalmente el objeto de Brobdingnag? Usa tu dibujo y el objeto original de Nuestra Tierra para estudiar esta pregunta. Escribe cómo calculaste el número de objetos de Nuestra Tierra necesarios para cubrir el objeto de Brobdingnag.

palabras **importantes**
tamaño real
perímetro
razón

Ejercicios
página 309

LOS MUNDOS DE GULLIVER • LECCIÓN 2

3 ¿De qué tamaño es la "pequeña" Glumdalclitch?

ESTIMA LONGITUDES, ÁREAS Y VOLÚMENES

¿Y si Glumdalclitch visitara Nuestra Tierra? ¿Cabría en tu aula? Hacer un dibujo de la "pequeña" Glumdalclitch en nuestras propias medidas necesitaría de un montón de papel. Para tener una idea del tamaño de un objeto muy grande, a veces es más fácil estimarlo.

---

25 de noviembre de 1702

Resultó acertada mi primera impresión de la niña de la familia. Era muy dulce, de buen corazón y paciente al enseñarme su lengua. Se la consideraba pequeña para su edad, con sólo menos de cuarenta pies de estatura. Así, la llamé Glumdalclitch, que en su lengua significa "niñerita". Ella me llamó Grildrig, o "pequeño títere".

Usa la estimación para resolver problemas

Estima el tamaño del objeto de Brobdingnag. Contesta preguntas sobre la relación del tamaño del objeto de Brobdingnag con el tamaño del mismo objeto en Nuestra Tierra y explicando cómo hallaste cada respuesta.

1 ¿Cabría en el aula un colchón donde cupiese Glumdalclitch? ¿Cuánto suelo cubriría? ¿Cuántos colchones se necesitarían para cubrir la misma cantidad de suelo?

2 ¿De qué tamaño sería un cuaderno de Glumdalclitch? ¿Cuántas de nuestras hojas de cuaderno habría que pegar para hacer una hoja de su cuaderno?

3 ¿De qué tamaño crees que sea una caja de zapatos que Glumdalclitch pudiera tener? ¿Cuántas de las nuestras cabrían dentro de la suya?

4 ¿Cuántas rebanadas de nuestro pan se necesitan para hacer una rebanada lo bastante grande como para que se la coma Glumdalclitch?

¿Por qué se necesitan tantos de nuestros objetos para cubrir o llenar uno de Brobdingnag?

¿Cómo se relacionan los objetos de Nuestra Tierra con los de Brobdingnag respecto a longitud, área y volumen?

palabras importantes: área

Ejercicios
página 310

LOS MUNDOS DE GULLIVER • LECCIÓN 3

4 Cuentos en Brobdingnag

EL USO DE TAMAÑOS PRECISOS EN UN RELATO

Imagina cómo sería si visitases Brobdingnag. Ya deberías entender bien el factor de escala en Brobdingnag. Puedes usar lo que sabes para escribir tu propio relato. Verás que un pensamiento matemático correcto es importante al escribir un relato verosímil.

---

12 de junio de 1704

Mi tamaño me colocó en situaciones espantosas. Una mañana, estaba sentado junto a la ventana cuando veinte avispas gigantes entraron volando a la habitación. Algunas se llevaron el pastel que me disponía a desayunar. Otras volaban en torno a mi cabeza, confundiéndome con su ruido y amenazándome con sus aguijones. Maté a cuatro de ellas con mi espada e hice huir al resto. En otras situaciones, mi tamaño resultó ser muy útil. Por ejemplo, una vez me bajaron a un pozo en un balde para recuperar un anillo que la princesa había dejado caer sin querer. Se puso muy contenta cuando me izaron y vio su anillo tan preciado, que había asegurado en mi cabeza y cuello.

Redacta un relato usando dimensiones precisas

Escoge un lugar en Brobdingnag. Imagina cómo sería visitar dicho lugar. Descríbelo detalladamente y al menos una aventura que experimentaste allí.

1 Escribe un relato sobre Brobdingnag, que sea verosímil, usando mediciones precisas de los objetos que describas.

2 Incluye una descripción del tamaño de al menos tres objetos que están en ese lugar.

3 Escribe un título creíble, que incluya al menos una comparación de tamaño entre Brobdingnag y Nuestra Tierra.

4 Anota y verifica todas tus medidas.

¿Cómo puedes usar cambios de escala para escribir un relato sobre Brobdingnag?

Resume la matemática que se usó en el cuento

Una vez escrito tu relato, resume cómo usaste la matemática para averiguar los tamaños de las cosas en el relato. Incluye lo siguiente:

- Haz una tabla, lista o dibujo donde se muestren los tamaños de los tres objetos tanto en Brobdingnag como en Nuestra Tierra.

- Explica cómo usaste escalas, estimaciones y medidas para averiguar los tamaños de estos objetos.

palabras **importantes**: medida lineal, dibujo a escala

Ejercicios página 311

LOS MUNDOS DE GULLIVER • LECCIÓN 4

FASE DOS

5 de agosto de 1706

Condenado por naturaleza y fortuna a una vida inquieta, me enlisté en el Antílope, un buque mercante.

Había pasado un largo rato en cubierta hasta que se desencadenó una tormenta.

La tormenta empeoraba cada vez más. El buque se hundió en un arrecife y me vi separado de la tripulación. La marea me llevó hacia la costa. Caí fatigado sobre el pasto más mullido y corto que haya visto. Pero antes de examinarlo detenidamente, me dormí profundamente.

Al despertar, me hallé fuertemente sujeto de brazos y piernas al suelo. Incluso mis cabellos estaban atados. Mi frustración se convirtió en sorpresa cuando vi a quienes me habían hecho esto. Cientos de ellos estaban desperdigados a mi alrededor. Todos parecían seres humanos, salvo por un detalle: no medían más de 6 pulgadas de estatura.

Lemuel Gulliver

De pronto, te hallas en un mundo donde todo es diminuto. Tienes que mirar dónde pones el pie, para no dañar a la gente o destruir sus casas. Esta tierra es Lilliput.

En esta fase, usarás factores de escala que empequeñecen las cosas. Compararás las diversas formas de medir objetos en pulgadas y pies, centímetros y metros y las unidades de medida que se usan en Lilliput.

Lilliput

LA MATEMÁTICA DEL ASUNTO

Esta sección se enfocará en:

RECOPILAR DATOS

- Saca información de cuentos y dibujos
- Organiza datos para hallar patrones

MEDICIÓN y ESTIMACIÓN

- Mide precisamente con fracciones
- Compara los sistemas de medidas tradicional de EE.UU. y el métrico
- Estima el tamaño de objetos
- Estudia las medidas de área y volumen

ESCALA y PROPORCIÓN

- Usa un factor de escala que reduce el tamaño de los objetos
- Usa el factor de escala para estimar el tamaño de los objetos y hacer una maqueta
- Estudia el efecto del cambio de escala en el área y el volumen

Panorama matemático en línea
mathscape1.com/self_check_quiz

LOS MUNDOS DE GULLIVER

5 Medidas de los liliputienses

DETERMINA UN FACTOR DE ESCALA MENOR QUE UNO

Gulliver se cae por la borda durante una tormenta y despierta en una tierra nueva. Es capturado por el pueblo diminuto de Lilliput. ¿Cuál es la relación entre los tamaños de las cosas en Lilliput con los de Nuestra Tierra? Las claves del diario te permitirán averiguar cuán pequeñas son las cosas en Lilliput.

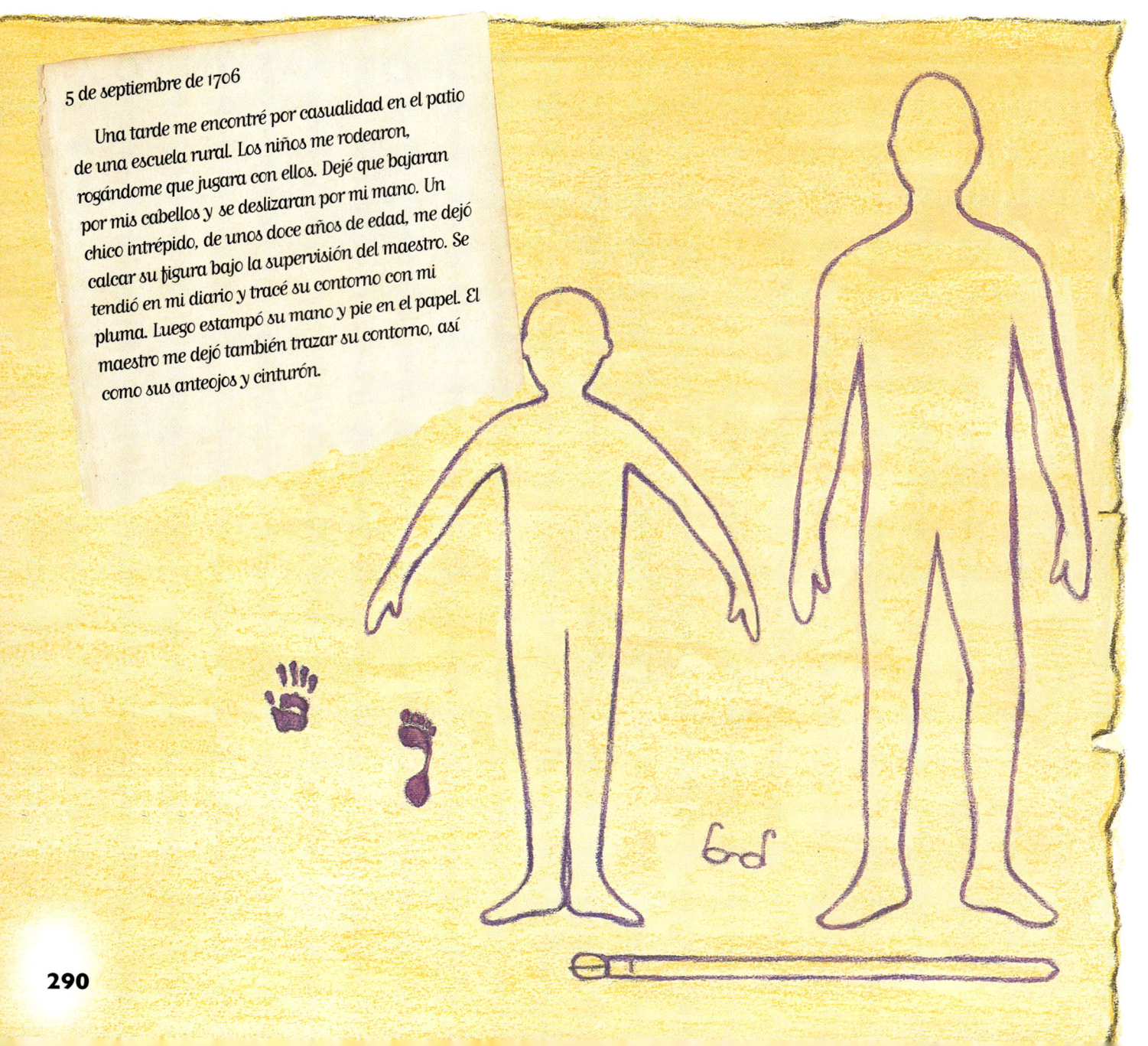

5 de septiembre de 1706

Una tarde me encontré por casualidad en el patio de una escuela rural. Los niños me rodearon, rogándome que jugara con ellos. Dejé que bajaran por mis cabellos y se deslizaran por mi mano. Un chico intrépido, de unos doce años de edad, me dejó calcar su figura bajo la supervisión del maestro. Se tendió en mi diario y tracé su contorno con mi pluma. Luego estampó su mano y pie en el papel. El maestro me dejó también trazar su contorno, así como sus anteojos y cinturón.

290

Crea una tabla para comparar tamaños

Haz una tabla de tres columnas. En la columna 1 se escribe el nombre de un objeto, en la columna 2 se escribe el tamaño del objeto en Lilliput y en la columna 3 se escribe el tamaño del objeto correspondiente en Nuestra Tierra.

¿Cómo se relacionan los tamaños de las cosas en Lilliput con los tamaños de las cosas en Nuestra Tierra?

1 Usa las palabras y los dibujos del relato para anotar en la tabla el nombre de los objetos y sus medidas liliputienses. Mide o estima el tamaño del mismo objeto en Nuestra Tierra.

2 Usa la información en la escala de tu tabla para calcular el factor de escala que muestre la relación entre los tamaños en Lilliput y los de Nuestra Tierra.

3 Estima o mide los tamaños de unos cuantos objetos más de Nuestra Tierra y agrégalos, junto con sus medidas en Nuestra Tierra, a la tabla. Halla el tamaño de cada objeto en Lilliput y añade esta información a la tabla.

¿Crees que el alumno liliputiense del dibujo es alto, bajo o de estatura media en la clase de sexto año en Lilliput?

Escribe sobre estrategias de estimación

Escribe sobre lo que hiciste y aprendiste al estudiar los tamaños de las cosas en Lilliput.

- Describe las estrategias de medida y estimación que usaste para hallar los tamaños de las cosas en Nuestra Tierra y en Lilliput. Indica cómo usaste el factor de escala para completar la tabla.

- ¿Qué descubriste sobre el cálculo del tamaño medio de un objeto?

palabras importantes
media
mediana
moda

Ejercicios
Página 312

LOS MUNDOS DE GULLIVER • LECCIÓN 5

6 Glum-gluffs y Mum-gluffs

USA MEDIDAS NO ESTÁNDARES

El mismo objeto se puede medir en diversas unidades de medida. Las pulgadas y pies son unidades del sistema tradicional de medidas de EE.UU. Los centímetros y metros son unidades del sistema métrico. ¿Cuál es la relación entre estas unidades y las que se usan en Lilliput?

5 de octubre de 1706

Durante la cena, el rey y la reina me contaron historias sobre su país y su gente y yo les conté las mías. El rey halló difícil de creer que él, uno de los hombres más altos de su tierra, en mi país no sería mayor que un muñeco de juguete. Me dijo que medía $8\frac{1}{2}$ glum-gluffs de estatura y que la reina tenía una estatura de 6 glum-gluffs. Cuando inquirí lo que era un glum-gluff, el rey me dijo que era $\frac{1}{20}$ de un mum-gluff. Luego, accedió amablemente a que su senescal marcara el largo de 1 glum-gluff en mi diario.

———— 1 glum-gluff

292

Mide un objeto en distintos sistemas

Escoge un objeto que hayas agregado a la tabla de tamaños de Lilliput que hiciste en la Lección 5.

1 Usa las medidas anotadas en la tabla para hacer un dibujo fidedigno y de tamaño natural del objeto en Lilliput.

2 Usa una regla métrica para medir el dibujo en unidades métricas (centímetros) y anótalas en el dibujo.

3 Calcula las medidas del dibujo en las unidades liliputienses de glum-gluffs y anótalas en el dibujo.

4 Compara el objeto del dibujo con cualquier objeto de Nuestra Tierra que tenga aproximadamente el mismo tamaño. Escribe en el dibujo el nombre del objeto de Nuestra Tierra.

¿Cómo se comparan las unidades usadas en sistemas de medidas distintos?

Compara sistemas de medida

Escríbeles una carta al rey y la reina de Lilliput. Compara los sistemas de medida de Nuestra Tierra y de Lilliput, asegurándote de contestar estas preguntas:

- ¿Cuándo preferirías usar el sistema tradicional de medidas de EE.UU.? ¿Cuándo preferirías usar el sistema métrico?

- ¿Preferirías usar alguna vez glum-gluffs y mum-gluffs? ¿Por qué?

- Supón que los liliputienses piensan a adoptar uno de nuestros sistemas de medida. ¿Cuál les recomendarías? ¿Por qué?

palabras **importantes**
medida estándar
unidades de medida

Ejercicios
página 313

LOS MUNDOS DE GULLIVER • LECCIÓN 6

7 Alojamiento y alimentación de Gulliver

RESUELVE PROBLEMAS DE ÁREA Y VOLUMEN

Las necesidades de alimento y refugio de Gulliver presentan problemas interesantes en Lilliput. Tiene que ver con área y volumen. En la fase anterior, resolviste problemas en una dimensión. Ahora extenderás tu trabajo con el factor de escala liliputiense para tratar problemas en dos y tres dimensiones.

---

7 de abril de 1707

Aun cuando traté de seguir sirviendo a Lilliput durante los meses de invierno, en algunas cosas no podía dejar de ser una carga. Trescientos sastres habían trabajado muchos días para confeccionarme ropas que reemplazaran mis andrajos de náufrago. Mi cama tampoco era algo de poca monta. Se requirió apilar muchos de sus colchones y, aun así, mi cama no era cómoda, pues a menudo tenía un sueño agitado.

La preocupación mayor era mi alimentación. La preparación de mis alimentos mantenía ocupados diariamente a 400 cocineros. A mi nombre, cada pueblo enviaba tres novillos y cuarenta ovejas cada mañana. Además, perdí la cuenta de las rebanadas de pan y jarras de sidra que se requerían para saciar mi apetito.

Estima para resolver problemas de área y volumen

Estima cuántos de los objetos liliputienses necesita Gulliver y luego haz un modelo de tamaño liliputiense de uno de los cuatro objetos.

1 ¿Cuántos colchones liliputienses necesitaría Gulliver para hacer una cama? ¿Cómo los podría disponer para hacer una cama confortable?

2 ¿Cuántas hojas de papel liliputiense habría que pegar para hacerle una hoja de papel a Gulliver?

3 Gulliver come dos panes a la semana. ¿Cuántos panes liliputienses necesitaría Gulliver cada semana?

4 Gulliver bebe 3 tazas de leche al día. ¿Cuántos cuartos de leche liliputienses necesitaría Gulliver al día?

¿Cómo puedes usar la estimación para resolver problemas en dos y tres dimensiones?

Usa modelos para verificar estimaciones

Describe por escrito cómo podrías usar tu modelo de tamaño liliputiense para verificar estimaciones. Incluye un bosquejo con medidas en el que muestres tu forma de pensar.

palabras **importantes** | volumen

Ejercicios
página 314

LOS MUNDOS DE GULLIVER • LECCIÓN 7

8 Con los ojos de un liliputiense

DESCRIBE ÁREA Y VOLUMEN

Imagina que estás en Lilliput. ¿Qué objetos llevarías contigo? ¿Cómo describirían los liliputienses estos objetos? Usarás lo aprendido sobre escalas en una, dos y tres dimensiones, al escribir un relato describiendo tus propias aventuras en Lilliput.

Contenido de los bolsillos de Gulliver:

1. Un gran retazo de tela burda, lo bastante grande como para alfombrar la sala principal de gobierno de Su Majestad
2. Un gran fondo de objetos delgados y blancos, doblados unos sobre otros, de unos tres hombres de espesor, atados con un cable fuerte y adornados con figuras negras, cada letra del cual es casi la mitad tan grande como las palmas de nuestras manos
3. Un poste largo de cuyo dorso se extienden 20 postes más cortos, parecidos a las rejas de palacio
4. Varios artículos redondos y llanos de metal amarillo y argentino, de diversos tamaños, algunos tan grandes y pesados que mi compañero y yo a duras penas los podíamos levantar
5. Una especie de máquina prodigiosa en forma de globo, parte plata y parte metal transparente, de sonido fuerte como el de un molino de agua, sujeta a una gran cadena de plata

Redacta un relato usando medidas tridimensionales

Escribe un relato verosímil usando medidas tridimensionales. Tendrás que calcular el largo, ancho y alto correctos de los objetos que describas.

¿Cómo puedes describir un mundo liliputiense tridimensional?

1. Imagina un lugar en Lilliput y describe al menos una aventura que podrías vivir ahí.

2. Describe las medidas de al menos tres objetos del lugar. Para comparar, podrías incluir un objeto de Nuestra Tierra.

3. Incluye una conversación con un liliputiense en la que se comparen los tamaños de los objetos del relato con los mismos objetos en Nuestra Tierra.

4. Anota y verifica todas tus medidas.

Describe estrategias del cambio de escala

Resume cómo determinaste el largo, ancho y alto de los tres objetos descritos en tu relato.

- Haz una tabla, lista o dibujo donde se muestre el largo, ancho y alto de cada objeto en Nuestra Tierra y en Lilliput.

- Explica los métodos que usaste para estimar la medida de cada objeto. Muestra cómo cambiaste su escala usando el factor de escala.

palabras **importantes** | escala
sistema métrico

Ejercicios
página 315

LOS MUNDOS DE GULLIVER • LECCIÓN 8

FASE TRES

13 de septiembre de 1708

Ya han pasado algunos meses desde la publicación de mi diario. La noticia de mis viajes ha causado una respuesta mayor de lo que esperaba. Debo confesar además un cierto placer de las atenciones que me ha brindado mi editor. Ha dicho que está muy satisfecho con las ventas y atribuye el éxito tanto a mi carácter como a mis dotes de escritor.

Aunque no lo preví, he recibido recientemente muchas cartas de mis lectores. Dibujos y cartas han llegado de países cercanos—Francia, España y Holanda—así como de tierras más lejanas. Es mi sueño que algún día todos mis tesoros y aventuras sean compartidos con el público como parte de una exposición espléndida pero, ¡ay!, me temo que no lo verán mis ojos.

Su amigo,

Lemuel Gulliver

Bienvenidos a la cena de VILLAGRANDE

Imagina que estás encargado de una exposición especial sobre los *Mundos de Gulliver*. ¿Cómo mostrarías los tamaños de las diversas tierras que visitó? En esta fase final, estudiarás relaciones de tamaño en diversas tierras, grandes y pequeñas. Hallarás formas de mostrar la comparación de tamaños respecto a longitud, área y volumen. Finalmente, tu clase hará maquetas de tamaño natural de objetos de uno de los *Mundos de Gulliver*.

Tierras de lo grande y Tierras de lo pequeño

LA MATEMÁTICA DEL ASUNTO

Esta sección se enfocará en:

RECOPILAR DATOS
- Recoge información de dibujos
- Construye muestras visuales para mostrar relaciones de tamaño

MEDIR y ESTIMAR
- Mideprecisamente con fracciones
- Estudia medidas de área y volumen

ESCALA y PROPORCIÓN
- Calcula factores de escala que describen relaciones entre tamaños
- Amplía y reduce el tamaño de objetos según factores de escala
- Traza dibujos bidimensionales a escala
- Crea un modelo a escala tridimensional
- Estudia los efectos del cambio de escala en el área y en el volumen

Panorama matemático en línea
mathscape1.com/self_check_quiz

9 Tierras de lo grande

REPRESENTACIÓN DE RELACIONES DE TAMAÑO

El museo de Nuestra Tierra necesita maquetas para comparar los tamaños de objetos de las Tierras de lo grande con los de Nuestra Tierra. ¿Puedes calcular el factor de escala para cada Tierra de lo grande? ¿Puedes hallar una forma de mostrar las relaciones de tamaño entre las diversas tierras?

¿De qué tamaño es una cara de tamaño natural en cada una de las Tierras de lo grande?

Estudia las proporciones de las caras

Para calcular el factor de escala en las fotos, compara los objetos en ellas. El objeto más pequeño procede siempre de Nuestra Tierra. Cuando hayas terminado, verifica que tu factor de escala está bien antes de empezar este estudio en grupo.

1 En grupo, escojan una de las Tierras de lo grande. Cada miembro del grupo debe dibujar un rasgo distinto de una cara de la tierra escogida.

2 En grupo, dispongan los rasgos para obtener una cara real. Verifiquen que las medidas y los rasgos sigan las proporciones. Trabajen juntos en el trazado del bosquejo de la cara.

¿Cuál sería la estatura de una persona en la Tierra de lo grande escogida?

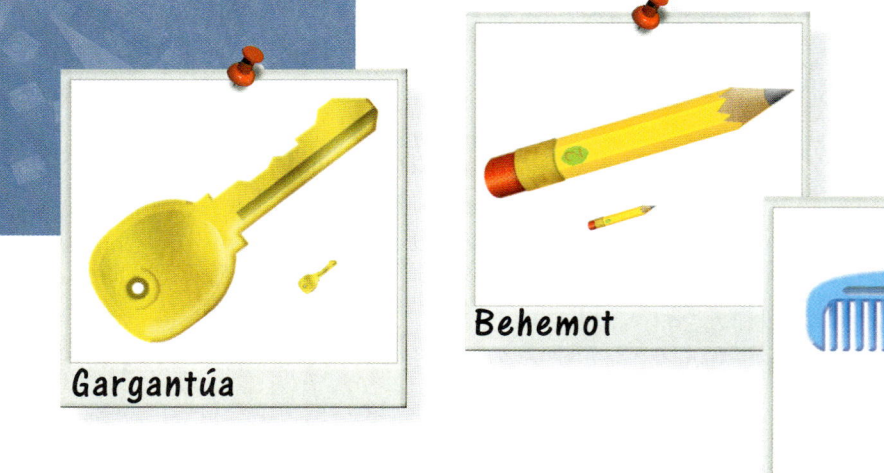

Gargantúa

Behemot

Granescala

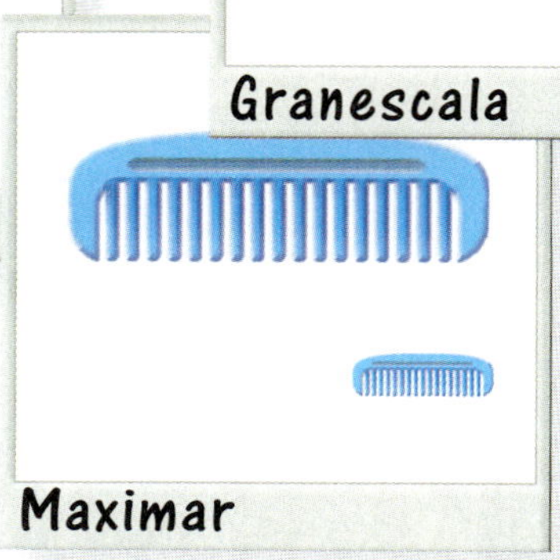

Maximar

Representa relaciones de tamaño

Usa el dibujo a escala de una cara de Nuestra Tierra, en esta página, para trazar un dibujo a escala simple de una cara en cada una de las Tierras de lo grande. Dispón tus dibujos en una muestra visual donde se muestren las relaciones de tamaño.

¿Cómo se comparan en tamaño las cosas de las Tierras de lo grande con las de Nuestra Tierra?

1. Mide el dibujo a escala de la cara de Nuestra Tierra.

2. Usa los factores de escala de las Tierras de lo grande para trazar un dibujo a escala de una cara en cada una de dichas tierras. No hay que trazar los rasgos.

3. Junto a cada dibujo anota el nombre de la tierra y su factor de escala con respecto a Nuestra Tierra.

4. Dispón los dibujos en una muestra visual de relaciones de tamaño que comparen los tamaños de las caras de las diversas tierras y que muestre cómo están relacionadas.

Describe un factor de escala para Brobdingnag

Compara los tamaños de las cosas en cada una de las Tierras de lo grande con los tamaños de las cosas en Brobdingnag y usa esto para explicar cómo el factor de escala especifica las relaciones de tamaño.

- Calcula el factor de escala de cada tierra respecto a Brobdingnag, anotándolo junto al dibujo a escala de dicha tierra.

- Describe por escrito cómo calculaste el factor de escala e indica por qué es distinto del factor de escala de Nuestra Tierra.

palabras importantes: gráfica pictórica

Ejercicios página 316

LOS MUNDOS DE GULLIVER • LESSON 9

10 Tierras de lo pequeño

PREDICE LA MAGNITUD DE ESCALA

¿Puedes hallar los errores en los dibujos de las Tierras de lo pequeño? Aquí corregirás los dibujos a escala y harás una tabla que pueda usarse para hallar el tamaño de un objeto cualquiera en una Tierra de lo pequeño.

Compara objetos en las Tierras de lo pequeño

¿Cómo se comparan en tamaño las cosas de las Tierras de lo pequeño con las de Nuestra Tierra?

Mide cada par de dibujos a escala en esta página. El objeto más grande procede siempre de Nuestra Tierra. ¿Corresponde la relación de tamaño de cada objeto de la Tierra de lo pequeño al factor de escala bajo él?

1. En grupo, escojan un objeto de Nuestra Tierra del aula. Dibuja el objeto en una hoja de papel.

2. Usa cada uno de los siguientes cuatro factores de escala para hacer un dibujo del objeto. ¿Cuáles de los dibujos a escala crees que no están bien?

Aldehuela 2:3 (.67:1)

Micrópolus 3:8 (.375:1)

Cuartodevilla 1:4 (.25:1)

Dimucia 1:6 (.167:1)

302 LOS MUNDOS DE GULLIVER • LECCIÓN 10

Crea una tabla para mostrar relaciones de tamaño

Haz una tabla donde se compare el tamaño de los objetos en las Tierras de lo pequeño con los de Nuestra Tierra. Anota el tamaño de un objeto en otras tierras, si conoces su tamaño en Nuestra Tierra.

¿Cómo puedes mostrar relaciones de tamaño de las cosas en tierras diversas?

1 Anota los nombres de las Tierras de lo pequeño en la parte superior de cada columna. Anota las medidas en Nuestra Tierra (100 pulgadas, 75 pulgadas, 50 pulgadas, 25 pulgadas, 10 pulgadas) en la columna: Nuestra Tierra.

2 Para cada una de las medidas de Nuestra Tierra, estima el tamaño de un objeto en las Tierras de lo pequeño. Anota las medidas de las Tierras de lo pequeño en la columna correspondiente.

3 Halla una forma de usar los dibujos a escala de tu grupo para verificar si la tabla está bien.

Nuestra tierra	Lilliput	Dimucia	Cuartodevilla	Micrópolus	Aldehuela
100 pulgadas					
75 pulgadas					
50 pulgadas					
25 pulgadas					
10 pulgadas					

Escribe una guía para el uso de la tabla

Explica cómo puedes usar la tabla para responder cada pregunta.

- Si un objeto mide 80 pulgadas en Nuestra Tierra, ¿cuánto mide en cada una de las otras tierras?

- Si un objeto mide 5 pulgadas en Lilliput, ¿cuánto mide en Nuestra Tierra?

- Si un objeto mide 25 pulgadas en Aldehuela, ¿cuánto mide en cada una de las otras tierras?

palabras importantes: gráfica coordenada

Ejercicios
página 317

LOS MUNDOS DE GULLIVER • LECCIÓN 10

11 Los Mundos de Gulliver al cubo

CAMBIOS DE ESCALA EN UNA, DOS Y TRES DIMENSIONES

La exposición en grupo de los *Mundos de Gulliver* necesita un toque final. Hay que mostrar los efectos del cambio de escala en el área y en el volumen. ¿Cómo se ven afectados la longitud, el área y el volumen si se cambia la escala de algo? ¿Puedes hacer una muestra visual que permita a los visitantes entender esto?

Estudia los tamaños de cubos en diversas tierras

¿Cómo afectan los cambios de escala a las medidas de longitud, área y volumen?

Usa la información de esta página para hallar una forma de usar los cubos de Nuestra Tierra para construir un cubo según los factores de escala 2:1, 3:1 y 4:1.

1 Anota el número de cubos de Nuestra Tierra que componen cada cubo grande.

2 Estima el número de cubos que hay que usar para hacer un cubo en Brobdingnag (factor de escala = 12:1).

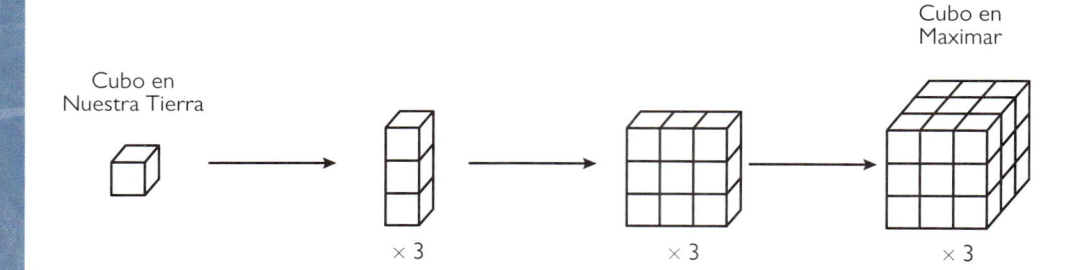

Cubo en Nuestra Tierra → ×3 → ×3 → ×3 Cubo en Maximar

Tarjeta de comentario

Museo de Nuestra Tierra

Si Maximar es 3 veces más grande que Nuestra Tierra, ¿por qué se necesitan más de 3 cubos de Nuestra Tierra para hacer un cubo en Maximar?

Recoge datos de dos y tres dimensiones

Usa tus cubos para recoger información sobre el tamaño.

1 Organiza la información para contestar estas preguntas:

a. ¿Cuál es el factor de escala del cubo?

b. ¿Cuál es la altura en cubos de Nuestra Tierra de una arista de este cubo?

c. ¿Cuántos cubos de Nuestra Tierra se necesitan para cubrir totalmente una cara de este cubo?

d. ¿Cuántos cubos de Nuestra Tierra se necesitan para llenar totalmente este cubo?

¿Cómo puedes estimar lo que cambiará cada medida, al cambiar de escala?

Factor de escala	¿Cuántos cubos de largo mide una arista? (longitud)	¿Cuántos cubos cubren una cara? (área)	¿Cuántos cubos llenan el cubo? (volumen)
2:1			
3:1			
4:1			
5:1			
10:1			
25:1			

2 Halla una regla para estimar el tamaño de un cubo en cada uno de estos factores de escala y luego añade la información a tu tabla:

2.5:1   6:1   20:1   100:1

Escribe sobre la escala, el área y el volumen

Escribe las reglas que usaste para completar tu tabla. Asegúrate de que tus reglas funcionen con cualquier factor de escala.

1 Explica cómo funcionan tus reglas.

2 Haz un diagrama donde ilustres el uso de las reglas para estimar:

a. La longitud de la arista de un cubo

b. El área de la cara de un cubo

c. El volumen de un cubo

palabras importantes: exponente, centímetro cúbico

Ejercicios página 318

LOS MUNDOS DE GULLIVER • LECCIÓN 11

12 Entra a los Mundos de Gulliver

PROYECTO FINAL

Una maqueta de tamaño natural, con la escala y proporciones correctas, puede hacerte sentir que estás en otro mundo. Prestarás tu ayuda al museo de Nuestra Tierra para construir una maqueta de tamaño natural de una de las tierras de los *Mundos de Gulliver*. La meta es que los visitantes se relacionen con tu maqueta.

¿Cómo sería entrar a una de las tierras de los *Mundos de Gulliver*?

Construye una muestra visual usando dimensiones precisas

Escoge una de las tierras de los *Mundos de Gulliver*. Idea una muestra visual y un tour que compare los tamaños de las cosas en dicha tierra con los de Nuestra Tierra.

1. Construye al menos tres objetos en una, dos o tres dimensiones para la muestra visual.
2. Escribe una gira breve donde describas las medidas de los objetos en la muestra visual y compáralos con los tamaños en Nuestra Tierra. Indica y rotula las áreas y volúmenes de los objetos.
3. Halla una forma en que los visitantes se relacionen con la muestra visual.
4. Para que los visitantes tengan una idea de la magnitud de la tierra, incluye lo que redactaste en lecciones anteriores así como las tablas.

Apertura de la exposición Gulliver en nuestro museo
por Jonathan Swift
Corresponsal de Nuestra Tierra

La exposición de los Mundos de Gulliver es un viaje fascinante a tierras nuevas. Desde que entré, donde me recibió una enorme sonrisa de una cara de Brobdingnag, hasta los dibujos a escala exquisitamente trazados de la galería de las tierras de lo pequeño, la exposición le demostró a este reportero cómo sería vivir en los mundos que exploró Gulliver, como dejó constancia hace cientos de años en su famoso diario.

306 LOS MUNDOS DE GULLIVER • LECCIÓN 12

Evalúa una muestra visual

Vas a examinar la muestra visual y presentación de un compañero. Mientras lo haces, anota el factor de escala y tantas medidas como te sea posible. Usa estas preguntas para ayudarte a escribir tu evaluación:

1. ¿Qué partes de la muestra visual parecen de tamaño natural?
2. ¿Cómo verificaste que los tamaños de los objetos estaban bien?
3. ¿Cómo se describen en la presentación las medidas lineales, de área y de volumen?
4. ¿Cómo se comparan en la presentación los tamaños con los de Nuestra Tierra?
5. ¿Qué añadirías o cambiarías para hacer que la muestra visual fuese más verosímil?

¿Cómo evaluarías tu propia muestra visual?

palabras **importantes**: bidimensional, tridimensional

Ejercicios página 319

LOS MUNDOS DE GULLIVER • LECCIÓN 12

Ejercicios 1
El tamaño de las cosas en Brobdingnag

Aplica destrezas

Completa la tabla con las estaturas faltantes.

	Nombre	Estatura (pulgadas)	Estatura (pies y pulgadas)	Estatura (pies)
	Marla	49"	4'1"	$4\frac{1}{12}'$
1.	Scott	56"		
2.	Jessica		4'7"	
3.	Shoshana	63"		
4.	Jamal	54"		
5.	Louise		4'11"	
6.	Kelvin	58"		
7.	Keisha		5'2"	
8.	Jeffrey		4'2"	

9. Ordena los nombres de la estatura mayor a la menor.

10. El factor de escala de Gigantelandia a Nuestra Tierra es de 11:1, o sea, el tamaño de un objeto en Gigantelandia es 11 veces el tamaño del mismo objeto en Nuestra Tierra. Calcula el tamaño en Gigantelandia de estos objetos de Nuestra Tierra:

   a. un árbol de 9 pies de altura
   b. un hombre de 6 pies de estatura
   c. una foto de 7 pulg de ancho y 5 de alto

11. El factor de escala de Macrópolis a Nuestra Tierra es de 5:1, o sea, el tamaño de un objeto en Macrópolis es 5 veces el tamaño del mismo objeto en Nuestra Tierra. Calcula el tamaño en Macrópolis de los objetos del punto **10**.

Amplía conceptos

12. Duane hizo una jugada increíble en el partido de fútbol americano de la noche del viernes.

   Examina el diagrama y da la distancia de la jugada en:

   a. yardas   **b.** pies   **c.** pulgadas

   G 10 20 30 40 50 40 30 20 10 G

   G 10 20 30 40 50 40 30 20 10 G

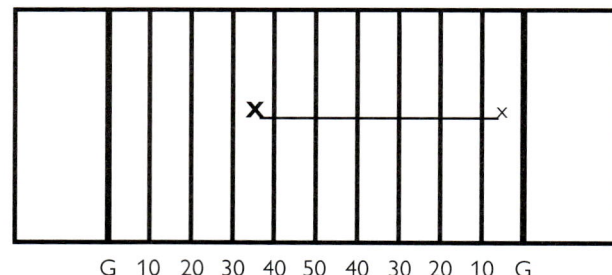

   AYUDA: La distancia entre las líneas de gol es de 100 yardas.

Haz la conexión

13. Contesta esta carta al Dr. Matemático:

   Estimado Dr. Matemático,
   Hoy en la clase de ciencias usamos microscopios, de lentes 10×, 50× y 100×. Creo que hay una forma en que un factor de escala se aplica a lo que veo y al tamaño natural. ¿Es cierto? Si lo es, ¿podría explicármelo por favor?
   Ojo Loco

Ejercicios 2

Un objeto de tamaño natural en Brobdingnag

Aplica destrezas

Reduce estas fracciones.

1. $\frac{21}{49}$
2. $\frac{33}{126}$
3. $\frac{54}{81}$
4. $\frac{28}{48}$
5. $\frac{15}{75}$
6. $\frac{10}{18}$
7. $\frac{126}{252}$
8. $\frac{8}{24}$
9. $\frac{16}{12}$
10. $\frac{64}{6}$

Sigue las instrucciones para describir cada relación de una manera distinta.

11. Escribe $\frac{10}{1}$ como razón.
12. Escribe 4:1 como fracción.
13. Escribe "2 a 1" como fracción.
14. Escribe 6:1 en palabras.
15. Escribe $\frac{8}{1}$ como razón.

Amplía conceptos

16. Una brizna de pasto en una muestra visual gigante mide $4\frac{2}{3}$ pies de altura. La brizna de pasto en tu patio mide 4 pulgadas de altura. ¿Cuál es el factor de escala?

17. El factor de escala de Vastilandia a Nuestra Tierra es de 20:1. El tamaño de un objeto en Vastilandia es 20 veces el tamaño del mismo objeto en Nuestra Tierra. Calcula el tamaño en Vastilandia de estos objetos de Nuestra Tierra:

   a. un auto de $4\frac{1}{2}$ pies de alto y de 8 pies de largo

   b. un edificio de 23 yardas de altura y 40 pies de largo

   c. una hoja de papel de $8\frac{1}{2}$ pulgadas de ancho y 11 pulgadas de largo

Haz la conexión

18. La clase de ciencias hará modelos de insectos mayores que su tamaño natural. Empezarán con la hormiga. La reina que considerarán es de $\frac{1}{2}$ pulgada de largo. El modelo que harán de ella será de 5 pies de largo. El Sr. Estes también quiere que hagan un modelo de una mariquita. Tasha encontró una mariquita de $\frac{1}{8}$ de pulgada de largo.

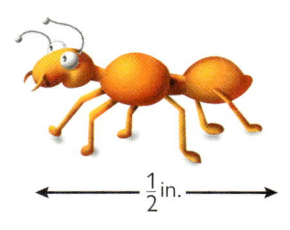

   a. ¿Cuál es el factor de escala del modelo de la hormiga?

   b. ¿Cuál será el tamaño de la mariquita si se usa el mismo factor de escala?

LOS MUNDOS DE GULLIVER • EJERCICIOS 2

Ejercicios 3: ¿De qué tamaño es la "pequeña" Glumdalclitch?

Aplica destrezas

Reduce estas fracciones.

1. $\frac{25}{75}$
2. $\frac{69}{23}$
3. $\frac{1,176}{21}$
4. $\frac{16}{4}$
5. $\frac{36}{30}$
6. $\frac{49}{14}$
7. $\frac{24}{3}$
8. $\frac{54}{18}$
9. $\frac{8}{12}$

Para mostrar una relación de tamaño, convierte estas fracciones a unidades iguales y reduce cada una. Ve si puedes convertir cada fracción en un factor de escala.

10. $\frac{3 \text{ pulg}}{4 \text{ pies}}$
11. $\frac{8 \text{ pulg}}{2 \text{ yd}}$
12. $\frac{440 \text{ yd}}{\frac{1}{2} \text{ mi}}$
13. $\frac{18 \text{ pulg}}{1 \text{ yd}}$
14. $\frac{2 \text{ yd}}{12 \text{ pies}}$

Amplía conceptos

15. Alí está escribiendo un guión para una película en la que los alienígenas, que son 3 veces el tamaño de los seres humanos (3:1), van a introducir el fútbol americano a su planeta de origen. AYUDA: En una cancha reglamentaria de fútbol americano, la distancia entre las líneas de gol es de 100 yardas.

    a. ¿Cuál es el largo en yardas de la cancha alienígena?

    b. ¿Cuál es el largo en pulgadas de la cancha alienígena?

    c. ¿Cuál es el largo en pies de la cancha alienígena?

16. El factor de escala de Jumbolia a Nuestra Tierra es de 17:1, o sea, el tamaño de un objeto en Jumbolia es 17 veces el tamaño del mismo objeto en Nuestra Tierra. Calcula el tamaño en Jumbolia de estos objetos de Nuestra Tierra:

    a. una radio de $4\frac{1}{2}$ pulgadas de alto, 8 pulgadas de largo y $3\frac{1}{2}$ pulgadas de ancho

    b. una alfombra de $6\frac{1}{2}$ pies de ancho y $9\frac{3}{2}$ pies de largo

    c. un pupitre de $2\frac{1}{3}$ pies de alto, 3 pies de largo y $2\frac{1}{2}$ pies de ancho

Haz la conexión

17. Calcula el factor de escala de este mapa, midiendo las distancias con una regla. La distancia entre la biblioteca y la escuela es de $2\frac{1}{2}$ millas.

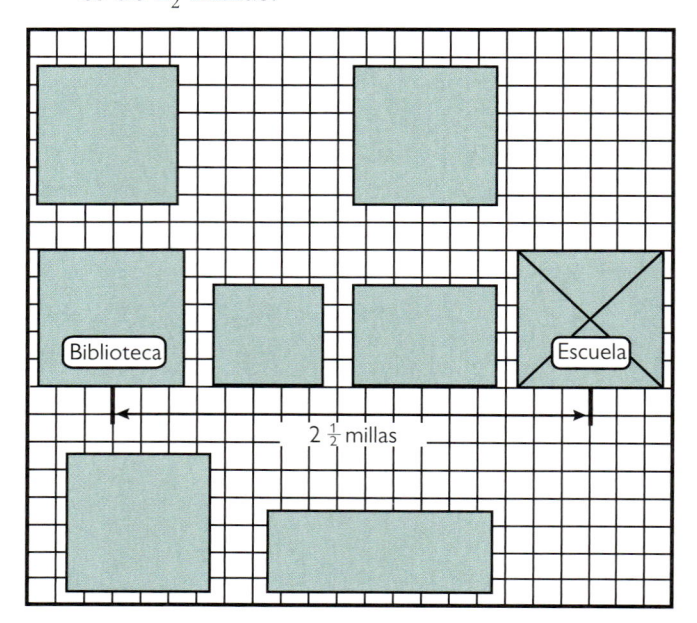

Ejercicios 4

Cuentos en Brobdingnag

Aplica destrezas

Para obtener un factor de escala, convierte estas razones a unidades iguales y luego reduce cada fracción.

Ejemplo $\frac{1}{2}$ yd: 6 pulg $= \frac{\frac{1}{2} \text{ yd}}{6 \text{ pulg}} = \frac{18 \text{ pulg}}{6 \text{ pulg}} = \frac{3 \text{ pulg}}{1 \text{ pulg}} =$ factor de escala 3:1

1. $\frac{3}{4}$ pie : 3 pulg
2. 6 pies : $\frac{1}{3}$ yd
3. $\frac{1}{2}$ mi : 528 pies
4. $2\frac{1}{2}$ yd : $\frac{1}{4}$ pies
5. 14 pulg : $\frac{7}{12}$ pie
6. $\frac{1}{6}$ yd : 2 pulg
7. $\frac{1}{15}$ mi : 16 pies
8. $4\frac{1}{12}$ pies : 7 pulg
9. 4 mi : 1,760 yd
10. 4,392 pulg : 6 pies

Amplía conceptos

11. El factor de escala de Villamamut a Nuestra Tierra es de 1 yarda:1 pulgada, o sea, si el largo de un objeto en Villamamut es de 1 yarda, ese mismo objeto mide sólo 1 pulgada de largo en Nuestra Tierra. Calcula el largo en Villamamut de estos objetos en Nuestra Tierra:

    a. una lata de gaseosa de 5 pulgadas de alto y $2\frac{1}{2}$ pulgadas de ancho

    b. una cancha de fútbol americano de 100 yardas de largo

    c. una mesa de $3\frac{1}{2}$ pies de alto, 4 pies de ancho y 2 yardas de largo

12. El factor de escala de Colosia a Nuestra Tierra es de $\frac{1}{4}$ de yarda:3 pulgadas, o sea, si el largo de un objeto en Colosia es de $\frac{1}{4}$ de yarda, entonces, ese mismo objeto mide 3 pulgadas de largo en Nuestra Tierra. ¿Cuánto mide en Colosia cada uno de los objetos del punto **11**?

13. Une los siguientes factores de escala a las medidas correspondientes:

    a. 3:1
    b. 5,280:1
    c. 12:1
    d. 1,760:1

    i. 1 pie:1 pulgada
    ii. 1 milla:1 yarda
    iii. 1 yarda:1 pie
    iv. 1 milla:1 pie

Haz la conexión

14. El factor de escala de Villenorme a Nuestra Tierra es de 4:1. Usa este sello de Nuestra Tierra para dibujar un sello en Villenorme, asegurándote que el largo y el ancho sigan el factor de escala 4:1. Puedes usar tu imaginación en el dibujo dentro del sello.

LOS MUNDOS DE GULLIVER • EJERCICIOS 4

Ejercicios 5

Medidas de los liliputienses

Aplica destrezas

Escribe cada decimal como fracción.

Ejemplo $0.302 = \dfrac{302}{1,000}$

1. 0.2
2. 0.435
3. 0.1056
4. 0.78
5. 0.44
6. 0.025
7. 0.9
8. 0.5002
9. 0.001
10. 0.67

Escribe cada decimal en palabras.

Ejemplo $0.5 =$ cinco décimas

11. 0.007
12. 0.25
13. 0.3892
14. 0.6
15. 0.04

16. El factor de escala de la Comarca pequeñita a Nuestra Tierra es de 1:11, o sea, el tamaño de un objeto en Nuestra Tierra es 11 veces el tamaño del mismo objeto en la Comarca pequeñita. Calcula el tamaño en la Comarca pequeñita de estos objetos de Nuestra Tierra:

   a. una casa de 15 pies de altura, 33 pies de ancho y 60 pies de largo

   b. un tren de 363 pies de largo y 20 pies de altura

   c. una mujer de 5 pies con 6 pulgadas de estatura

Amplía conceptos

17. Mide la altura de cada dibujo. Compara los tamaños de los dibujos para determinar el factor de escala. ¿Cuál es éste si:

    a. el dibujo más grande es 1?

    b. el dibujo más pequeño es 1?

Haz la conexión

18. El tamaño reglamentario de una cancha de fútbol va del más grande, 119 m × 91 m, al más pequeño permitido, 91 m × 46 m. ¿Cuál es la diferencia entre los perímetros de los dos tamaños? ¿Cómo crees que esta diferencia afecte el juego?

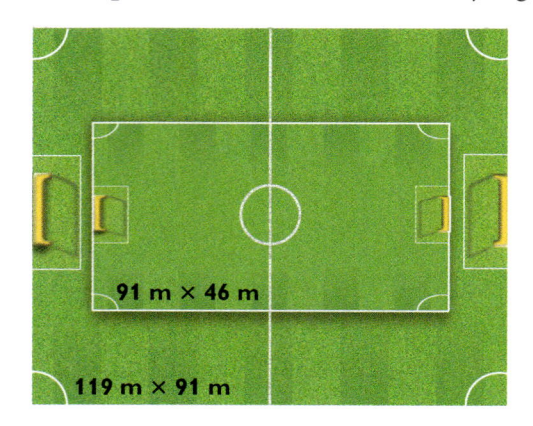

Ejercicios 6
Glum-gluffs y Mum-gluffs

Aplica destrezas

Completa esta tabla de equivalencias en el sistema métrico.

	mm	cm	dm	m	km
1.				1,000	1
2.	1,000	100	10	1	
3.			1		
4.		1			
5.	1				

Halla el equivalente que falta.

6. 42 dm = _____ m

7. 5 cm = _____ m

8. 0.5 m = _____ cm

9. 0.25 cm = _____ mm

10. 0.45 km = _____ m

11. 1.27 m = _____ dm

12. 24.5 dm = _____ cm

13. 38.69 cm = _____ m

14. 0.2 mm = _____ cm

15. 369,782 mm = _____ m

16. 0.128 cm = _____ mm

17. 7.3 m = _____ dm

Amplía conceptos

18. Ordena de menor a mayor las siguientes medidas.
    - 1967 mm
    - 0.0073 km
    - 43.5 cm
    - 0.5 m
    - 7 dm

Haz la conexión

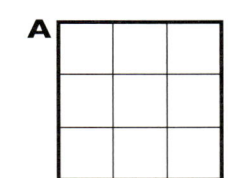

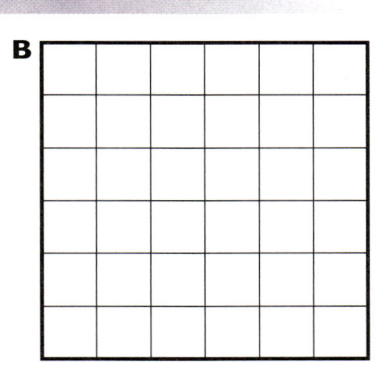

19. Cuenta el número de cuadraditos para hallar los tamaños de los cuadrados A y B en unidades cuadradas.

    a. ¿Cuál es el perímetro y el área del cuadrado A?

    b. ¿Cuál es el perímetro y el área del cuadrado B?

20. Compara los dos perímetros y las dos áreas, indicando cada relación de tamaño mediante un factor de escala.

LOS MUNDOS DE GULLIVER • EJERCICIOS 6

Ejercicios 7: Alojamiento y alimentación de Gulliver

Aplica destrezas

Convierte estas fracciones a unidades iguales.

Ejemplo $\dfrac{4 \text{ m}}{4 \text{ cm}} = \dfrac{400 \text{ cm}}{4 \text{ cm}}$

1. $\dfrac{43 \text{ cm}}{43 \text{ mm}}$ 2. $\dfrac{5 \text{ m}}{5 \text{ cm}}$ 3. $\dfrac{6 \text{ km}}{6 \text{ m}}$

Para mostrar un factor de escala menor que uno, usa los resultados a las preguntas 1 a 3. AYUDA: Reduce a uno el número mayor.

Ejemplo $\dfrac{400 \text{ cm} \div 400}{4 \text{ cm} \div 400} = \dfrac{1}{0.01} = 1:0.01$

4. $\dfrac{43 \text{ cm}}{43 \text{ mm}}$ 5. $\dfrac{5 \text{ m}}{5 \text{ cm}}$ 6. $\dfrac{6 \text{ km}}{6 \text{ m}}$

7. El factor de escala de Villaminúscula a Nuestra Tierra es de 1:6, o sea, el tamaño de un objeto en Nuestra Tierra es 6 veces el tamaño del mismo objeto en Villaminúscula. Calcula el tamaño en Villaminúscula de estos objetos de Nuestra Tierra:

   a. libro de 30 cm de largo y 24 de ancho
   b. una chica de 156 cm de estatura
   c. una mesa de 1 m de alto, 150 cm de ancho y 2 m de largo

Amplía conceptos

8. Albert usa un factor de escala de 3:1. La altura de las paredes que midió es de 3 m y las paredes en el modelo miden 1 m de altura. Una silla de 3 pies de alto, en su proyecto se convierte en una silla de 1 pie de alto. ¿Puede usar en el mismo proyecto tanto el sistema métrico como el inglés de EE.UU.? ¿Por qué?

9. El factor de escala de Villadiminuta a Nuestra Tierra es de 1:4, o sea, el tamaño de un objeto en Nuestra Tierra es 4 veces el tamaño del mismo objeto en Villadiminuta. Estima el tamaño en Nuestra Tierra de estos objetos de Villadiminuta y halla un objeto en Nuestra Tierra que tenga aproximadamente el mismo tamaño:

   a. un libro de texto
   b. una cama doble
   c. un edificio de dos pisos
   d. un auto

10. Estima el factor de escala de Micrópolis a Nuestra Tierra si el área de una estampilla de Nuestra Tierra es igual al área de una hoja de papel de Micrópolis.

Haz la conexión

Usa esta figura en las preguntas 11 a 13.

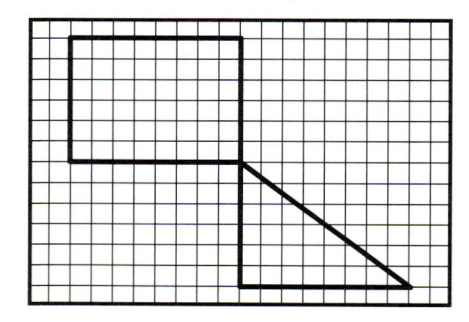

11. ¿Cuál es el área en unidades cuadradas de:
    a. rectángulo?   b. triángulo?

12. Amplía cada forma mediante un factor de escala de 3:1. ¿Cuál es el área en unidades cuadradas del:
    a. rectángulo?   b. triángulo?

13. ¿Cómo te las arreglaste para calcular el área de cada figura en 11 y 12?

Ejercicios 8

Con los ojos de un liliputiense

Aplica destrezas

Reduce estas fracciones.

Ejemplo $\frac{36}{42} = \frac{6}{7}$

1. $\frac{81}{63}$
2. $\frac{4}{24}$
3. $\frac{16}{20}$
4. $\frac{5}{50}$
5. $\frac{27}{36}$
6. $\frac{36}{48}$
7. $\frac{90}{120}$
8. $\frac{12}{10}$
9. $\frac{75}{100}$
10. $\frac{11}{33}$
11. $\frac{14}{21}$
12. $\frac{80}{25}$
13. $\frac{9}{18}$
14. $\frac{4}{12}$

Haz la conexión

17. En las películas de ciencia–ficción se usan miniaturas y modelos de factores de escala para crear muchos de los efectos especiales. En un caso, el equipo encargado hizo varios modelos a escala diferentes de la aeronave del héroe. La aeronave de tamaño natural que se usó para el rodaje medía 60 pies de largo. Un modelo a escala medía 122 cm de largo por 173 cm de ancho por 61 cm de alto.

    a. ¿Cuál fue el factor de escala?

    b. ¿Cuáles fueron el ancho y la altura de la nave de tamaño natural?

Amplía conceptos

15. Mide el largo y ancho de cada figura. ¿Qué sistema, el métrico o el tradicional de EE.UU., sería más fácil de usar para ampliar un objeto según el factor de escala 2:1? ¿Por qué?

    a.

    b.

16. El factor de escala de Minípolis a Nuestra Tierra es de 1:7, o sea que el tamaño de un objeto en Minípolis es $\frac{1}{7}$ del tamaño del mismo objeto en Nuestra Tierra. Calcula el tamaño en Minípolis de estos objetos de Nuestra Tierra:

    a. un edificio de 147 pies de altura, 77 pies de ancho y 84 pies de largo

    b. un camino de 2 millas de longitud

    c. una hoja de papel de $8\frac{1}{2}$ pulgadas por 11 pulgadas.

Tierras de lo grande

Ejercicios 9

Aplica destrezas

Halla los equivalentes decimales.

Ejemplo $\frac{1}{2} = 0.5$

1. $\frac{1}{20}$
2. $\frac{1}{3}$
3. $\frac{1}{4}$
4. $\frac{1}{5}$
5. $\frac{1}{10}$
6. $\frac{1}{8}$
7. $\frac{3}{4}$
8. $\frac{1}{7}$

9. El factor de escala de Ciudad Grande a Nuestra Tierra es de 6.5:1. El tamaño de un objeto en Ciudad Grande es 6.5 veces el tamaño del mismo objeto en Nuestra Tierra. Calcula el tamaño en Ciudad Grande de estos objetos de Nuestra Tierra:

   a. un árbol de 9 pies de altura

   b. un hombre de 6 pies de estatura

   c. una foto de 7 pulg de ancho por 5 pulg de largo

Amplía conceptos

10. Completa esta tabla calculando los factores de escala para cada fila.

	Decimales	Fracciones	Números enteros
	1.5:1	$1\frac{1}{2}:1$	3:2
a.	6.5:1		
b.		$8\frac{1}{4}:1$	
c.			5:3

11. El factor de escala de Ciudad Grande a Villenorme es de 3:2, o sea, el tamaño de un objeto en Ciudad Grande es 1.5, ó $1\frac{1}{2}$, veces el tamaño del mismo objeto en Villenorme. ¿Cuál es el tamaño en Villenorme de cada uno de los objetos de Ciudad Grande del punto **9**?

Haz la conexión

12. El factor de escala de este cubo de hielo gigante es de 5:1 en comparación a los cubos de hielo de la cafetería de la escuela.

   a. Haz un dibujo que muestre el número de cubos de hielo de la cafetería que habría que disponer a lo alto, ancho y fondo para hacer un cubo de hielo gigante.

   b. ¿Cuál es el número total de cubos de hielo de la cafetería que se requieren para llenar el cubo de hielo gigante?

Ejercicios 10: Tierras de lo pequeño

Aplica destrezas

Completa esta tabla con los equivalentes que falten, ya sea como decimales o fracciones.

	Fracciones	Decimales
1.	$\frac{1}{2}$	
2.		0.25
3.	$\frac{2}{3}$	
4.		0.7
5.	$\frac{3}{4}$	
6.		0.05
7.	$\frac{3}{8}$	
8.		0.125

Reduce el factor de escala a fracción. AYUDA: Divide cada número por el número mayor.

Ejemplo $10:7 = \frac{10}{10} : \frac{7}{10} = 1 : \frac{7}{10}$

9. 3:2 **10.** 4:3 **11.** 5:3

Amplía conceptos

12. El factor de escala de Gigantelandia a Nuestra Tierra es de 10:1. ¿Cuál es el factor de escala de Nuestra Tierra a Gigantelandia? Escríbelo usando un decimal o una fracción.

13. El factor de escala de Mundiminuto a Nuestra Tierra es de 0.5:1. El tamaño de un objeto en Mundiminuto es el 0.5 del tamaño del mismo objeto en Nuestra Tierra. ¿Cómo se escribe este factor sin decimales?

14. Usa el factor de escala del punto 13 para calcular el tamaño en Mundiminuto de estos objetos de Nuestra Tierra:

   a. una casa de 15 pies de altura, 35 pies de ancho y 60 pies de largo

   b. un tren de 360 pies de largo y 20 pies de altura

   c. una mujer 5 pies con 4 pulgadas de estatura

Haz la conexión

15. Contesta esta carta al Dr. Matemático:

> Estimado Dr. Matemático,
>
> Mientras hacía los problemas 9 al 11 de la tarea de hoy, un amigo me dijo que había un patrón entre un factor de escala entero y el factor de escala fraccional. No lo entiendo. ¿Podría explicármelo por favor? ¿Puedo usar este patrón para cambiar de escala más eficientemente?
>
> M.U. Ipequeño

11 Ejercicios: Los mundos de Gulliver al cubo

Aplica destrezas

Completa esta tabla con expresiones equivalentes.

	Exponencial	Expresión aritmética	Valor
	3^3	$3 \times 3 \times 3$	27
1.	2^2		
2.		$4 \times 4 \times 4$	
3.			25
4.	6^2		
5.			49
6.	8^3		
7.			81
8.	10^2		
9.	5^3		
10.		$6 \times 6 \times 6$	

Indica las unidades de medida que se usan en áreas o en volúmenes.

11. yd^2 (yarda cuadrada)
12. cm^3 (centímetro cúbico)
13. m^2 (metro cuadrado)
14. $pulg^2$ (pulgada cuadrada)
15. pie^3 (pie cúbico)
16. mm^3 (milímetro cúbico)

Amplía conceptos

17. Concrete To Go va a llenar un patio de 4 yardas de largo, 4 yardas de ancho y $\frac{1}{12}$ de yarda de profundidad. Para calcular la cantidad de cemento que hay que verter, ¿necesitan conocer el área o el volumen? Idea una estrategia para calcular cuánto concreto hay que verter.

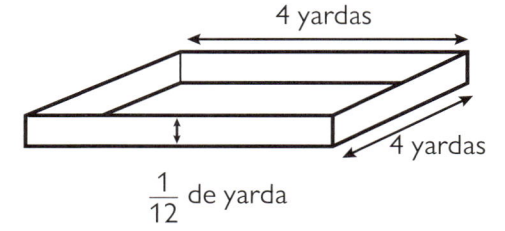

Haz la conexión

18. Imagina que trabajas para un modisto famoso y que tu trabajo consiste en comprar las telas para los diseños venideros. Tu jefe te pide que dibujes una versión más pequeña de su bufanda más popular, según el factor de escala 1:3. La bufanda original mide una yarda de largo por una yarda de ancho.

   a. Dibuja un patrón con las medidas de la nueva bufanda más pequeña.
   b. Usando tu patrón, la compañía piensa confeccionar cien de estas bufandas más pequeñas. ¿Cuánta tela deberías comprar?

12 Ejercicios: Entra a los Mundos de Gulliver

Aplica destrezas

Completa esta tabla escribiendo los equivalentes que faltan.

	Decimal	Fracción
1.	0.125	
2.		$\frac{3}{8}$
3.	0.75	
4.	0.67	
5.		$\frac{1}{2}$
6.	0.2	
7.		$\frac{1}{10}$
8.		$\frac{1}{20}$

9. Mide en pulgadas los lados del cuadrado. ¿Cuál es su:

    a. perímetro?   b. área?

10. Usa el sistema métrico para medir el alto, ancho y largo de este cubo.

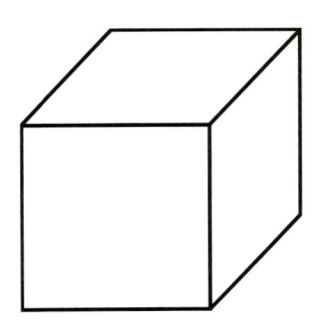

Amplía conceptos

11. Shelley quiere forrar una caja con papel de contacto. La caja mide 1 pie de alto, 1 pie de ancho y 1 pie de fondo.

    a. Dibuja la caja, mostrando sus medidas.

    b. ¿Cuántos pies cuadrados de papel necesitará para forrar una cara de la caja?

    c. ¿Cuántos pies cuadrados de papel necesitará para forrar todos los lados de la caja?

Haz la conexión

12. El inventor de un famoso parque temático quiere que los niños se sientan más grandes de lo normal. El factor de escala de los objetos de tamaño natural a los del parque es de 1:0.75.

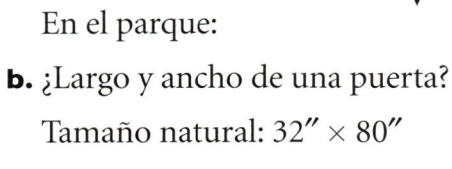

    a. ¿Altura de un farol?

    Tamaño natural: 12 pies

    En el parque:

    b. ¿Largo y ancho de una puerta?

    Tamaño natural: 32" × 80"

    En el parque:

    c. ¿Alto, ancho y fondo de una caja?

    Tamaño natural: 4 pies × 4 pies × 8 pies

    En el parque:

12 pies

LOS MUNDOS DE GULLIVER • EJERCICIOS 12

FASE UNO
Describe patrones mediante tablas

Practicarás la búsqueda de patrones en lugares diversos: dibujos, números y, a veces, en un cuento. Harás, incluso, tus propios patrones. Al tabular los datos que halles, descubrirás formas de extender los patrones a tamaños muy grandes.

Patrones en números y figuras

¿Qué tiene que ver la matemática con los patrones?

FASE DOS
Describe patrones mediante variables y expresiones

En esta fase, buscarás patrones en letras que crecen y en chocolates en una caja. Empezarás a usar el lenguaje del álgebra al buscar las reglas de formación de estos patrones, mediante variables y expresiones. Practicarás el uso de expresiones en la comparación de diversas formas de describir un patrón, para ver si dan el mismo resultado.

FASE TRES
Describe patrones mediante gráficas

En esta fase, graficarás puntos en todas partes de un cuadriculado para hacerle un dibujo misterioso a tu compañero(a). Convertirás reglas numéricas en gráficas y estudiarás los patrones que se forman. Al comparar gráficas de los salarios de adolescentes en trabajos de verano, decidirás quién tiene la mejor tasa salarial.

FASE CUATRO
Halla y extiende patrones

Una vez que hayas aprendido algunas formas de describir las reglas de patrones, esta fase te brindará la oportunidad de probar lo aprendido en situaciones nuevas. Buscarás patrones en un cuento sobre una oveja astuta y en dibujos de animales que crecen. Analizarás tres patrones distintos de herencia de dinero para poder dar buenos consejos.

FASE UNO

En esta fase, buscarás patrones en tres situaciones distintas. Tabulando los datos, verás cómo los patrones se desarrollan y aprenderás a extenderlos a tamaños mayores. El estudio de patrones en números, figuras y un cuento te permiten desarrollar aptitudes matemáticas que usarás en problemas de álgebra. Empezarás a descubrir la regla que se aplica a todos los casos de una situación dada y a usar la regla para resolver problemas.

Describe patrones mediante tablas

LA MATEMÁTICA DEL ASUNTO

Esta sección se enfocará en:

BUSCAR PATRONES

- Desarrolla aptitudes en la búsqueda de patrones en situaciones nuevas
- Escribe reglas de patrones
- Extiende las reglas de un patrón que se apliquen en todos los casos

REGISTRAR DATOS

- Tabula datos para describir patrones

NÚMEROS

- Estudia relaciones numéricas en la búsqueda de patrones

Panorama matemático en línea

mathscape1.com/self_check_quiz

1 Trucos de calendario

BUSCA Y DESCRIBE PATRONES NUMÉRICOS

La búsqueda de patrones te permite resolver problemas en forma sorprendente. En esta actividad, pensarás en patrones mientras pruebas si los trucos numéricos en un calendario se cumplen siempre, para luego inventar y probar tus propios trucos.

Busca un patrón

¿Cómo se puede saber si los patrones numéricos en un cuadriculado se cumplen siempre?

Paul inventó tres trucos para un bloque de cuatro números. Para todo bloque de dos números por dos números del calendario, halla cuáles de sus trucos se cumplen.

- ¿Qué trucos se cumplen siempre? ¿Cuáles no? ¿Cómo lo averiguaste?
- Para los trucos que no se cumplen siempre, ¿cómo los puedes cambiar de modo que se cumplan siempre?

Primer truco: Las sumas de pares opuestos de números son iguales.
Por ejemplo: $2 + 10 = 3 + 9$.

Segundo truco: Si sumas los cuatro números, la suma es siempre divisible entre 8.
Por ejemplo:
$2 + 3 + 9 + 10 = 24; 24 \div 8 = 3$.

Tercer truco: Si multiplicas pares opuestos de números, los dos resultados diferirán en 7.
Por ejemplo:
$2 \times 10 = 20; 3 \times 9 = 27; 27 - 20 = 7$.

La bolsa de trucos de Paul

Dom	Lun	Mar	Miér	Jue	Vie	Sáb
1	2	3	4	5	6	7
8	9	10	11	12	13	14
15	16	17	18	19	20	21
22	23	24	25	26	27	28
29	30	31				

Inventa tus propios trucos

El calendario de esta página muestra sucesiones de tres números, en diagonal hacia la derecha, en azul, y hacia a la izquierda, en rojo. ¿Se te ocurren trucos sobre las diagonales de tres números como éstos?

Inventa por lo menos dos trucos para tres números en diagonal, como los números sombreados en azul del ejemplo.

- ¿Se cumplirán tus trucos para toda diagonal de tres números? ¿Cómo lo sabes?
- ¿Cuáles de tus trucos se cumplirán, aún si la diagonal va en la dirección contraria opuesta, como los números con bordes rojos?

Inventa por lo menos dos trucos más usando tus propias figuras, que deben ser distintas de las ya mostradas.

- ¿Se cumplirán tus trucos sin que importe en qué parte del calendario colocas tu figura?
- ¿Cómo sabes si tus trucos se cumplirán siempre?

Escribe sobre cómo encontrar patrones

Piensa en los patrones que estudiaste y los trucos que inventaste en esta lección.

- ¿Cómo verificas si tus trucos se cumplirán en cualquier parte del calendario?
- ¿Qué indicaciones le darías a otro alumno que le permitan hallar patrones?

¿Cómo puedes usar patrones para inventar trucos que se cumplan siempre?

Patrones inclinados

Dom	Lun	Mar	Miér	Jue	Vie	Sáb
1	2	3	4	5	6	7
8	9	10	11	12	13	14
15	16	17	18	19	20	21
22	23	24	25	26	27	28
29	30	31				

palabras importantes: patrón

Ejercicios página 354

PATRONES EN NÚMEROS Y FIGURAS • LECCIÓN 1

2 Pintura de caras

ESTUDIA PATRONES MEDIANTE LA ORGANIZACIÓN DE DATOS

He aquí un problema de cómo pintar todos los lados de una figura tridimensional. El uso de objetos a veces es útil en problemas como éste. Puedes anotar los datos que obtienes cuando tratas de hallar longitudes mínimas y a tabularlos, permitiéndote así, hallar una regla para toda longitud.

Realiza tablas de datos

¿Cómo se tabulan los datos de un patrón?

Una compañía que fabrica barras de color, las colorea con una estampadora que pinta exactamente un cuadrado a la vez. La estampadora pinta exactamente un cuadrado de área a la vez. Se pinta toda cara exterior de cada barra, así que ésta, de largo 2, requiere 10 estampados, pues tiene 10 caras.

¿Cuántas veces hay que estampar las barras de largos 1 a 10? Tabula tus respuestas y busca un patrón.

Barra de 2 largos; cada extremo es igual a 1 cuadrado.

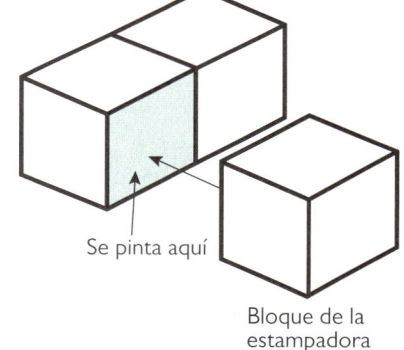

Se pinta aquí

Bloque de la estampadora

Cómo organizar tus datos en una tabla

1. Anota los datos iniciales en la primera columna. Escribe los números de menor a mayor. En este caso, los largos de las barras se anotan en la primera columna.

2. Anota en la segunda columna los números que dan información sobre la primera serie. En este caso, el número de estampados necesarios de la barra de cada largo se anota en la segunda columna.

Largo de la barra	Número de estampados
1	
2	
3	

326 PATRONES EN NÚMEROS Y FIGURAS • LECCIÓN 2

Extiende un patrón

Examina la tabla que hiciste. ¿Ves algún patrón en ella?

1. Usa lo aprendido de la tabla. Halla el número de estampados que se requieren para barras de largos 25 y 66.

2. Escribe una regla que podrías usar para extender el patrón a una barra de largo cualquiera.

Reexamina tu tabla y tu regla. Descubre cómo usar el número de estampados que requiere una barra para hallar su tamaño. Considera las operaciones que usaste en tu regla.

3. ¿Y si la barra requiere 86 estampados? ¿Cuál es su largo?

4. Si se requieren 286 estampados, ¿cuál es el largo de la barra?

5. Anota una regla que podrías usar para hallar el largo de una barra si se conoce el número de estampados que se requieren para pintarlo.

¿Puedes redactar una regla que puedas usar para extender el patrón?

Escribe sobre cómo hacer una tabla

Piensa cómo usaste la tabla que hiciste para resolver problemas sobre estampado de barras.

- ¿Cuál fue la utilidad de la tabla para hallar el patrón?
- Indica cuánto se debería extender una tabla para asegurarse de un patrón.

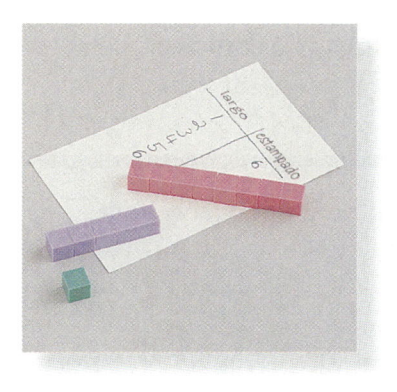

palabras **importantes**
patrón
tabla

Ejercicios
página 355

PATRONES EN NÚMEROS Y FIGURAS • LECCIÓN 2 327

3 Atraviesa el río

USA TABLAS PARA DESCRIBIR Y PREDECIR PATRONES

El estudio de un patrón te permite desarrollar una regla general que se utiliza en cada etapa del patrón. En este estudio, buscarás patrones para resolver el problema de ayudar a unos excursionistas a atravesar un río en un pequeño bote.

¿Cómo permite el hallazgo de un patrón resolverlo en general?

Busca una regla general

Piensa detenidamente en la manera en que los excursionistas podrían cruzar el río usando un solo bote. Quizá sea útil representar o hacer un esquema del problema. Mientras trabajas, haz una tabla donde muestres el número de viajes que se requieren para cruzar de 1 a 5 adultos y 2 niños. Busca el patrón y luego úsalo para hallar el número de viajes que se necesitan para que los otros grupos crucen el río.

1 ¿Cuántos cruces por viaje se requieren para que un grupo de 8 adultos y 2 niños crucen el río? Indica cómo hallaste la respuesta.

2 ¿Cuántos cruces para 6 adultos y 2 niños?

3 ¿15 adultos y 2 niños?

4 ¿23 adultos y 2 niños?

5 ¿100 adultos y 2 niños?

Indica cómo hallas el número de cruces por viaje que se necesitan para que un número cualquiera de adultos y dos niños crucen el río. (Todos pueden remar.)

Diez excursionistas Un bote

Un grupo de 8 adultos y 2 niños necesita cruzar un río. Disponen de un pequeño bote cuya capacidad es:

1 adulto   ó   1 niño   ó   2 niños

328 PATRONES EN NÚMEROS Y FIGURAS • LECCIÓN 3

Usa tu método de otra manera

Usa el patrón para hallar el número de adultos que cruzan el río en cada caso.

1 Hay que hacer 13 cruces para que todos los adultos y los 2 niños atraviesen el río.

2 Hay que hacer 41 cruces para que todos los adultos y los 2 niños atraviesen el río.

3 Hay que hacer 57 cruces para que todos los adultos y los 2 niños atraviesen el río.

¿Cómo puedes trabajar al revés a partir de lo que sabes?

Indica cómo buscas patrones

Escríbele una carta a un amigo donde le expliques cómo buscas patrones. Da ejemplos de los patrones que has estudiado hasta aquí. Respuestas a estas preguntas te ayudarán a escribir la carta.

- ¿Cómo puede permitirte una tabla descubrir y describir un patrón?
- ¿Qué otras herramientas son útiles?
- ¿Cómo te ayuda a resolver problemas la búsqueda de un patrón?

palabras importantes: patrón, tabla

Ejercicios página 356

PATRONES EN NÚMEROS Y FIGURAS • LECCIÓN 3

FASE DOS

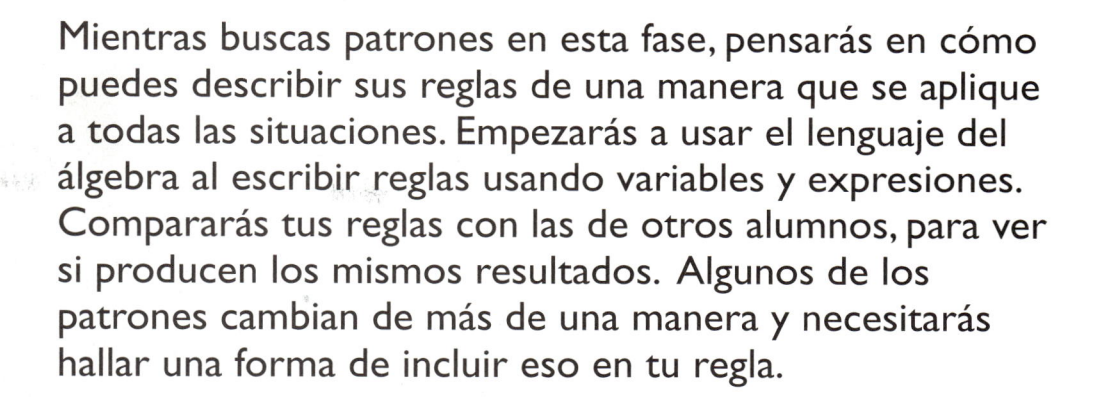

Mientras buscas patrones en esta fase, pensarás en cómo puedes describir sus reglas de una manera que se aplique a todas las situaciones. Empezarás a usar el lenguaje del álgebra al escribir reglas usando variables y expresiones. Compararás tus reglas con las de otros alumnos, para ver si producen los mismos resultados. Algunos de los patrones cambian de más de una manera y necesitarás hallar una forma de incluir eso en tu regla.

Describe patrones mediante variables y expresiones

LA MATEMÁTICA DEL ASUNTO

Esta sección se enfocará en:

BUSCAR PATRONES
- Busca patrones en números y figuras
- Examina patrones con dos variables

ÁLGEBRA
- Usa variables y expresiones

EQUIVALENCIAS
- Estudia la equivalencia de expresiones

Panorama matemático en línea

mathscape1.com/self_check_quiz

4 Al pie de la letra

USA VARIABLES Y EXPRESIONES PARA DESCRIBIR PATRONES

El uso de variables y expresiones te proporciona una manera abreviada de describir un patrón. Estas letras hechas de baldosas crecen según diversos patrones. Aprenderás a escribir una regla para prever el número de baldosas necesarias para hacer letras de cualquier tamaño.

Busca la regla general

¿Cómo puede un patrón ayudarte a predecir el número de baldosas que se necesitan para un tamaño cualquiera?

Halla una regla que indique el número de baldosas que se necesitan para hacer la letra *I* de un tamaño cualquiera.

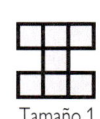

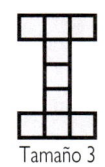

Tamaño 1   Tamaño 2   Tamaño 3

1. Busca un patrón y descríbelo claramente en palabras.
2. Describe el patrón mediante variables y expresiones. Esta regla indica el crecimiento de la letra.
3. Usa la regla para hallar el número de baldosas que se necesitan para cada *I*:

   a. de tamaño 12
   b. de tamaño 15
   c. de tamaño 22
   d. de tamaño 100

Supón que tienes 39 baldosas. ¿Cuál es la letra *I* más grande que puedes hacer?

Uso de variables y expresiones para describir patrones

Éstos son los tres primeros tamaños de la letra *O*.

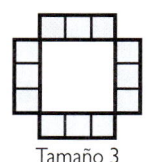

Tamaño 1   Tamaño 2   Tamaño 3

¿Cuántas baldosas se necesitan en cada tamaño? El patrón que indica esto puede describirse en palabras: El número de baldosas que se necesitan es cuatro veces el tamaño.

Esto puede escribirse como 4 × *tamaño*.

Una forma abreviada de escribir la misma cosa es 4 × *s* ó 4*s*.

En este ejemplo, la letra *s* se llama **variable** porque puede asumir muchos valores.

4*s* es una **expresión**, o sea, una combinación de variables, números y operaciones.

PATRONES EN NÚMEROS Y FIGURAS • LECCIÓN 4

Relaciona la regla con el patrón

Para una de las letras en la tabla "Ve cómo crecen", el número de baldosas es siempre $4s + 1$. La variable s representa el número del tamaño. Halla el número de baldosas que se agregan en cada etapa. Busca el patrón.

1 ¿Qué letra crees que corresponde al patrón, la *L*, la *T* o la *X*? ¿Cuántos patrones se requieren para el tamaño 16 de la letra?

2 Para cada una de las otras letras, halla una regla que indique el número de baldosas para un tamaño cualquiera.

Escribe sobre tu propio patrón de letras

Usa baldosas para crear tu propia forma de letra e ingéniatelas para hacerla crecer.

- Traza tu letra e indica su crecimiento.
- Anota la regla de tu letra mediante variables y expresiones.
- Muestra cómo usar la regla para hallar el número de baldosas que requiere el tamaño 100 de tu letra.

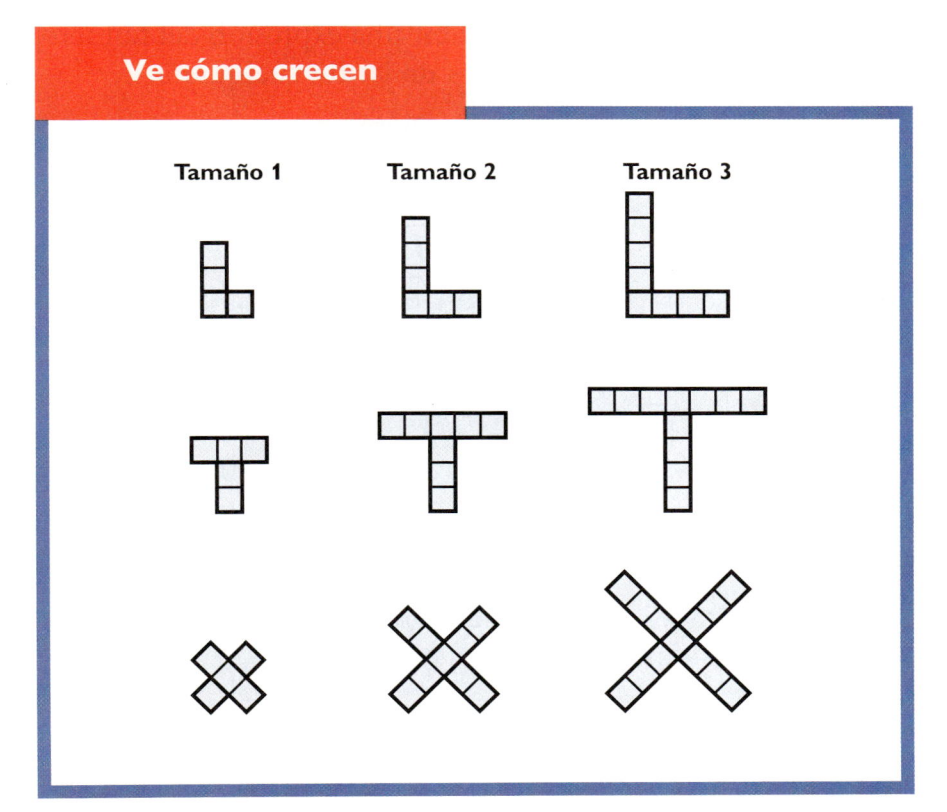

¿Cómo pueden describirse patrones mediante variables y expresiones?

Ve cómo crecen

Tamaño 1   Tamaño 2   Tamaño 3

palabras importantes: expresión, variable

Ejercicios página 357

PATRONES EN NÚMEROS Y FIGURAS • LECCIÓN 4

5 Embaldosado de arriates

DESCRIBE PATRONES CON EXPRESIONES EQUIVALENTES

Ya has usado tablas y variables para describir diversos tipos de patrones. Aquí aplicarás lo aprendido a una situación nueva. Mostrarás cómo cada parte de tu solución se relaciona con la situación. Luego compararás formas distintas de expresar la misma idea.

¿Qué reglas o expresiones distintas pueden escribirse para describir un patrón?

Halla el número de baldosas

He aquí tres jardines rodeados por una sola fila de baldosas:

Largo 1   Largo 2   Largo 3

1 Empieza con una tabla donde se muestre el número de baldosas para cada largo y úsala para escribir una expresión del número de baldosas que se necesitan para un jardín cualquiera.

Largo del jardín	Número de baldosas
1	8
2	
3	

2 Usa tu expresión para hallar el número de baldosas que se necesitan para hacer un borde en torno a jardines de estos largos.

   a. 20 cuadrados   **b.** 30 cuadrados   **c.** 100 cuadrados

3 Indica cómo hallas el largo de un jardín si sólo conoces el número de baldosas en su borde.

Prueba tu método. ¿Cuál es el largo del jardín si se usan estos números de baldosas en su borde?

   a. 68 baldosas   **b.** 152 baldosas   **c.** 512 baldosas

4 Relaciona cada parte de tu expresión con el jardín y las baldosas.

Extiende la regla

Algunos jardines son de dos cuadrados de ancho y de largo variable. Por ejemplo:

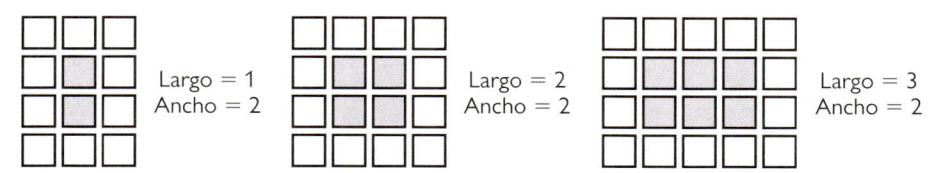

Largo = 1, Ancho = 2   Largo = 2, Ancho = 2   Largo = 3, Ancho = 2

¿Puedes hallar el número de baldosas necesario en jardines de largo cualquiera y de ancho 2? Usa una expresión que describa tu método y úsalo para resolver estos problemas.

¿Cuántas baldosas necesitas para hacer un borde en torno a estos jardines?

1 $l = 5, w = 2$
2 $l = 10, w = 2$
3 $l = 20, w = 2$
4 $l = 100, w = 2$

> ¿Puedes escribir una regla para embaldosar un jardín de largo y ancho cualquiera?

Escribe sobre expresiones equivalentes

Tú y tus compañeros podrían usar distintas expresiones para describir estos patrones. Compara tus ideas con las de otros.

- ¿Qué expresiones equivalentes escribieron tú y tus compañeros?
- ¿Cómo sabes que son equivalentes?

Convenciones de la notación algebraica

La escritura de variables y expresiones en forma estándar evita confusiones. El número se escribe antes de la letra que corresponde a la variable:

$2l$ y no $l2$

El número 1 no se escribe antes de la variable:

l en vez de $1l$

"Dos veces el largo" puede anotarse de varias maneras:

$2l$ $2 \cdot l$ $2 \times l$

Usa los paréntesis con cuidado.

$l + 3 \times 2$ no es lo mismo que $(l + 3) \times 2$.

---

palabras importantes: equivalente, expresión

Ejercicios página 358

PATRONES EN NÚMEROS Y FIGURAS • LECCIÓN 5

6 Cajas de chocolates

ESTUDIA PATRONES CON DOS VARIABLES

Algunos patrones se describen con más de una variable.
Las cajas de chocolate en esta lección son un ejemplo de este tipo de patrón. Buscarás una forma de escribir una regla general para todos los tamaños de cajas de chocolates.

¿Cómo puedes usar variables para describir el patrón?

Halla el contenido para cada tamaño

Compre una caja de chocolates: gane un extra

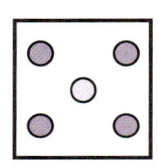

Tamaño 2 por 2

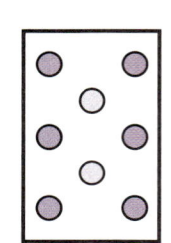

Tamaño 2 por 3

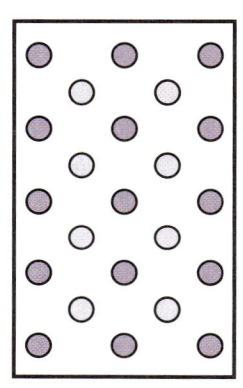

Tamaño 3 por 5

Cuando compras una caja de chocolates Choco, obtienes un chocolate claro gratis entre cada grupo de cuatro chocolates oscuros, como muestra el esquema. El tamaño de la caja indica el número de columnas y de filas de chocolates oscuros que vienen en la caja.

1 ¿Cuántos chocolates *oscuros* hay en cada tamaño de caja?

    a. 4 por 4   **b.** 4 por 8   **c.** 6 por 7

    d. 12 por 25   **e.** 20 por 20   **f.** 100 por 100

2 ¿Cómo puedes calcular el número de chocolates oscuros en una caja de tamaño cualquiera? Explica tu método en palabras, con diagramas o expresiones.

336 PATRONES EN NÚMEROS Y FIGURAS • LECCIÓN 6

Vuelve a plantear tu regla

Ahora que hallaste la regla del número de chocolates oscuros, ¿cómo puedes calcular el número de chocolates claros en una caja de tamaño cualquiera?

¿Cómo puedes usar tu método para escribir otra regla?

1 Explica tu método en palabras, con diagramas o expresiones.

2 Prueba tu método. ¿Cuántos chocolates *claros* hay en cada caja con las siguientes dimensiones?

   a. 4 por 4   **b.** 4 por 8   **c.** 6 por 7

   d. 12 por 25   **e.** 20 por 20   **f.** 100 por 100

3 Usa variables y expresiones para escribir el número total de chocolates en una caja cualquiera.

Escribe sobre el uso de variables

Piensa cómo usaste variables y expresiones para describir patrones. Escribe una nota a uno de los alumnos del año entrante indicándole cómo usas estos métodos para resolver problemas.

- Da algunos ejemplos del uso de expresiones para describir patrones.

- Indica cómo determinas si dos expresiones son equivalentes.

Un patrón de jotas en dos variables

La compañía Choco usa cuadrados de chocolate para hacer letras comestibles. Confeccionan la J en diversas alturas y anchos.

Altura es 5, Ancho es 4   Altura es 4, Ancho es 3   Altura es 5, Ancho es 3

Para hallar el número total de cuadrados que se necesitan para confeccionar la J, suma la altura con el ancho y sustrae 1.

Esto puede escribirse con palabras y símbolos:
altura + ancho − 1

O puedes usar dos variables (una para la altura y otra para el ancho), así: $h + w - 1$

palabras importantes
expresión
variable

Ejercicios
página 359

PATRONES EN NÚMEROS Y FIGURAS • LECCIÓN 6

FASETRES

En esta fase, te vas a mover a través de un plano de coordenadas para identificar puntos y graficar datos obtenidos durante una búsqueda de patrones. A medida que trabajes con reglas numéricas de patrones, vas a empezar a notar la relación que existe entre una lista de pares ordenados y la recta que forman cuando se grafican. Asimismo usarás la información obtenida mediante gráficas para resolver problemas sobre situaciones concretas, relacionadas con el trabajo que realizan dos adolescentes durante el verano.

Describe patrones con gráficas

LA MATEMÁTICA DEL ASUNTO

Esta sección se enfocará en:

BUSCAR PATRONES
- Relaciona la regla de un patrón y la gráfica de su recta

ÁLGEBRA
- Identifica puntos en un plano de coordenadas
- Haz tablas de pares ordenados
- Grafica pares ordenados en un plano de coordenadas

RESOLVER PROBLEMAS
- Interpreta los datos de una gráfica
- Usa los patrones de una gráfica para resolver problemas

Panorama matemático en línea
mathscape1.com/self_check_quiz

7 Dibujos a partir de puntos en un cuadriculado

USA UN PLANO DE COORDENADAS

Hasta ahora has descrito patrones usando palabras, dibujos, tablas, variables y expresiones. Ahora, vas a usar otra herramienta: un plano de coordenadas. Antes de empezar, debes repasar algunas definiciones básicas en "Oriéntate en el plano de coordenadas".

Describe un dibujo en un plano de coordenadas

¿Cómo puedes hacer y describir un dibujo en un plano de coordenadas?

Haz un dibujo muy sencillo sobre un plano de coordenadas. Algo como las iniciales de tu nombre en letra de molde, una casa o algún otro objeto muy sencillo. Asegúrate de que haya partes del dibujo en los cuatro cuadrantes.

Describe cómo se podría repetir tu dibujo usando coordenadas. Puedes usar otras instrucciones, pero no puedes incluir dibujos.

Oriéntate en el plano de coordenadas

El eje *x* (eje horizontal) y el eje *y* (eje vertical) dividen el plano de coordenadas en cuatro cuadrantes. Estos ejes se intersecan sobre el origen. Todo punto sobre el plano se puede localizar si se conocen su coordenada *x* y su coordenada *y*. La primera coordenada es siempre la coordenada *x*.

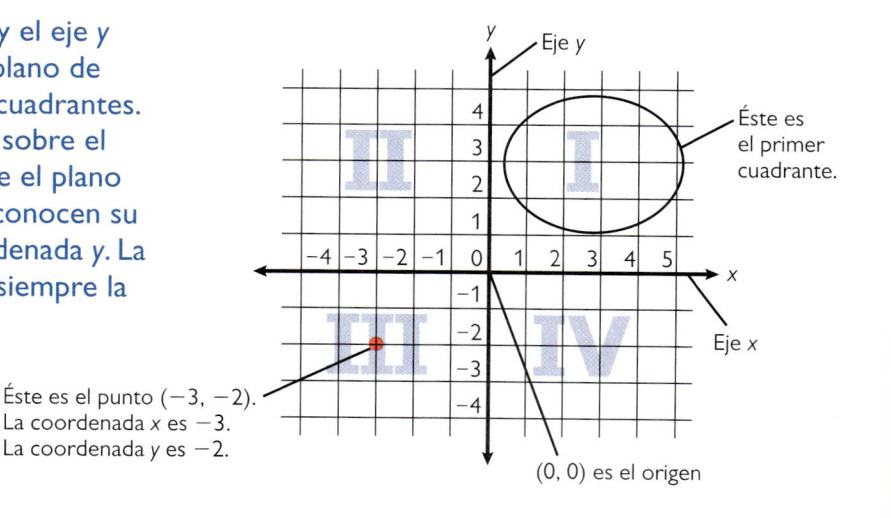

Éste es el primer cuadrante.

Éste es el punto (−3, −2).
La coordenada *x* es −3.
La coordenada *y* es −2.

(0, 0) es el origen

340 PATRONES EN NÚMEROS Y FIGURAS • LECCIÓN 7

Descifra un dibujo a partir de puntos en un cuadriculado

Una vez que termines tu dibujo y tu lista, intercámbialos con un(a) compañero(a). No le muestres tu dibujo todavía.

1 Haz el dibujo descrito por tu compañero(a). Anota todas las instrucciones que no estén claras.

2 Dale tu dibujo a tu compañero(a), junto con la descripción que él o ella te había dado. Revisa si su corresponde a tu dibujo original. Si hay diferencias, ¿por qué las hubo? Si es necesario, revisa tu descripción.

¿Cómo te pueden ayudar las coordenadas a hacer un dibujo a partir de puntos en un cuadriculado?

Escribe sobre lo que observas

Supón que te dan las coordenadas de un conjunto de puntos. ¿Cómo sabes si estos puntos yacen sobre una misma recta vertical o sobre una misma recta horizontal? Explica.

palabras importantes
gráfica de coordenadas
punto

Ejercicios
página 360

PATRONES EN NÚMEROS Y FIGURAS • LECCIÓN 7   **341**

8 Puntos, diagramas y patrones

DEMUESTRA UNA REGLA EN UN PLANO DE COORDENADAS

Cuando usaste puntos en un plano de coordenadas para describir un dibujo, seguiste un patrón visual. Ahora vas a observar qué sucede cuando los puntos provienen de una regla numérica. ¡Observa los patrones que surgen!

Halla algunos patrones en los diagramas

¿Qué patrones de los puntos en un plano de coordenadas encajan en una regla numérica?

Tal vez creas que las reglas numéricas sólo se pueden expresar con palabras o con números. Sin embargo, algunas cosas sorprendentes surgen cuando se hace una gráfica con pares ordenados que siguen una regla.

1. Inventa tu propia regla numérica.
2. Haz una tabla con puntos que se ajusten a tu regla.
3. Grafica los puntos en un plano de coordenadas.
4. ¿Qué patrones observas en el plano de coordenadas? ¿Hay puntos que se ajustan a la regla, pero que no se ajustan al patrón?

Repite el proceso con otras reglas numéricas. Mantén un registro de tus resultados.

Pares ordenados y reglas numéricas

En el par ordenado (4, 8), 4 es la coordenada *x* y 8 es la coordenada *y*.

Una regla numérica indica cuál es la relación entre los dos números de un par ordenado, por ejemplo:

- La coordenada *x* equivale a la mitad de la coordenada *y*.
- La coordenada *y* es 6 unidades mayor que la coordenada *x*.
- La coordenada *x* y la coordenada *y* son iguales.

Halla la regla del patrón

Piensa en los patrones que has graficado en el plano de coordenadas. ¿Crees que podrías determinar la regla que sigue una recta que atraviesa dos puntos?

Intenta hallar las siguientes reglas. Primero, localiza los puntos de los extremos de las rectas indicadas. Luego, traza una recta que una los dos puntos. ¿Cuál es el patrón o regla que siguen todos los puntos que yacen sobre cada recta?

1. $(6, 4)$ y $(-6, -8)$
2. $(3, 12)$ y $(-1, -4)$

¿Cómo refleja una recta las relaciones que hay entre las coordenadas en un plano?

Escribe sobre las gráficas de reglas numéricas

¿Qué observas en tus gráficas de reglas numéricas y en las de tus compañeros? Escribe un resumen de todas las generalizaciones posibles. Las siguientes son algunas de las generaciones que podrías incluir:

- ¿Qué puedes decir sobre las reglas en las que se obtiene una recta que atraviesa el punto $(0, 0)$?

- ¿Cómo podrías desplazar unas rectas paralelas hacia arriba o hacia abajo en el plano?

- ¿Cómo cambiarías una regla para que la recta fuera más inclinada?

palabras importantes: gráfica de coordenadas, par ordenado

Ejercicios página 361

PATRONES EN NÚMEROS Y FIGURAS • LECCIÓN 8

9 Día de pago en el planeta Aventura

COMPARA DISTINTOS PATRONES EN UNA GRÁFICA

Raquel y Enrique consiguieron trabajo de verano en el Planeta Aventura, un parque de diversiones local. Debido a que Raquel recibe bonos salariales, es un poco difícil comparar los salarios entre sí. Debido a esto, vas a usar una gráfica para comparar cuánto gana cada quien para distintos números de horas trabajadas.

¿Qué información sobre salarios te proporciona una gráfica?

Haz una gráfica de salarios

Raquel trabaja en la Casa de los Espejos y su salario diario es de $5 por hora. Además, recibe un bono diario de $9 por usar un disfraz.

- Haz una tabla que muestre su salario diario para diferentes números de horas trabajadas.

- Luego haz una gráfica con los datos. Rotula los ejes y elige una escala apropiada para la gráfica.

¿Cómo calcularías la cantidad de dinero que Raquel ganaría, para un número cualquiera de horas? Usa palabras, diagramas o ecuaciones para explicar tu método.

Compara tasas de salarios

Enrique trabaja en la montaña rusa llamada el Lanzamiento Espacial y gana $6.50 por hora.

- Haz una tabla que muestre su salario diario para diferentes números de horas trabajadas.

- Grafica los datos en la misma gráfica que usaste para graficar el salario de Raquel.

- ¿Cómo calcularías la cantidad de dinero que Enrique ganaría para un número cualquiera de horas trabajadas? ¿Usarías el mismo método que usaste para calcular el salario de Raquel o usarías uno diferente?

Escribe sobre las gráficas

Compara la gráfica del salario de Raquel con la gráfica del salario de Enrique. ¿Cuál trabajo tiene mejor salario? ¿Cómo lo determinaste?

- Indica las semejanzas y las diferencias entre las gráficas de los salarios.

- ¿Para qué número de horas trabajadas Raquel gana más que Enrique? ¿Para qué número de horas trabajadas Enrique gana más que Raquel?

- ¿Ganan en algún momento el mismo salario Enrique y Raquel para un mismo número de horas trabajadas? ¿Cómo lo determinaste?

¿Cómo te puede ayudar una gráfica a comparar salarios?

palabras importantes
gráfica de coordenadas
tabla

Ejercicios
página 362

PATRONES EN NÚMEROS Y FIGURAS • LECCIÓN 9   **345**

FASE CUATRO

En esta fase, tendrás la oportunidad de practicar con todas las herramientas que has aprendido a usar para describir patrones. Examinarás diversas situaciones, decidirás cómo vas a explicar cada patrón y luego escribirás la regla para extender el patrón a cualquier tamaño. También usarás variables y expresiones para describir los patrones. Pronto notarás todo lo que ya has aprendido sobre de la búsqueda de patrones.

Halla y extiende patrones

LA MATEMÁTICA DEL ASUNTO

Esta sección se enfocará en:

BUSCAR PATRONES

- Identifica, describe y generaliza patrones
- Elige las herramientas apropiadas para describir patrones

OPERACIONES NUMÉRICAS

- Usa operaciones inversas en reglas de patrones

ÁLGEBRA

- Usa variables y expresiones para describir patrones
- Haz listas de pares ordenados para describir patrones
- Grafica pares ordenados

RESOLVER PROBLEMAS

- Usa patrones en problemas

Panorama matemático en línea
mathscape1.com/self_check_quiz

10 Saltándose la fila

RESUELVE UN PROBLEMA MÁS SIMPLE PARA HALLAR UN PATRÓN

Hallar el patrón de un problema sencillo, puede ayudarte a entender un problema que incluya cantidades mayores. Un razonamiento cuidadoso al resolver un problema de muestra, te ayudará a determinar la regla del problema.

¿Cómo puedes identificar un patrón, resolviendo primero un problema más sencillo?

Resuelve un problema más simple

Después de leer "Un cuento lanudo" y hacer tu predicción, intenta hallar el patrón haciendo unos problemas sencillas.

1 ¿Puedes determinar cuántas ovejas serán esquiladas antes que Eric, si hay 6 ovejas delante de él? Usa fichas, diagramas o cualquier otro método para resolver el problema.

¿Qué pasaría si hubiera 11 ovejas delante de él? ¿Si hubiera entre 4 y 10? ¿O entre 11 y 13? Quizá te convenga hacer una tabla y luego graficar los datos.

Usa lo que has aprendido en problemas más fáciles.

2 Determina cuántas ovejas serían esquiladas antes que Eric, si hubiera 49 ovejas delante de él. ¿La respuesta es similar a la primera predicción que hiciste?

3 Describe una regla o expresión que sirva para calcular el número de ovejas esquiladas antes que Eric, para todo número de ovejas delante de él en la fila.

Un cuento lanudo

La oveja Eric está al final de una fila de ovejas que están esperando a ser esquiladas. Pero como es muy impaciente, cada vez que el esquilador se lleva a la oveja del frente de la fila para afeitarla, Eric se adelanta dos lugares.

Piensa cuánto va a tardar en llegar al frente de la fila. Antes de empezar, haz una predicción. Si hay 49 ovejas delante de Eric, ¿cuántas ovejas van a ser esquiladas antes que él llegue?

PATRONES EN NÚMEROS Y FIGURAS • LECCIÓN 10

Prueba tu regla

Determina cuántas ovejas se esquilarán antes que Eric, en los siguientes casos.

1 Hay 37 ovejas antes que Eric.

2 Hay 296 ovejas antes que él.

3 Hay 1,000 ovejas antes que él.

4 Hay 7,695 ovejas delante de esta oveja impaciente.

Ahora usa tu regla para determinar cuántas ovejas había delante de Eric, si:

5 13 ovejas fueron esquiladas antes que él.

6 21 ovejas fueron esquiladas antes que él.

¿Funciona tu regla con cualquier número?

Escribe sobre tu regla clandestina

El patrón que sigue Eric al adelantarse lugares en la fila, sigue una regla que contiene nuevas cosas que tienes que pensar.

- ¿En qué difieren las situaciones 5 y 6 de las situaciones 1 a 4?

- Describe cómo usaste tu regla para calcular cuántas ovejas había antes que Eric.

palabras importantes: gráfica de coordenadas, tabla

Ejercicios página 363

PATRONES EN NÚMEROS Y FIGURAS • LECCIÓN 10   **349**

11 Vamos de pesca

EXPLORA PATRONES GEOMÉTRICOS DE CRECIMIENTO

Ya has aprendido a identificar las reglas de muchos patrones simples y complejos. Ahora vas a aprender a describir el patrón del dibujo de un animal que cambia en varias maneras. Luego te tocará hacer crecer tus propios animales y describir los patrones que siguen.

Sal a pescar nuevos patrones de crecimiento

¿Cómo describirías el crecimiento de algunos patrones geométricos?

Los peces de Villapatrón crecen de cierta manera. El diagrama de puntos muestra las primeras cuatro etapas de crecimiento.

1 Para los peces en las etapas de crecimiento 1 a 6, determina el número de segmentos de recta y el número de puntos que tienen en cada etapa. Muestra tu respuesta con expresiones, tablas y gráficas.

2 Usa tus observaciones sobre el crecimiento del número de *segmentos de recta,* para contestar estas preguntas:

    a. ¿Cuántos segmentos de recta tiene un pez en la etapa 20?

    b. ¿Cuántos segmentos de recta tiene un pez en la etapa 101?

    c. ¿En cuál etapa tiene un pez 98 segmentos de recta?

    d. ¿En cuál etapa tiene un pez 399 segmentos de recta?

Pez encerrado en Villapatrón

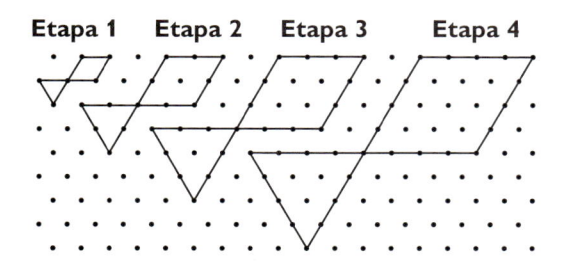

Etapa 1   Etapa 2   Etapa 3   Etapa 4

Existen dos maneras de medir el crecimiento de un pez: por segmentos de recta o por puntos.

Segmentos de recta
Cuenta los segmentos de recta que se requieren para hacer un pez. Se necesitan siete para el pez de la etapa 1.

Puntos
Cuenta el número de puntos dentro del cuerpo del pez (sin incluir la cola). El pez de la etapa 1 no tiene puntos y el pez de la etapa 2 tiene un punto.

3 Usa tus observaciones sobre el crecimiento del número de *puntos* para contestar estas preguntas.

   a. ¿Cuántos puntos tiene un pez en la etapa 20?

   b. ¿Cuántos puntos tiene un pez en la etapa 101?

¿Cómo podrías determinar el número de segmentos de recta o de puntos, que un pez tendría en una etapa cualquiera? Usa palabras, diagramas o ecuaciones para explicar tu método. Trata de explicarlo claramente.

Crea tu propio patrón de crecimiento

Observa los ejemplos del zoológico de la Villapatrón. Luego usa papel cuadriculado, diagramas de puntos o mondadientes para crear tu propio "animal" y mostrar su crecimiento en etapas. Asegúrate que su crecimiento siga una regla clara.

Dibuja tu animal y, en la parte de atrás de la hoja, escribe la regla de crecimiento que sigue en todas las etapas. Haz una tabla y una gráfica que muestre las etapas 1 a 5 del crecimiento de tu animal.

Escribe la explicación sobre por qué tu regla puede predecir el número de puntos o de segmentos de recta para un animal de cualquier tamaño.

¿Cuáles son algunos de los diversos patrones que describen cómo crece un dibujo?

Ejemplos del zoológico de Villapatrón

Etapa	1	2	3
Puntos	14	16	18
Área	6	7	8

Etapa	1	2	3
Hexágonos	1	4	7
Perímetro	6	18	30

Etapa	1	2	3
Perímetro	11	22	33
Área en triángulos	11	44	99

palabras importantes: expresión variable

Ejercicios página 364

12 El testamento

USA PATRONES PARA TOMAR DECISIONES

Los resultados de un patrón de crecimiento no siempre son obvios. En esta situación, vas a proyectar un patrón a futuro, para darle a Harriet una buena recomendación. Puedes elegir cualquier herramienta para describir los patrones.

Haz una predicción

¿Qué plan de pagos parece ser la mejor opción?

El tío de Harriet acaba de morir y le ha dejado cierta cantidad de dinero en su testamento. Sin embargo, tiene que decidir cuál es la mejor manera que tiene de cobrar este dinero. Lee los tres planes que ofrece el testamento y ayúdale a elegir el plan que más le conviene.

Antes de hacer cálculos, predice cuál de los planes le va a dar más dinero a Harriet después de 25 años. Anota las razones por las que lo elegiste.

Del testamento del tío de Harriet

... y a mi nieta Harriet, le dejo una cantidad de dinero en efectivo que puede gastar como ella desee y que recibirá al final de cada año, durante 25 años. Como sé que le gustan las matemáticas, le ofrezco tres planes para recibir el dinero.

Plan A:
$100 al final del año 1
$300 al final del año 2
$500 al final del año 3
$700 al final del año 4
$900 al final del año 5
(y así sucesivamente)

Plan B:
$10 al final del año 1
$40 al final del año 2
$90 al final del año 3
$160 al final del año 4
$250 al final del año 5
(y así sucesivamente)

Plan C:
1 centavo al final del año 1
2 centavos al final del año 2
4 centavos al final del año 3
8 centavos al final del año 4
16 centavos al final del año 5
(y así sucesivamente)

Compara los planes

Cada plan paga una cantidad mayor de dinero cada año, pero aumentan de modo diferente. Para comparar los planes, necesitas calcular la cantidad que Harriet recibirá cada año en cada plan.

1 ¿Qué patrones observaste en la cantidad de dinero que Harriet recibiría cada año para cada plan? Usa palabras, diagramas o expresiones para explicar los patrones.

2 Haz tablas y gráficas que muestren la cantidad de dinero que ella recibiría cada año, en cada plan. ¿Cuánto dinero recibiría el décimo año? ¿Cuánto el vigésimo año? ¿Cuánto el vigésimo quinto año?

3 Describe un método que te sirva para calcular cuánto recibiría Harriet al final de cada plan.

¿Cómo puedes comprender patrones y proyectarlos hacia el futuro?

Brinda un buen consejo

Escríbele una carta a Harriet aconsejándole qué plan debe elegir y por qué. Asegúrate de comparar los tres planes. Puedes usar palabras, diagramas, tablas, gráficas y expresiones para apoyar tu recomendación.

palabras importantes
gráfica de coordenadas
expresión

Ejercicios
página 365

PATRONES EN NÚMEROS Y FIGURAS • LECCIÓN 12   **353**

Ejercicios 1

Trucos de calendario

Aplica destrezas

Lee los enunciados de la A a la D. Luego indica cuáles son verdaderos para todo bloque de 2 por 2 (bloques de cuatro números).

A. La suma de los cuatro números es divisible entre 4.

B. La suma de los cuatro números es divisible entre 8.

C. La suma de los dos números inferiores difiere en 14 de la suma de los dos números superiores.

D. El número de la esquina inferior derecha es tres veces mayor que el de la esquina superior izquierda.

Dom	Lun	Mar	Miér	Jue	Vie	Sáb
1	2	3	4	5	6	7
8	9	10	11	12	13	14
15	16	17	18	19	20	21
22	23	24	25	26	27	28
29	30	31				

1. ¿Qué enunciados son verdaderos para el bloque sombreado en el calendario?

2. ¿Qué enunciados son verdaderos para el bloque formado por los números 6, 7, 13 y 14?

3. ¿Qué enunciados son verdaderos para el bloque formado por los números 19, 20, 26 y 27?

4. ¿Qué enunciados crees que son verdaderos para todo bloque de dos por dos (o de cuatro números) en el calendario?

Amplía conceptos

5. Elige dos bloques diferentes de nueve números, ordenados 3 hacia los lados y 3 hacia abajo, y verifica si esta regla se cumple: Para todo bloque de nueve números, el promedio de los cuatro números de la esquina equivale al valor del número del centro. Muestra tu trabajo y explica por qué se cumple la regla.

6. Elabora un truco propio que se aplique a todo bloque de nueve números, de tres por tres. Explica por qué funciona.

Haz la conexión

7. Se dice que la semana de siete días se basó originalmente en las ideas que se tenían sobre la influencia de los planetas. Durante mucho tiempo se creyó que siete cuerpos celestiales giraban alrededor de la Tierra. Los antiguos romanos tenían una semana de ocho días, basada en la periodicidad de los días de mercado.

a. ¿Qué patrón o truco observas en los números en una diagonal del calendario, por ejemplo: 2, 10, 18, . . . ? ¿Por qué funciona este truco? Revisa la regla del patrón para que funcione con un calendario de 8 días en cada fila.

b. ¿Funcionaría la regla incluida en el número **5,** en un calendario de 8 días por hilera? ¿Por qué?

Ejercicios 2

Pintura de caras

Aplica destrezas

Una compañía que fabrica barras de colores utiliza estampados de pintura para pintar sólo la cara delantera y uno de los extremos de cada barra, del siguiente modo:

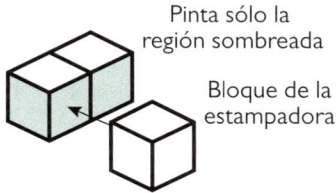

Pinta sólo la región sombreada
Bloque de la estampadora

1. Copia y completa la siguiente tabla para mostrar el número de bloques de la estampadora que se requieren para pintar barras que miden 1 a 10 unidades de largo.

Largo de la barra	Número de estampados
1	2
2	3
3	
4	
5	
6	
7	
8	
9	
10	

2. ¿Qué regla usarías para calcular el número de bloques de la estampadora que se necesitan para una barra de un tamaño cualquiera?
3. ¿Cuántos estampados se necesitan para pintar una barra que mide 23? ¿36? ¿64?
4. ¿Cuánto mide una barra, si el número de bloques de la estampadora que se necesitaron fue 23? ¿55? ¿217?

Amplía conceptos

Supón que la compañía también fabrica cubos de diferentes tamaños y usa los estampados para pintar sólo la cara frontal de cada cubo, como muestra la figura.

Longitud de lado 1
Longitud de lado 2 se necesitan 4 sellos
Bloques de la estampadora

5. Haz una tabla que muestre el número de bloques de la estampadora que se necesitan para cubos que midan entre 1 y 6. ¿Qué patrón observas? Escribe una regla general que permita calcular el número de bloques de la estampadora que necesita un cubo.
6. Usa tu regla del paso anterior para calcular el número de bloques de la estampadora que necesitarías para un cubo cuyo lado midiera 43.

Escritura

7. Contesta la carta al Dr. Matemático.

Estimado Dr. Matemático,
Decidí que no necesitaba calcular el número de bloques de la estampadora que se necesitarían para barras de cualquier tamaño. En vez de eso, usé una muestra que incluía varias longitudes e hice una tabla como ésta:

Largo de la barra	Número de estampados
1	6
3	14
5	22
10	42
20	82
100	402

Pero estoy confundido y no veo ningún patrón. ¿Es éste un buen atajo?
Pat Rones

PATRONES EN NÚMEROS Y FIGURAS • EJERCICIOS 2

Ejercicios 3

Atraviesa el río

Aplica destrezas

Supón que un grupo de excursionistas formado por 2 niños y varios adultos, debe cruzar un río en un pequeño bote. El bote sólo puede transportar 1 adulto, un niño o dos niños. Todos los excursionistas, incluyendo los niños, pueden remar en el bote.

¿Cuántas veces se necesita cruzar el río para que todos crucen al otro lado, si hay los siguientes números de adultos?

1. 3 **2.** 4 **3.** 5

4. Haz una tabla de datos que indique el número de veces que se debe cruzar el río, para una cantidad de adultos que varía de 1 a 8.

¿Cuántos viajes se necesitarían, si hubiera los siguientes números de adultos?

5. 11 **6.** 37
7. 93 **8.** 124

¿Cuántos adultos había, si hubo que cruzar el río las siguientes cantidades de veces?

9. 25 **10.** 49
11. 73 **12.** 561

Amplía conceptos

13. Calcula el número de veces que se debe cruzar el río, si el grupo contiene 4 adultos y 3 niños. Usa un método que te permita calcular el número de veces que se cruza el río y el número de adultos y niños en cada lado del río.

14. Haz una tabla que muestre el número de veces que necesitan cruzar el río 3 niños y de 1 a 5 adultos. Describe con palabras una regla general que permita calcular el número de veces que deben cruzar el río, un número cualquiera de adultos con 3 niños. ¿Cómo te ayudó la tabla a determinar la regla?

15. ¿Cuántas veces deberían cruzar el río 82 adultos y 3 niños?

16. ¿Cuántos adultos hay en un grupo, si se necesita cruzar el río 47 veces para que todos los adultos y 3 niños crucen el río?

Haz la conexión

17. Los indígenas Hupa, en el noroeste de California, fabrican canoas tallando la mitad de un tronco de secoya. Estas canoas pueden transportar hasta 5 adultos. Si un solo adulto puede conducir la canoa ¿cuántas veces tienen que cruzar el río para que 17 adultos puedan atravesar el río?

356 PATRONES EN NÚMEROS Y FIGURAS • EJERCICIOS 3

Al pie de la letra

Aplica destrezas

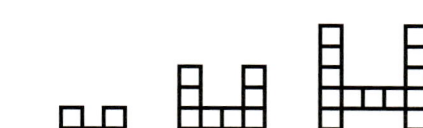

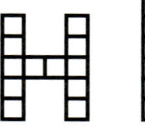

Tamaño 1   Tamaño 2   Tamaño 3

1. Dibuja una *H* de tamaño 4 y una de tamaño 5.

2. ¿Cuántas baldosas se necesitan para hacer una *H*, para cada tamaño de 1 a 5?

3. ¿Cuántas baldosas se deben agregar a la *H*, cada vez que aumenta un tamaño?

4. ¿Cuál de estas expresiones indica cuántas piezas se requieren para hacer una letra *H*? La variable *s* representa el número del tamaño.

   $2s$ $5s$ $2s + 5$ $5s + 2$ $4s + 3$

5. Predice el número de baldosas que se necesitan para hacer letras *H* de los siguientes tamaños:

   a. 11   b. 19   c. 28
   d. 57   e. 129

6. ¿Cuál sería la *H* de mayor tamaño que podrías hacer, si tuvieras:

   a. 42 baldosas?   b. 52 baldosas?
   c. 127 baldosas?   d. 152 baldosas?

Amplía conceptos

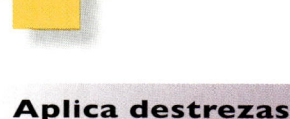

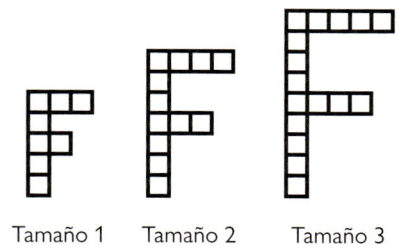

Tamaño 1   Tamaño 2   Tamaño 3

7. a. Determina el número de baldosas que se necesita hacer cada letra *F* de tamaño 1 a 5. Luego, describe con palabras una regla te sirva para calcular el número de baldosas que se necesita para hacer una letra *F* de un tamaño cualquiera.

   b. Escribe una expresión para describir la regla que describiste en el paso **7a**. Representa el tamaño con la letra *s*.

   c. Explica por qué *s* es una variable.

8. Para hacer una letra secreta, el número de piezas que se necesita es $3s + 8$. La variable *s* representa el tamaño. ¿Cuántas piezas se agregan cada vez que aumenta un tamaño? ¿Cómo lo sabes? ¿Qué letra crece más rápidamente: la letra secreta o la letra *F*?

Haz la conexión

9. La escala Celsius de temperatura usa el punto de congelación del agua para indicar 0 grados Celsius y el punto de ebullición del agua para indicar 100 grados Celsius. Si c representa una temperatura dada en grados Celsius, se puede usar la expresión $1.8c + 32$ para calcular su equivalencia en grados Fahrenheit. ¿Qué temperatura en grados Fahrenheit corcontesta a 16 grados Celsius? ¿A 25 grados Celsius? ¿Cómo obtuviste las respuestas?

PATRONES EN NÚMEROS Y FIGURAS • EJERCICIOS 4   357

Ejercicios 5 — Embaldosado de arriates

Aplica destrezas

Calcula el valor de estas expresiones, si $l = 3$ y $w = 5$:

1. $6l$ **2.** $3l + w$ **3.** $4(l + w)$
4. $lw - 2$ **5.** $l(w - 2)$

En las preguntas **6 a la 17**, supón que cada jardín mide un cuadrado de ancho. Supón que quieres rodear cada jardín con una fila sencilla de baldosas:

Longitud 2, se necesitan 10 baldosas para rodearlo

Calcula el número de baldosas que se necesitan para rodear jardines del siguiente largo.

6. 4 **7.** 7 **8.** 13
9. 25 **10.** 57 **11.** 186

Calcula el largo de los siguientes jardines, si el número de baldosas que se necesitan para rodearlos son los siguientes:

12. 16 **13.** 38 **14.** 100
15. 370 **16.** 606

17. ¿Cuál de las siguientes expresiones *no* sirve para calcular el número de baldosas que se necesitan para rodear jardines que miden l cuadrados de longitud?

  a. $(l + 3) \times 2$ **b.** $(l + 2) \times 2 + 2$
  c. $2l + 6$ **d.** $(l + 2) \times 2$
  e. $(l + 1) \times 2 + 4$

Amplía conceptos

18. a. Escribe dos expresiones diferentes que sirvan para calcular el número de baldosas que se necesitan para rodear jardines que midan 4 de ancho, pero cuyo largo varíe. Representa el largo con l.

  b. Explica por qué ambas expresiones tienen sentido, relacionando las partes de la expresión con el jardín y las baldosas.

  c. ¿Cuántas baldosas se necesitan para rodear un jardín que mide 4 de ancho y 35 de largo?

19. Supón que uno de los lados del jardín está limitado por una pared, del siguiente modo:

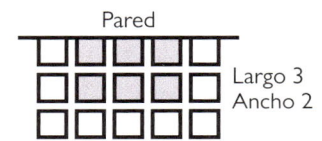

Pared
Largo 3
Ancho 2

El largo y el ancho pueden variar. Escribe una expresión que represente el número de baldosas que se necesitan. Representa el largo con l y el ancho con w.

Haz la conexión

20. Los jardines japoneses son considerados como sitios para contemplar la naturaleza. Estos jardines suelen aislarse del mundo exterior, por ejemplo, con una cerca de bambú, para crear una sensación de santuario. ¿Cuál debe ser la longitud de una cerca que rodee un jardín rectangular, que mide 70 pies de largo y 30 pies de ancho?

Ejercicios 6

Cajas de chocolates

Aplica destrezas

Cada caja de chocolates Choco tiene un chocolate claro por cuatro chocolates oscuros, como muestra la figura. El tamaño de la caja indica el número de columnas y filas de chocolate oscuro.

Tamaño 3 por 4

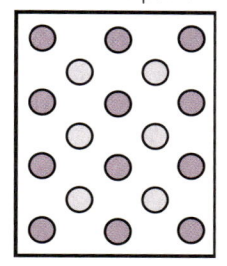

Calcula el número de chocolates oscuros y el número de chocolates claros en cajas con estas dimensiones:

1. 5 por 5　　**2.** 8 por 10
3. 15 por 30　　**4.** 40 por 75

Anota el número total de chocolates que contienen cajas de estas dimensiones:

5. 3 por 5　　**6.** 7 por 9
7. 18 por 20　　**8.** 30 por 37

Amplía conceptos

9. Se puede usar cualquiera de las siguientes expresiones equivalentes lw $lw + (l-1) \times (w-1)$ ó $2lw - l - w + 1$ para calcular el número total de chocolates en una caja de chocolates Choco.

   a. Verifica que con ambas expresiones se obtiene el mismo resultado para una caja de 16 por 6.

   b. Explica por qué tiene sentido la primera expresión.

10. La compañía chocolates Choco quiere hacer nuevas cajas de forma triangular, como las de la figura. Escribe reglas que sirvan para calcular el número de chocolates claros, el número de chocolates oscuros y el número total de chocolates en una caja triangular de cualquier tamaño. ¿Cuántos chocolates claros y cuántos oscuros tiene una caja de tamaño 9? ¿Cuántos una de tamaño 22?

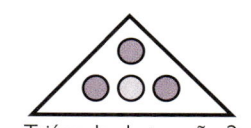

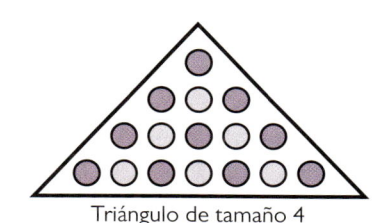

Triángulo de tamaño 2　　Triángulo de tamaño 3

Triángulo de tamaño 4

Escritura

11. Escribe un párrafo que describa cómo has usado variables y expresiones para describir patrones. Asegúrate de explicar el significado de las palabras *variable* y *expresión*. Anota ejemplos del uso de expresiones para describir patrones.

Ejercicios 7
Dibujos a partir de puntos en un cuadriculado

Aplica destrezas

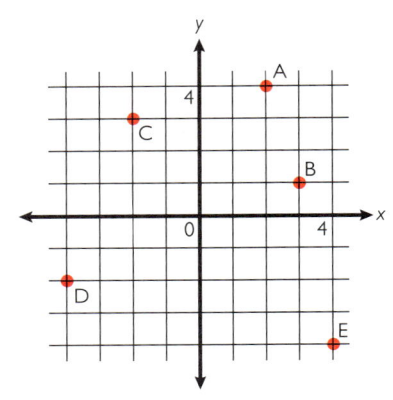

1. Anota las coordenadas de los cinco puntos que aparecen en el plano de coordenadas.

2. Dibuja un plano de coordenadas similar al anterior y localiza los siguientes puntos.
   - **a.** $(1, 4)$
   - **b.** $(-3, 4)$
   - **c.** $(-1, 0)$
   - **d.** $(-3, -2)$
   - **e.** $(1, -2)$

Indica si cada enunciado es verdadero o falso:

3. La coordenada y del punto $(3, -5)$ es 3.

4. La coordenada x del punto $(-9, 1)$ es -9.

5. El punto $(0, -5)$ se halla en el eje x.

6. El punto $(0, 4)$ se halla en el eje y.

7. Los puntos $(2, 5)$ y $(-3, 5)$ yacen en una misma recta horizontal.

Amplía conceptos

8. Indica cómo hacer el siguiente dibujo usando coordenadas. Puedes usar otras instrucciones, pero no puedes usar dibujos.

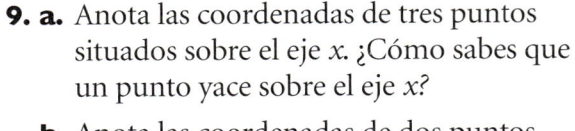

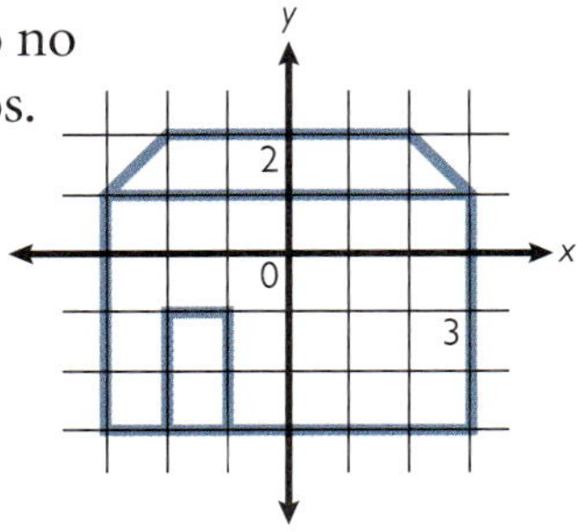

9. **a.** Anota las coordenadas de tres puntos situados sobre el eje x. ¿Cómo sabes que un punto yace sobre el eje x?

   b. Anota las coordenadas de dos puntos situados sobre una misma recta vertical. ¿Cómo sabes que dos puntos yacen sobre la misma recta vertical?

Escritura

10. Contesta la carta al Dr. Matemático.

> Estimado Dr. Matemático,
>
> Tom me pidió que predijera qué obtendría, si empezando en el punto $(3, -5)$ de un plano de coordenadas, trazo una recta hacia el punto $(3, 1)$ y continúo con otra recta hacia el punto $(3, 7)$. Noté de inmediato que todos los puntos tienen la misma coordenada X. Dado que el eje X es horizontal, entonces voy a obtener una recta horizontal. ¿Es este un buen razonamiento? Quiero estar seguro porque Tom se va a burlar de mí, si me equivoco.
>
> C. Ordenado

Ejercicios 8
Puntos, diagramas y patrones

Aplica destrezas

Regla A: La coordenada y es tres veces mayor que la coordenada x.

Regla B: La coordenada y es tres unidades mayor que la coordenada x.

Lee las Reglas A y B. Luego, indica cuál de los pares ordenados satisface alguna de las reglas.

1. $(2, 6)$ 2. $(12, 4)$ 3. $(3, 6)$
4. $(0, 3)$ 5. $(-1, -3)$ 6. $(5, 2)$

Lee las Reglas C, D y E y luego contesta las preguntas **7** y **8**.

Regla C: La coordenada y es dos veces mayor que la coordenada x.

Regla D: La coordenada y es seis unidades mayor que la coordenada x.

Regla E: La coordenada y es cinco veces mayor que la coordenada x.

7. De C, D y E, ¿cuál(es) Regla(s) produce(n) una recta que pasa por el origen?

8. De C, D y E, ¿qué Regla produce una recta más inclinada?

9. **a.** Copia y completa esta tabla usando la **Regla F**: La coordenada x es dos unidades menor que la coordenada y.

x	y
	4
	−2
3	
−1	

b. Grafica los puntos de la tabla en un plano de coordenadas. ¿Se hallan los puntos en una línea recta?

Amplía conceptos

10. Haz una tabla de puntos que satisfagan esta regla: La coordenada y es dos veces mayor que la coordenada x. Grafica los puntos en un plano de coordenadas y traza una recta sobre los puntos.

11. Elige un nuevo punto sobre la recta que trazaste en la pregunta 10. ¿Qué notas en sus coordenadas? ¿Crees que esto se cumpliría para todo punto sobre la recta?

12. Haz dos reglas numéricas diferentes que produzcan reglas paralelas.

13. Haz una regla numérica que produzca una recta que descienda de izquierda a derecha.

Haz la conexión

El número de diagonales que se pueden dibujar en un *polígono*, desde uno de sus *vértices*, es 3 menos que el número de lados del polígono.

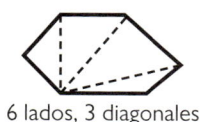

6 lados, 3 diagonales

En la siguiente tabla x representa el número de lados del polígono y y el número de diagonales que se pueden trazar desde uno de sus vértices.

14. Completa la tabla y luego grafica los puntos en un plano de coordenadas. ¿Qué notas?

x	y
5	2
6	
9	
	8

PATRONES EN NÚMEROS Y FIGURAS • EJERCICIOS 8

Ejercicios 9

Día de pago en el planeta Aventura

Aplica destrezas

Lisa trabaja en el tobogán acuático del parque Planeta Aventura. Su salario es $9 por hora. Joel trabaja en el Viaje Misterioso y gana $5 por hora más un bono único de $12 por disfrazarse de payaso.

1. Haz una tabla que muestre el salario de Lisa por trabajar de 1 a 7 horas.

2. ¿Cuántas horas debe trabajar Lisa para ganar lo siguiente:
   a. $81?
   b. $99?
   c. $31.50?
   d. $58.50?

3. Haz una tabla que muestre el salario de Joel por trabajar de 1 a 7 horas.

4. ¿Cuánto va a ganar Joel si trabaja 8 horas? ¿4.5 horas? ¿7.5 horas?

5. ¿Cuántas horas debe trabajar Joel para ganar lo siguiente?
   a. $57?
   b. $67?
   c. $39.50?
   d. $54.50?

6. Copia los siguientes ejes. Grafica los datos del salario de Lisa. Grafica en el mismo plano de coordenadas el salario de Joel.

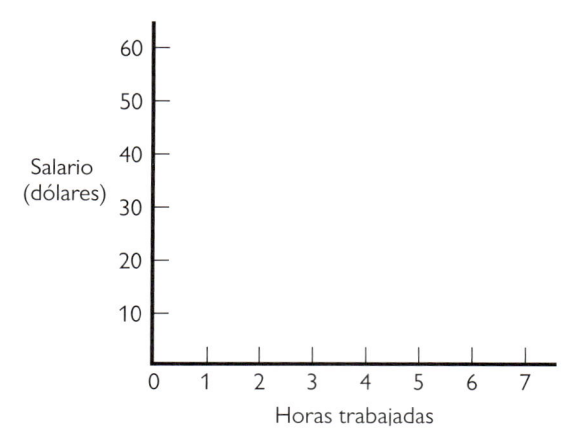

Amplía conceptos

7. Escribe una regla que permita calcular el salario de Joel para un número cualquiera de horas.

8. ¿Después de cuántas horas Joel y Lisa ganarían lo mismo? ¿Cómo puedes averiguar esto usando las gráficas? ¿Sin usar las gráficas?

9. Durante cuáles números de horas de trabajo Joel va a ganar más que Lisa.

10. ¿Por qué la línea para Lisa está más inclinada?

11. ¿Por qué la línea para el salario de Joel no pasa por el origen?

12. Si Joel trabaja 4 horas, ¿cuánto ganará? ¿Cuál es su salario *por hora*? Si trabaja más de 4 horas, ¿aumentará o disminuirá su ingreso promedio por hora?

Escritura

13. Contesta la carta al Dr. Matemático.

> Estimado Dr. Matemático,
>
> Me han ofrecido dos trabajos diferentes. En el primero, me pagan $8 por hora y en el segundo, me pagan una cantidad fija de $24 diarios más $5 por hora. ¿Qué trabajo me conviene elegir, si quiero recibir el mejor salario? ¿Cómo puedo averiguarlo?
>
> En Bancarrota en Bancarrovilla

Ejercicios 10

Saltándose la fila

Aplica destrezas

La oveja Eric está formada en una fila para ser esquilado. Cada vez que la primera oveja en la fila es esquilada, Eric se salta dos lugares.

¿Cuántas ovejas serán esquiladas antes que Eric, si el número de ovejas delante de él en la fila son los siguientes:

1. 5?   **2.** 8?
3. 15?   **4.** 42?
5. 112?   **6.** 572?

¿Cuántas ovejas habría estado frente a él, si los números de ovejas esquiladas antes que él hubiesen sido los siguientes:

7. 7?   **8.** 12?
9. 25?   **10.** 39?

Amplía conceptos

En las siguientes preguntas, supón que cada vez que la oveja del frente es esquilada, Eric se salta *tres* lugares, en vez de dos.

11. Completa la tabla para esta situación. Luego grafica los datos.

Número de ovejas en la fila delante de Eric	Número de ovejas esquiladas antes que Eric
4	
5	
6	
7	
8	
9	
10	
11	

12. ¿Cuántas ovejas serán esquiladas antes que Eric, si hay 66 ovejas antes que él? ¿Cómo lo sabes?

13. ¿Cómo podrías calcular el número de ovejas esquiladas antes que Eric, para un número *cualquiera* de ovejas formadas antes que él? Describe dos métodos que podrías usar y explica por qué ambos métodos funcionan.

14. Si se esquilan 28 ovejas antes que Eric, ¿cuántas ovejas había en fila antes que él? ¿Cómo lo determinaste? ¿Por qué no existe sólo una sola respuesta correcta?

Escritura

15. Describe un método que sirva para calcular el número de ovejas esquiladas antes que Eric, para un número cualquiera de ovejas formadas antes que él y para un número cualquiera de lugares que se salte.

PATRONES EN NÚMEROS Y FIGURAS • EJERCICIOS 10

11 Ejercicios

Vamos de pesca

Aplica destrezas

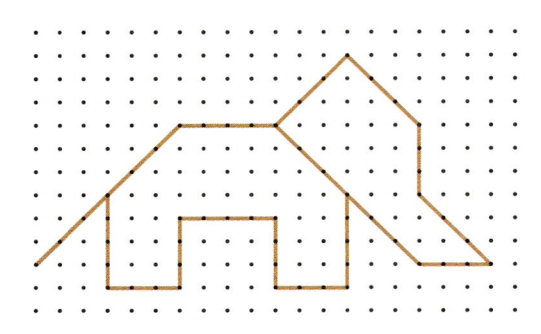

Este dibujo muestra a un elefante en la etapa 3 de crecimiento. Mide 10 unidades de altura, 19 unidades de largo y tiene un área corporal (sin incluir la cabeza) de 49 unidades cuadradas.

1. Determina cuál sería la altura, el largo y el área corporal de un elefante en las etapas 1 a la 6. Muestra tus respuestas en una tabla.

2. Haz gráficas que muestren la altura, longitud y el área corporal de dibujos de elefantes en las etapas 1 a la 6.

Usa los patrones que observaste en tu tabla, para calcular la altura, el largo y el área corporal de los dibujos de elefantes en las siguientes etapas de crecimiento:

3. 12
4. 20
5. 72
6. 103

7. ¿En qué etapa de crecimiento el elefante tiene una altura de 28? ¿49? ¿76? ¿211?

8. ¿En qué etapa está el elefante si mide 67 de longitud? ¿Si mide 133? ¿325?

Amplía conceptos

9. Usa palabras y expresiones para describir reglas que te permitirían calcular la altura, longitud y área corporal de dibujos de elefantes en cualquier etapa de crecimiento.

10. ¿En qué etapa de crecimiento está un elefante, si tiene un área corporal de 529? Explica cómo obtuviste la respuesta.

11. Crea tu propio "animal" y muestra dibujos que muestren cómo crece en etapas. Asegúrate que tenga una regla clara de crecimiento. Haz una tabla que muestre las etapas 1 a la 5 de crecimiento del animal. Describe con palabras su regla de crecimiento. Describe la regla con variables y expresiones.

Escritura

12. ¿Crees que es probable que la altura de un elefante verdadero aumente según el patrón que describiste en la pregunta 9? ¿Por qué?

Ejercicios 12: El testamento

Aplica destrezas

Es probable que Annie herede dinero según uno de tres planes. Las cantidades de dinero que cada plan ofrece al final de los años 1, 2, 3, 4 y 5, respectivamente, es la siguiente.

Plan A: $100, $250, $400, $550, $700 y así sucesivamente.

Plan B: $10, $40, $100, $190, $310 y así sucesivamente.

Plan C: 1 centavo, 3 centavos, 9 centavos, 27 centavos, 81 centavos y así sucesivamente.

1. Haz una tabla que muestre la cantidad de dinero que Annie recibiría en cada plan, durante los años 1 al 15.
2. Haz una gráfica para cada plan, que muestre la cantidad de dinero que Annie recibiría al final de los años 1 al 10.
3. ¿Qué plan ofrece más dinero al final del año 8? ¿12? ¿17? ¿20?
4. Describe en palabras el patrón de crecimiento de cada plan.

Amplía conceptos

5. ¿Si Annie elige el Plan A, al final de cuál año recibirá más de $5,000? ¿Si elige el Plan B? ¿Si elige el Plan C?
6. ¿Qué plan le recomendarías a Annie? ¿Por qué?
7. Elabora un patrón que le dé a Annie más dinero que el Plan A, al final del año 15, pero menos que el Plan B.

Haz la conexión

8. La **media vida** de una sustancia radiactiva es el tiempo que demora en desintegrarse la mitad de una cantidad dada de la sustancia. La media vida sirve para datar eventos del pasado de la Tierra. El uranio, por ejemplo, tiene una media vida de 4.5 billones de años. Supón que la media vida de una sustancia dada es 6 días y que la muestra inicial era de 400 gramos. Después de 6 días, la cantidad restante será 200 gramos, después de 12 días será de 100 gramos, y así sucesivamente.

   a. ¿Qué cantidad habrá después de 18 días? ¿Después de 24 días?
   b. ¿Cuándo quedará 3.125 gramos de sustancia?
   c. ¿Llegará alguna vez a ser cero la cantidad restante? ¿Por qué?

Glosario/Glossary

Cómo usar el glosario en inglés:

1. Busca el término en español que desees encontrar.

2. El término en inglés, junto con la definición, se encuentra debajo del término en español.

A

algoritmo procedimiento específico, paso a paso, para cualquier operación matemática
algorithm a specific step-by-step procedure for any mathematical operation

ángulo opuesto en un triángulo, un lado y un ángulo están opuestos si el lado no se usa para formar el ángulo
opposite angle in a triangle, a side and an angle are said to be opposite if the side is not used to form the angle

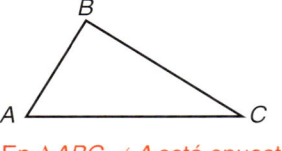

Ejemplo/Example:

En △ABC, ∠A está opuesto a $\overline{BC}$.
In △ABC, ∠A is opposite $\overline{BC}$.

ángulo recto un ángulo que mide 90°
right angle an angle that measures 90°

Ejemplo/Example:

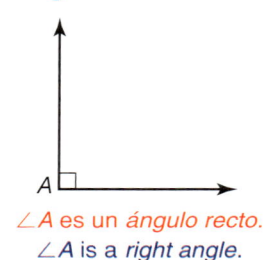

∠A es un *ángulo recto*.
∠A is a *right angle*.

ángulos iguales ángulos que miden el mismo número de grados
equal angles angles that measure the same number of degrees

anotación desarrollada un método para escribir un número que destaca el valor de cada dígito
expanded notation a method of writing a number that highlights the value of each digit

Ejemplo/Example: $867 = 800 + 60 + 7$

área el tamaño de una superficie, expresada generalmetne en unidades cuadradas
area the size of a surface, usually expressed in square units

Ejemplo/Example:

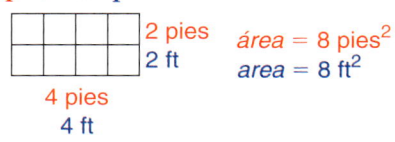

2 pies / 2 ft
4 pies / 4 ft
área = 8 pies^2
area = 8 ft^2

arista una línea en donde se unen dos planos de un cuerpo geométrico
edge a line along which two planes of a solid figure meet

B

base [1] el lado o cara donde descansa una figura tridimensional; [2] el número de caracteres que contiene un sistema numérico
base [1] the side or face on which a three-dimensional shape stands; [2] the number of characters a number system contains

bidimensional que tiene dos propiedades de medición; longitud y ancho
two-dimensional having two measurable qualities: length and width

C

cara lado bidimensional de una figura tridimensional
face a two-dimensional side of a three-dimensional figure

centímetro cúbico la cantidad que contiene un cubo con aristas que tienen 1 cm de longitud
cubic centimeter the amount contained in a cube with edges that are 1 cm in length

cociente el resultado que se obtiene al dividir un número o variable (el divisor) por otro número o variable (el dividendo)
quotient the result obtained from dividing one number or variable (the divisor) into another number or variable (the dividend)

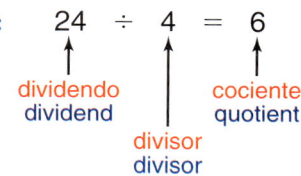

Ejemplo/Example: $24 \div 4 = 6$

dividendo / dividend
divisor / divisor
cociente / quotient

366 GLOSARIO/GLOSSARY

D

decimal finito un decimal con un número limitado de dígitos
terminating decimal a decimal with a finite number of digits

decimal periódico un decimal en el que un dígito o un conjunto de dígitos se repiten infinitamente
repeating decimal a decimal in which a digit or a set of digits repeat infinitely

> **Ejemplos/Examples:** 0.121212 . . .

denominador el número de la parte inferior de una fracción
denominator the bottom number in a fraction

> **Ejemplo:** para $\frac{a}{b}$, b es el denominador
> **Example:** for $\frac{a}{b}$, b is the denominator

denominador común un número entero que es el denominador de todos los miembros de un grupo de fracciones
common denominator a whole number that is the denominator for all members of a group of fractions

> **Ejemplo:** Las fracciones $\frac{5}{8}$ y $\frac{7}{8}$ tienen al 8 como denominador común.
> **Example:** The fractions $\frac{5}{8}$ and $\frac{7}{8}$ have a common denominator of 8.

descomposición en factores primos la expresión de un número compuesto como un producto de sus factores primos
prime factorization the expression of a composite number as a product of its prime factors

> **Ejemplos/Examples:** $504 = 2^3 \times 3^2 \times 7$
> $30 = 2 \times 3 \times 5$

dibujo a escala un dibujo proporcionalmente correcto de un objeto o área en su tamaño real, ampliado o reducido
scale drawing a proportionally correct drawing of an object or area at actual, enlarged, or reduced size

dibujo isométrico una representación bidimensional de un objeto tridimensional en el que las aristas paralelas están dibujadas como líneas paralelas
isometric drawing a two-dimensional representation of a three-dimensional object in which parallel edges are drawn as parallel lines

> **Ejemplo/Example:**

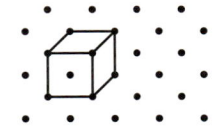

dibujo ortogonal siempre muestra tres vistas de un objeto—superior, lateral y frontal
orthogonal drawing always shows three views of an object—top, side, and front. The views are drawn straight-on.

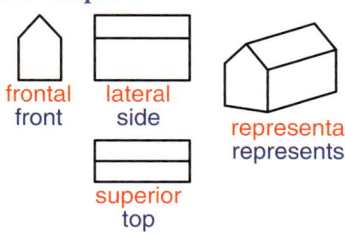

> **Ejemplo/Example:**
> frontal / front
> lateral / side
> superior / top
> representa / represents

diferencia el resultado obtenido cuando un número es restado de otro
difference the result obtained when one number is subtracted from another

distribución el patrón de frecuencia para un conjunto de datos
distribution the frequency pattern for a set of data

E

encuesta un método de recopilar datos estadísticos en el que se les pide a las personas que contesten preguntas
survey a method of collecting statistical data in which people are asked to answer questions

enteros el conjunto de todos los números enteros y sus aditivos inversos {. . . −5, −4, −3, −2, −1, 0, 1, 2, 3, 4, 5 . . .}
integers the set of all whole numbers and their additive inverses {. . . −5, −4, −3, −2, −1, 0, 1, 2, 3, 4, 5 . . .}

enunciado numérico combinación de números y operaciones, que expresa que dos expresiones son iguales
number sentence a combination of numbers and operations, stating that two expressions are equal

equilátero una figura que tiene más de un lado, los cuales son del mismo largo
equilateral a shape having more than one side, each of which is the same length

equivalente igual en valor
equivalent equal in value

escala la razón entre el tamaño real de un objeto y una representación proporcional
scale the ratio between the actual size of an object and a proportional representation

estimado una aproximación o cálculo aproximado
estimate an approximation or rough calculation

GLOSARIO/GLOSSARY 367

exponente numeral que indica cuántas veces un número o expresión se debe multiplicar por sí mismo
exponent a numeral that indicates how many times a number or expression is to be multiplied by itself

Ejemplo: En la ecuación $2^3 = 8$, el *exponente* es 3.
Example: In the equation $2^3 = 8$, the *exponent* is 3.

expresión una combinación matemática de números, variables y operaciones
expression a mathematical combination of numbers, variables, and operations

Ejemplo/Example: $6x + y^2$

expresión aritmética una relación matemática expresada como un número, o dos o más números con signos de operación
arithmetic expression a mathematical relationship expressed as a number, or two or more numbers with operation symbols

expresiones equivalentes expresiones que siempre tienen el mismo número como resultado o el mismo significado matemático para todos los valores sustitutos de sus variables
equivalent expressions expressions that always result in the same number, or have the same mathematical meaning for all replacement values of their variables

Ejemplo/Example: $\frac{9}{3} + 2 = 10 - 5$
$2x + 3x = 5x$

F

factor un número o expresión que se multiplica por otro para obtener un producto
factor a number or expression that is multiplied by another to yield a product

Ejemplo: 3 y 11 son *factores* de 33.
Example: 3 and 11 are *factors* of 33.

factor común un número entero que es el factor de cada número en un conjunto de números
common factor a whole number that is a factor of each number in a set of numbers

Ejemplo: 5 es un *factor común* de 10, 15, 25 y 100.
Example: 5 is a *common factor* of 10, 15, 25, and 100.

factor de escala el factor por el cual todos los componentes de un objeto se multiplican para crear una ampliación o reducción proporcional
scale factor the factor by which all the components of an object are multiplied in order to create a proportional enlargement or reduction

figura regular una figura en la que todos los lados son iguales y todos los ángulos son iguales
regular shape a figure in which all sides are equal and all angles are equal

fracción número que representa una parte de un entero; un cociente en la forma $\frac{a}{b}$
fraction a number representing some part of a whole; a quotient in the form $\frac{a}{b}$

fracción impropia una fracción en la cual el numerador es mayor que el denominador
improper fraction a fraction in which the numerator is greater than the denominator

Ejemplos/Examples: $\frac{21}{4}, \frac{4}{3}, \frac{2}{1}$

fracciones equivalentes fracciones que representan el mismo cociente, pero tienen numeradores y denominadores diferentes
equivalent fractions fractions that represent the same quotient but have different numerators and denominators

Ejemplo/Example: $\frac{5}{6} = \frac{15}{18}$

G

gráfica de barras una forma de mostrar información usando barras horizontales o verticales
bar graph a way of displaying data using horizontal or vertical bars

gráfica de barras dobles un diseño gráfico que usa barras horizontales y verticales para indicar la relación entre los datos
double-bar graph a graphical display that uses paired horizontal or vertical bars to show a relationship between data

Ejemplo/Example:

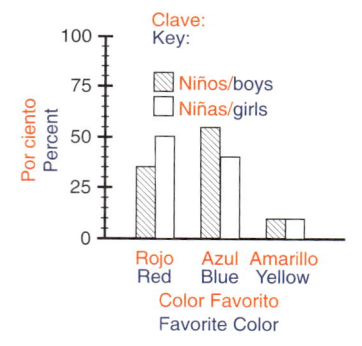

gráfica de frecuencia gráfica que muestra similitudes entre los resultados de forma que podamos notar rápidamente lo que es típico y lo que es inusual
frequency graph a graph that shows similarities among the results so one can quickly tell what is typical and what is unusual

368 GLOSARIO/GLOSSARY

gráfica de líneas punteadas un tipo de gráfica lineal que muestra el cambio en un período de tiempo
broken-line graph a type of line graph used to show change over a period of time

Ejemplo/Example:

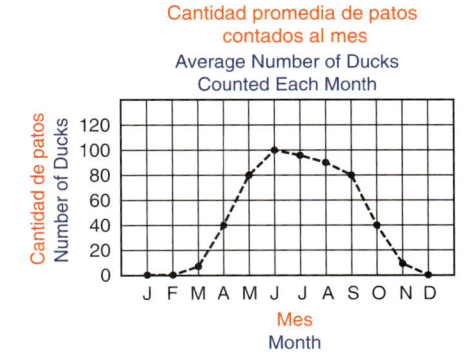

Cantidad promedia de patos contados al mes
Average Number of Ducks Counted Each Month

gráfica de coordenadas la representación de puntos en el espacio en relación con las rectas de referencia; generalmente, un eje *x* horizontal y un eje *y* vertical
coordinate graph the representation of points in space in relation to reference lines—usually, a horizontal *x*-axis and a vertical *y*-axis

M

máximo común divisor (MCD) el número más grande que sea un factor de dos o más números
greatest common factor (GCF) the greatest number that is a factor of two or more numbers

Ejemplo: El *máximo común divisor* de 30, 60 y 75 es 15.
Example: The *greatest common factor* of 30, 60, and 75 is 15.

media el cociente que se obtiene cuando la suma de los números de un conjunto se divide entre el número de sumandos
mean the quotient obtained when the sum of the numbers in a set is divided by the number of addends

Ejemplo: La *media* de 3, 4, 7 y 10 es $(3 + 4 + 7 + 10) \div 4$ ó 6.
Example: The *mean* of 3, 4, 7, and 10 is $(3 + 4 + 7 + 10) \div 4$ or 6.

mediana el número medio en un conjunto de números ordenado
median the middle number in an ordered set of numbers

Ejemplo: 1, 3, 9, 16, 22, 25, 27
16 es la *mediana*.
Example: 1, 3, 9, 16, 22, 25, 27
16 is the *median*.

medida estándar medidas usadas comúnmente, así como el metro para medir longitud, el kilogramo para medir masa y el segundo para medir tiempo
standard measurement commonly used measurements, such as the meter used to measure length, the kilogram used to measure mass, and the second used to measure time

medida lineal la medida de la distancia entre dos puntos en una recta
linear measure the measure of the distance between two points on a line

mínimo común denominador (MCD) el mínimo común múltiplo de los denominadores de dos o más fracciones
least common denominator (LCD) the least common multiple of the denominators of two or more fractions

Ejemplo: 12 es el *mínimo común denominador* de $\frac{1}{3}, \frac{2}{4}$ y $\frac{3}{6}$.
Example: 12 is the *least common denominator* of $\frac{1}{3}, \frac{2}{4}$, and $\frac{3}{6}$.

mínimo común múltiplo (MCM) el número más pequeño que no sea cero que sea múltiplo de dos o más números enteros
least common multiple (LCM) the smallest nonzero whole number that is a multiple of two or more whole numbers

Ejemplo: El *mínimo común múltiplo* de 3, 9 y 12 es 36.
Example: The *least common multiple* of 3, 9, and 12 is 36.

moda el número o elemento que se presenta con más frecuencia en un conjunto de datos
mode the number or element that occurs most frequently in a set of data

Ejemplo: 1, 1, 1, 2, 2, 3, 5, 5, 6, 6, 6, 6, 8
6 es la *moda*.
Example: 1, 1, 1, 2, 2, 3, 5, 5, 6, 6, 6, 6, 8
6 is the *mode*.

muestra por sustitución una muestra escogida para que el elemento tenga la oportunidad de ser seleccionado más de una vez
sampling with replacement a sample chosen so that each element has the chance of being selected more than once

Ejemplo: Se saca una baraja, se devuelve al mazo y se saca una segunda baraja. Como la primera baraja se regresó al mazo, el número de barajas permanece constante.
Example: A card is drawn from a deck, placed back into the deck, and a second card is drawn. Since the first card is replaced, the number of cards remains constant.

GLOSARIO/GLOSSARY

múltiplo el producto de un número dado y un entero
multiple the product of a given number and an integer

> **Ejemplos:** 8 es un *múltiplo* de 4. 3.6 es un *múltiplo* de 1.2.
> **Examples:** 8 is a *multiple* of 4. 3.6 is a *multiple* of 1.2.

N

numerador el número de la parte superior de una fracción. En la fracción $\frac{a}{b}$, a es el numerador.
numerator the top number in a fraction. In the fraction $\frac{a}{b}$, a is the numerator.

número con signo un número precedido por un signo positivo o negativo. Los números positivos por lo general se escriben sin signo.
signed number a number preceded by a positive or negative sign. Positive numbers are usually written without a sign.

número mixto un número formado por un número entero y una fracción
mixed number a number composed of a whole number and a fraction

> **Ejemplo/Example:** $5\frac{1}{4}$

número primo un número entero mayor que 1 cuyos únicos factores son 1 y él mismo
prime number a whole number greater than 1 whose only factors are 1 and itself

> **Ejemplos/Examples:** 2, 3, 5, 7, 11

números romanos sistema numeral que consiste en los símbolos I (1), V (5), X (10), L (50), C (100), D (500) y M (1,000). Cuando un símbolo romano es precedido por un símbolo de igual o de menor valor, los valores de los símbolos se suman (XVI = 16). Cuando un símbolo es precedido por un símbolo de menor valor, los valores se restan (IV = 4).
Roman numerals the numeral system consisting of the symbols I (1), V (5), X (10), L (50), C (100), D (500), and M (1,000). When a Roman symbol is preceded by a symbol of equal or greater value, the values of a symbol are added (XVI = 16). When a symbol is preceded by a symbol of lesser value, the values are subtracted (IV = 4).

O

operaciones acciones aritméticas hechas en números, matrices o vectores
operations arithmetical actions performed on numbers, matrices, or vectors

operaciones inversas operaciones que se anulan mutuamente
inverse operations operations that undo each other

> **Ejemplos:** La adición y la resta son operaciones inversas: 5 + 4 = 9 y 9 − 4 = 5. Sumar 4 es el inverso de restar por 4.
> La multiplicación y la división son operaciones inversas: 5 × 4 = 20 y 20 ÷ 4 = 5. Multiplicar por 4 es el inverso de dividir por 4.
> **Examples:** Addition and subtraction are inverse operations: 5 + 4 = 9 and 9 − 4 = 5. Adding 4 is the inverse of subtracting by 4.
> Multiplication and division are inverse operations: 5 × 4 = 20 and 20 ÷ 4 = 5. Multiplying by 4 is the inverse of dividing by 4.

orden de operaciones para encontrar el resultado de una ecuación, sigue este proceso de cuatro pasos: 1) haz primero todas las operaciones entre paréntesis; 2) simplifica todos los números con exponentes; 3) multiplica y divide en orden de izquierda a derecha; 4) suma y resta en orden de izquierda a derecha
order of operations to find the answer to an equation, follow this four step process: 1) do all operations with parentheses first; 2) simplify all numbers with exponents; 3) multiply and divide in order from left to right; 4) add and subtract in order from left to right

P

par nulo un cubo positivo y un cubo negativo usados para modelar el número con signo aritmético
zero-pair one positive cube and one negative cube used to model signed number arithmetic

par ordenado dos números que expresan la coordenada *x* y la coordenada *y* de un punto
ordered pair two numbers that tell the *x*-coordinate and *y*-coordinate of a point

> **Ejemplo:** Las coordenadas (3, 4) son un *par ordenado*. La coordenada *x* es 3 y la coordenada *y* es 4.
> **Example:** The coordinates (3, 4) are an *ordered pair*. The *x*-coordinate is 3, and the *y*-coordinate is 4.

paralela líneas rectas o planas que se mantienen a una distancia constante de cada una y nunca intersecan, representadas por el símbolo ∥
parallel straight lines or planes that remain a constant distance from each other and never intersect, represented by the symbol ∥

Ejemplo/Example:

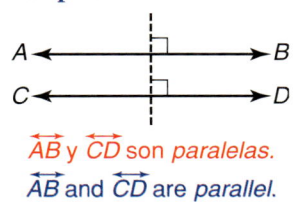

$\overleftrightarrow{AB}$ y $\overleftrightarrow{CD}$ son *paralelas*.
$\overleftrightarrow{AB}$ and $\overleftrightarrow{CD}$ are *parallel*.

patrón diseño regular y repetido o secuencia de formas o números
pattern a regular, repeating design or sequence of shapes or numbers

perímetro la distancia alrededor del contorno de una figura cerrada
perimeter the distance around the outside of a closed figure

Ejemplo/Example:

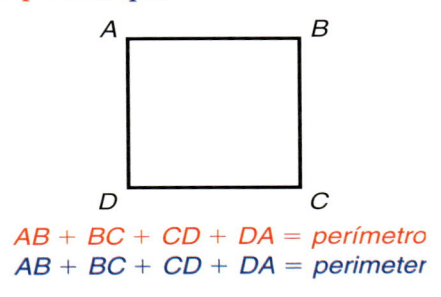

AB + BC + CD + DA = *perímetro*
AB + BC + CD + DA = *perimeter*

pictografía gráfica que usa dibujos o símbolos para representar números
picture graph a graph that uses pictures or symbols to represent numbers

pirámide cuerpo geométrico que tiene una base poligonal y caras triangulares que se encuentran en un vértice común
pyramid a solid geometrical figure that has a polygonal base and triangular faces that meet at a common vertex

Ejemplos/Examples:

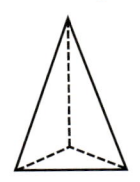

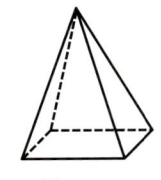

pirámides/pyramids

poliedro cuerpo geométrico que tiene cuatro o más caras planas
polyhedron a solid geometrical figure that has four or more plane faces

Ejemplos/Examples:

poliedro/polyhedrons

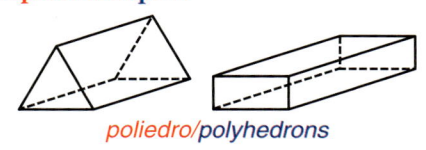

polígono una figura plana simple y cerrada que tiene tres o más líneas rectas como sus lados
polygon a simple, closed plane figure, having three or more line segments as sides

Ejemplos/Examples:

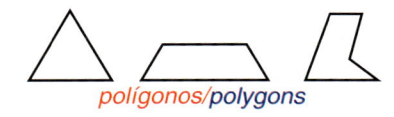

polígonos/polygons

por ciento un número expresado con relación a 100, representado por el signo %
percent a number expressed in relation to 100, represented by the symbol %

Ejemplo: 76 de 100 estudiantes usan computadoras. El 76 *por ciento* de los estudiantes usan computadoras.
Example: 76 out of 100 students use computers. 76 *percent* of students use computers.

posibilidad la probabilidad o verosimilitud de una ocurrencia, a menudo expresada como fracción, decimal, porcentaje o razón
chance the probability or likelihood of an occurrence, often expressed as a fraction, decimal, percentage, or ratio

potencia representada por el exponente *n*, por el cual un número aumenta al multiplicarse a sí mismo por *n* veces
power represented by the exponent *n*, to which a number is raised by multiplying itself *n* times

Ejemplo: 7 elevado a la cuarta *potencia*
$7^4 = 7 \times 7 \times 7 \times 7 = 2{,}401$
Example: 7 raised to the fourth *power*
$7^4 = 7 \times 7 \times 7 \times 7 = 2{,}401$

predecir anticipar una tendencia al estudiar los datos estadísticos
predict to anticipate a trend by studying statistical data

GLOSARIO/GLOSSARY

prisma cuerpo geométrico que tiene dos caras paralelas y poligonales congruentes (llamadas *bases*)
prism a solid figure that has two parallel, congruent polygonal faces (called *bases*)

Ejemplos/Examples:

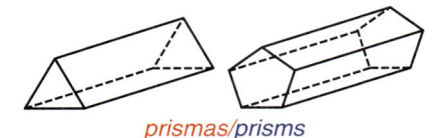

prismas/prisms

probabilidad el estudio de la verosimilitud que describe las posibilidades de que ocurra un suceso
probability the study of likelihood or chance that describes the chances of an event occurring

probabilidad experimental una razón que muestra el número total de veces que ocurrió un resultado favorable en el número total de veces que se realizó el experimento
experimental probability a ratio that shows the total number of times the favorable outcome happened to the total number of times the experiment was done

probabilidad teórica la razón del número de resultados favorables en el número total de resultados posibles
theoretical probability the ratio of the number of favorable outcomes to the total number of possible outcomes

producto el resultado obtenido al multiplicar dos números o variables
product the result obtained by multiplying two numbers or variables

promedio la suma de un conjunto de valores dividido entre el número de valores
average the sum of a set of values divided by the number of values

Ejemplo: El *promedio* de 3, 4, 7 y 10 es $(3 + 4 + 7 + 10) \div 4$ ó 6.

Example: The *average* of 3, 4, 7, and 10 is $(3 + 4 + 7 + 10) \div 4$ or 6.

proporción igualdad de dos razones
proportion a statement that two ratios are equal

punto uno de los cuatro términos sin definición en geometría que se usa para definir a todos los otros términos. Un *punto* no tiene tamaño.
point one of four undefined terms in geometry used to define all other terms. A *point* has no size.

R

rango en estadísticas, la diferencia entre los valores más grandes y menores en una muestra
range in statistics, the difference between the largest and smallest values in a sample

razón comparación de dos números
ratio a comparison of two numbers

Ejemplo: La *razón* de las consonantes a las vocales en el abecedario es de 21:5.
Example: The *ratio* of consonants to vowels in the alphabet is 21:5.

recíproco el resultado de dividir una cantidad dada entre 1
reciprocal the result of dividing a given quantity into 1

Ejemplos: El *recíproco* de 2 es $\frac{1}{2}$; de $\frac{3}{4}$ es $\frac{4}{3}$; de x es $\frac{1}{x}$.
Examples: The *reciprocal* of 2 is $\frac{1}{2}$; of $\frac{3}{4}$ is $\frac{4}{3}$; of x is $\frac{1}{x}$.

redondear aproximar el valor de un número a un lugar decimal
round to approximate the value of a number to a given decimal place

Ejemplos: 2.56 redondeado a la decena más cercana es 2.6.
2.54 redondeado a la decena más cercana es 2.5.
365 redondeado a la centena más cercana es 400.
Examples: 2.56 rounded to the nearest tenth is 2.6
2.54 rounded to the nearest tenth is 2.5.
365 rounded to the nearest hundred is 400.

regla un enunciado que describe a la relación entre números u objetos
rule a statement that describes a relationship between numbers or objects

S

símbolos numéricos símbolos que se usan para contar y medir
number symbols the symbols used in counting and measuring

Ejemplos/Examples: $1, -\frac{1}{4}, 5, \sqrt{}, -\pi$

GLOSARIO/GLOSSARY

sistema aditivo sistema matemático en el cual los valores de los símbolos individuales se suman para determinar el valor de una secuencia de símbolos
additive system a mathematical system in which the values of individual symbols are added together to determine the value of a sequence of symbols

> **Ejemplos:** El sistema numérico romano, el cual usa símbolos como I, V, D y M es un sistema aditivo bien conocido.
> **Examples:** The Roman numeral system, which uses symbols such as I, V, D, and M, is a well-known additive system.
>
> Este es otro ejemplo de un sistema aditivo:
> This is another example of an additive system:
>
> Si □ es igual a 1 y ▽ es igual a 7, entonces ▽ ▽ □ es igual a 7 + 7 + 1 = 15.
>
> If □ equals 1 and ▽ equals 7, then ▽ ▽ □ equals 7 + 7 + 1 = 15.

sistema binario sistema de números de base dos, en el cual las combinaciones de los dígitos 1 y 0 representan números o valores diferentes
binary system the base two number system, in which combinations of the digits 1 and 0 represent different numbers, or values

sistema de base diez el sistema de números que contiene 10 símbolos de dígitos sencillos {0, 1, 2, 3, 4, 5, 6, 7, 8, 9} en el cual el numeral 10 representa la cantidad diez
base-ten system the number system containing ten single-digit symbols {0, 1, 2, 3, 4, 5, 6, 7, 8, and 9} in which the numeral 10 represents the quantity ten

sistema de base dos el sistema de números que contiene dos símbolos de dígitos sencillos {0 y 1} en el cual el 10 representa la cantidad dos
base-two system the number system containing two single-digit symbols {0 and 1} in which 10 represents the quantity two

sistema de valor de posición sistema numérico en el que se dan valores a los lugares que los dígitos ocupan en un numeral. En el sistema decimal, el valor de cada lugar es 10 veces el valor del lugar a su derecha.
place-value system a number system in which values are given to the places digits occupy in the numeral. In the decimal system, the value of each place is 10 times the value of the place to its right.

sistema decimal el sistema numérico más usado comúnmente usado, en el cual los números enteros y las fracciones se representan usando bases de diez
decimal system the most commonly used number system, in which whole numbers and fractions are represented using base ten

> **Ejemplo:** Los números decimales incluyen 1,230, 1.23, 0.23 y −123.
> **Example:** Decimal numbers include 1,230, 1.23, 0.23, and −123.

sistema métrico sistema decimal de pesos y medidas que tiene por base el metro como su unidad de longitud, el kilogramo como su unidad de masa y el litro como su unidad de capacidad
metric system a decimal system of weights and measurements based on the meter as its unit of length, the kilogram as its unit of mass, and the liter as its unit of capacity

sistema de numeración un método para escribir números. El *sistema de numeración* arábico es el que usa más comúnmente en la actualidad.
number system a method of writing numbers. The Arabic *number system* is most commonly used today.

suma el resultado de sumar dos números o cantidades
sum the result of adding two numbers or quantities

> **Ejemplo:** 6 + 4 = 10
> 10 es la *suma* de dos sumandos, 6 y 4.
> **Example:** 6 + 4 = 10
> 10 is the *sum* of the two addends, 6 and 4.

T

tabla una recopilación de datos organizados de manera que la información se pueda ver fácilmente
table a collection of data arranged so that information can be easily seen

tamaño de escala el tamaño proporcional de una representación aumentada o reducida de un objeto o área
scale size the proportional size of an enlarged or reduced representation of an object or area

tamaño real el tamaño verdadero de un objeto representado por un modelo o dibujo a escala
actual size the true size of an object represented by a scale model or drawing

tridimensional que tiene tres propiedades de medición: longitud, altura y ancho
three-dimensional having three measurable qualities: length, height, and width

U

unidades de medidas las medidas estándares, así como el metro, el litro y el gramo, o el pie, el cuarto y la libra
measurement units standard measures, such as the meter, the liter, and the gram, or the foot, the quart, and the pound

V

valor de posición el valor dado al lugar que un dígito pueda ocupar en un numeral
place value the value given to a place a digit may occupy in a numeral

variable una letra o otro símbolo que representa al número o al conjunto de números en una expresión o en una ecuación
variable a letter or other symbol that represents a number or set of numbers in an expression or an equation

>**Ejemplo:** En las ecuaciones $x + 2 = 7$, la variable es x.
>**Example:** In the equations $x + 2 = 7$, the variable is x.

vértice el punto común de las dos semirrectas de un ángulo, dos lados de un polígono o tres o más caras de un poliedro
vertex (pl. *vertices*) the common point of two rays of an angle, two sides of a polygon, or three or more faces of a polyhedron

>**Ejemplos/Examples:** 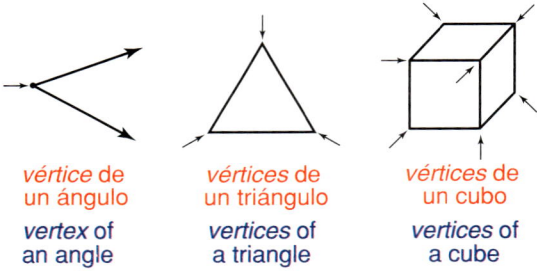
>
>*vértice* de un ángulo / **vertex** of an angle
>
>*vértices* de un triángulo / **vertices** of a triangle
>
>*vértices* de un cubo / **vertices** of a cube

volumen el espacio que ocupa un cuerpo, medido en unidades cúbicas
volume the space occupied by a solid, measured in cubic units

>**Ejemplo/Example:** 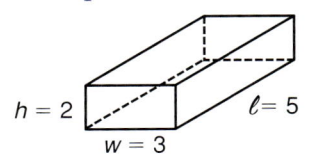
>
>$h = 2$, $w = 3$, $\ell = 5$
>
>El *volumen* de este prisma rectangular es 30 unidades cúbicas.
>$2 \times 3 \times 5 = 30$
>
>The *volume* of this rectangular prism is 30 cubic units.
>$2 \times 3 \times 5 = 30$

GLOSARIO/GLOSSARY

ÍNDICE

A

Ábaco
forma números en un, 62–63, 84
intercambios, 64–65, 85
otros nombres del, 61
valor de posición, 62–65, 84–85

Adición
de decimales, 220–221, 260
de enteros, 246–249, 254–255, 271, 272, 275
de fracciones, 109, 118–121, 123, 125–127, 151–155
de números enteros, 102–105, 145, 146
de números mixtos, 123, 125–127, 153–155
orden de operaciones y, 102–104, 145, 146
sistemas aditivos numéricos y, 66–67, 86
y sustracción, 254, 275

Agrupamiento
convenciones en la notación algebraica, 334
orden de operaciones y, 102–104, 145, 146

Álgebra
desigualdades, 112, 114, 149, 150, 217, 258, 259, 270
ecuaciones, 109, 145
escribe reglas de patrones, 326–329, 355, 356
evalúa expresiones de números enteros, 102–105, 145, 146
expresiones con dos variables, 336–337, 359
expresiones con notación desarrollada, 54–55, 81
expresiones equivalentes, 334–335, 358
expresiones exponenciales, 72–75, 88, 89, 304–305, 318
expresiones numéricas en palabras, 56–57, 82
grafica patrones, 338–345, 360–362
grafica razones, 302–303
gráficas lineales, 342–345, 361, 362
operaciones inversas, 329, 334–335, 349, 350, 356, 363, 364
orden de operaciones, 102–104, 145, 146
resuelve proporciones, 237, 284–287, 300–307, 316–319
usa variables y expresiones para describir patrones, 330–337, 357–359

Algebraica, notación
convenciones, 334

Ángulo
igual, 179
medición, 178–179, 199
notación, 180–181
opuesto, 181
recto, 179

Aparato misterioso, sistema
análisis, 58–59, 83
propiedades, 54–55, 81
representación de números con, 52–53, 80
valor de posición y, 68–69, 87

Área
de un polígono, 182–183, 201
de un rectángulo, 158, 262
estimación, 284–287, 294–295, 310, 314
patrones, 326–327, 355
reajuste de escala, 283–285, 294–297, 304–305, 314–315, 318

Arista, 186–187, 202

B

Bases diferentes de diez, 72–73, 88

Bidimensional, figura. *Ver también* Polígono
propiedades, 174–183, 198–201
reajuste de escala, 283, 294–297, 304–305, 314–315, 318

Bidimensional, representación
de una figura tridimensional, 166–167, 194
dibujo isométrico, 168–173, 195–197
dibujo ortogonal, 170–173, 196–197

C

Calc, 126–127

Calculadora
convierte fracciones a decimales, 213
división de decimales, 226–228
multiplicación de decimales, 222–224

Cálculo mental, 104, 146

Calendario, patrones, 324–325, 354

Cambio
representación, 20–27

Cara
de una figura tridimensional, 167, 187, 194, 202

Casa modelo
a partir de planes de construcción, 170–171
a partir de polígonos, 192–193, 205
diseña las especificaciones de una, 193
estructura en cubos, 166–169
guías de construcción, 192

Celsius, escala, 229, 264

Cero
como exponente, 72–73, 88
como un indicador de posición de base diez, 63
números con signo y, 10

Clasificación
ángulos, 178–181
cuadriláteros, 182–183, 201
fracciones propias e impropias, 122–123, 133, 138, 153
pirámides, 189
poliedros, 186–187, 190–191, 202, 204
polígonos, 176–177, 180–181, 198, 200
prismas, 188

Columnas de fracciones, 110, 118, 148

Comparación
de datos de encuestas, 16–19, 40–41
de datos experimentales, 22–27, 42–44
de decimales, 214–215, 217, 258, 259
de enteros, 244–245, 270
de expresiones equivalentes, 334–335, 358
de fracciones, 108, 110–112, 114–115, 148–150, 217, 259, 308
de nombres de números en diferentes lenguas, 56–57, 82
de patrones de coordenadas, 344–345, 362
de porcentajes, 266, 268
de propiedades de los sistemas de numeración, 54–55, 81
de sistemas de medición, 292–293, 313
diferentes nombres para un mismo número, 64–65, 85, 113, 115, 122, 149, 153
para ordenar números en múltiples formas, 217, 259
sistemas numéricos aditivos y valor de posición, 66–67
usando factores de escala, 280–281, 290–291, 308, 312

Común divisor, 97–99, 142, 143
máximo, 99, 143

Común múltiplo, 100–101, 144
mínimo, 100–101, 144

Congruentes, figuras
  como caras de poliedros regulares, 186–189

Coordenada x, 340

Coordenada y, 340

Cuadrado, 182–183, 201
  mágico, 121, 152, 154

Cuadrantes, plano de coordenadas, 340

Cuadriláteros, 182–183, 201

Cubos, 96–97
  para modelar adición, 248–249, 272
  para modelar sustracción, 252–253, 274

D

Datos, recopilación
  encuestas, 5–11, 16–19
  experimentos, 22–27, 42–44
  muestreo, 30–35, 45–47

Decimales, 208–229, 256–264
  comparación, 214–215, 217, 258, 259
  dinero y, 210, 256
  división, 226–227, 263
  en una recta numérica, 216, 258, 259
  estimación de productos, 224
  fracciones y, 210–213, 233, 256, 257, 312, 316, 319
  multiplicación, 222–225, 261, 262
  nombres, 312
  ordenamiento, 214–215, 217, 258, 259
  periódico, 228, 264
  porcentajes y, 232, 238, 265, 268
  redondeo, 216, 259
  sustracción, 221, 260
  suma, 220–221, 260
  terminal, 228, 264
  valor de posición y, 212, 257

Decimales periódicos, 228, 264

Denominador, 126
  común, 97–99, 142, 143

Denominador común
  adición y sustracción de fracciones, 119–121, 123–127, 152–155
  comparación de fracciones, 111, 113–115, 150

Denominadores iguales, 126

Desigualdad
  decimales, 217, 258, 259
  enteros, 244, 270
  fracciones, 112, 114, 149, 150

Diario de Gulliver
  en Brobdingnag, 276, 278, 280, 282, 284, 286
  en Liliput, 288, 290, 292, 294, 296

Dimensiones, 96–97

Dinero, 210, 256
  milésima de dólar, 256

Distinto denominador, 108–121, 123–127, 148–155

Distribución
  de frecuencias, 10–11, 38

Distribución bimodal, 10–11, 38

Distribución de frecuencias, 10–11, 38

Distribución relativamente plana, 10–11, 38

Distribución sesgada, 10–11, 38

División
  de decimales, 226–227, 263
  de fracciones, 136–141, 159–161
  de números enteros, 102–105, 145, 146
  de números mixtos, 137–139, 159–160
  estima cocientes, 139, 160
  factores y, 328–329, 356
  orden de operaciones y, 102–104, 145, 146
  para convertir una fracción a decimal, 228, 264
  y multiplicación, 141, 161

E

Ecuaciones. Ver también Expresiones;
  para números blanco, 103, 145
  Proporción, 109, 145

Egipcio, sistema de numeración, 78–79, 91

Eje x, 340

Eje y, 340

Encuesta
  analiza datos de una, 6–11, 16–19, 40, 41
  realización, 5–11

Enfoque en matemáticas
  ábaco chino, 61
  añadiendo y quitando partes, 93
  aparato misterioso, 51
  Brobdingnag, 279
  cálculo con decimales, 207
  decimales, 206
  describe funciones y propiedades de formas, 175
  describe patrones usando gráficas, 339
  describe patrones usando tablas, 323
  describe patrones usando variables y expresiones, 331
  determina y extiende patrones, 347
  el poder numeral, 71
  encuestas y medidas de tendencia central, 5
  entre números enteros, 93
  fracciones en grupos, 93
  Liliput, 289
  los enteros, 207
  mide el progreso a lo largo del tiempo, 20
  porcentajes, 207
  probabilidad y muestreo, 28
  representa y analiza datos, 12
  tierras de lo grande y tierras de lo pequeño, 299
  todo el asunto, 92
  visualiza y representa estructuras con cubos, 165
  visualiza y representa polígonos y poliedros, 185

Entero, 242–255, 270–275
  adición, 246–249, 254–255, 271, 272, 275
  manual, 247, 249, 251, 253
  orden, 244–245, 270
  sustracción, 250–255, 273–275

Equiláteros, 176–177, 198

Equivalentes
  problemas de división, 226, 263

Equivalentes, fracciones, 108, 110–115, 148–150, 213, 315

Errores, análisis de
  adición de decimales, 220
  dibujo a escala, 283, 302–303
  relaciones de tamaño, 286–287
  usa una gráfica, 24–25, 43

Escala
  área y, 283–285, 294–295, 304–305, 314, 318
  compara tamaños para determinar, 280–281, 290–291, 300–301, 308, 312, 316
  de evaluación, 10–11, 19, 38, 41
  descripción verbal usando, 286–287, 311
  elección para una gráfica, 14–15, 39
  estrategia para hacer y medir, 284–285
  estrategia para medir y multiplicar, 282–283, 309
  longitud y, 304–305, 318
  proporción y, 284–287, 300–307, 316–319
  razón y, 280–283, 308–309
  usa medidas semejantes, 310, 311, 314
  volumen y, 304–305, 318

Escala, dibujo a
  análisis de errores, 283, 302–303
  aumento a tamaño real, 282–283
  aumento del tamaño de partes, 300–301

Escala, factor de. Ver también Escala, 281
  concepto, 280–281, 308
  entero y no enteros, 300–303, 317
  mayor que uno, 278–287, 308–311
  menor que uno, 288–297, 312–315

Escala, modelo a
   mundo de Gulliver, 304–307, 318, 319
   objetos liliputianos, 294–295, 314

Estadística. Ver también Gráfica; Probabilidad
   análisis de errores, 24–25, 43
   análisis de gráficas, 12–19, 39–41
   distribución de frecuencias, 10–11, 38
   medición de cambios, 22–27, 42–44
   medidas de tendencia central, 5–11, 36–38
   muestreo, 29–35, 45–47
   probabilidad y, 28–35, 45–47
   promedio, 290–291
   tendencias, 22–27, 42–44

Estimación. Ver también Predicción
   área, 182–183, 201, 284–285, 294–295, 310, 314
   de cocientes de fracciones, 139, 160
   de longitud, 284–285, 310
   de porcentajes, 234, 236, 266, 267
   de productos de fracciones, 134, 158
   de productos decimales, 224
   para localizar el punto decimal de una respuesta, 224, 262
   por comparación con algo conocido, 280–281, 290–291
   usando unidades no estándar, 284–285
   visual, 24–25, 284–285, 294–295
   volumen, 284–285, 294–295, 304–307

Experimental, probabilidad, 29–35, 45–47

Exponentes, 70–79, 88–91
   expresiones con, 74–75, 88, 89, 304–305, 318
   modelo para, 72–73
   orden de operaciones y, 102, 145
   sistemas de valor de posición y, 76–77, 90

Expresiones
   con dos variables, 336–337, 359
   con números enteros, 102–104, 145, 146
   equivalentes, 334–335, 358
   exponenciales, 72–75, 88, 89, 304–305, 318
   nombres de los números y, 56–57, 82
   notación algebraica y, 334
   notación desarrollada, 54–55, 81
   para describir patrones, 330–337, 357–359
   uso del orden de operaciones para evaluar, 102–104, 145, 146

Expresiones equivalentes, 334–335, 358

F

Factores, 94–99, 142–143, 328–329, 356
   comunes, 97–99, 142, 143
   máximo común divisor, 99, 143
   primos, 98–99, 143

Factores, árbol de, 142

Factorización prima, 98–99, 143

Fahrenheit, escala, 229, 244, 264

Figuras semejantes, 282–283, 300–301

Forma
   Cuestionario para la encuesta en clase, 6–7
   Hoja de registro de pilas y planos, 72–73

Fracciones, 106–141, 147–161
   comparación, 108, 110–112, 114–115, 148–150, 308
   decimales y, 210–213, 233, 256, 257, 312, 317, 319
   desigualdades, 112, 114, 149, 150
   división, 136–141, 159–161
   en la recta numérica, 112–114, 118–119, 122, 131, 136, 149, 151
   equivalentes, 108, 110–115, 148–150, 213, 315
   escala y, 284–287, 300–307, 316–319
   estima cocientes de, 139, 160
   estima productos de, 134, 158
   expresa probabilidades como, 29–35, 45–47
   impropias, 112, 122–124, 126, 133, 138, 153–155
   medición con, 280–281, 300–303, 316–317
   multiplicación, 130–135, 140–141, 156–158, 161
   números mixtos, 122–127, 135, 137–139, 153–155, 158–161
   ordenamiento, 108, 110–112, 114–115, 148–150, 308
   porcentajes y, 233–234, 236, 238–239, 265, 266, 268
   propias, 122, 133, 138
   razones como, 309–311
   sustracción, 119–121, 124–125, 127, 151–152, 154–155
   suma, 109, 118–121, 123, 125–127, 151–155
   término menor, 309–311, 315, 317

Fulfulde
   sistema de numeración africano, 56–57, 82

Función
   gráfica, 342–345, 361, 362
   regla, 332–337, 357–359
   tabla, 326–329, 355, 356

G

Galés, números y nombres, 57

Geometría. Ver también Medición; figuras geométricas específicas
   ángulos y medición de ángulos, 178–181, 199, 200
   dibujos isométricos, 168–173, 195–197
   dibujos ortogonales, 170–173, 196–197
   identifica poliedros según sus caras, vértices y aristas, 186–187, 190–191, 202, 204
   identifica polígonos según sus lados y sus ángulos, 176–177, 180–181, 200
   líneas paralelas, 176–177, 198
   propiedades de poliedros, 184–193, 202–205
   propiedades de polígonos, 174–183, 198–201
   reajuste de escala de figuras bidimensionales, 283, 294–297, 304–306, 314–315, 318
   reajuste de escala de figuras tridimensionales, 294–297, 304–306, 314–315, 318
   representación bidimensional de un poliedro, 166–171, 188–189, 194–196, 203

Geometría, notación
   ángulos iguales, 180–181
   ángulo recto, 180–181
   lados iguales, 176–177
   paralelas, 176–177

Geometría, patrones
   área, 326–327, 355
   con dos variables, 336–337, 359
   crecimiento, 350–351, 364
   forma de las letras, 332–333, 357
   perímetro, 334–335, 358

Glosario visual
   ángulos iguales, 179
   ángulos opuestos, 181
   ángulos rectos, 179
   arista, 187
   cara, 167
   dibujo isométrico, 169
   dibujo ortogonal, 171
   equiláteros, 177
   formas regulares, 181
   paralelas, 177
   pirámide, 189
   prisma, 189
   vértice, 187

Google, 49

Gráfica
   a partir de una tabla, 14–15, 23, 39
   cambio a lo largo del tiempo, 22–27, 42–44
   circular, 265
   datos de una encuesta, 6–11, 16–17, 36–38
   de barras, 14–19, 39–41
   de barras dobles, 16–19, 40, 41
   de coordenadas, 338–345, 360–362
   de frecuencias, 6–11, 36, 38
   de líneas punteadas, 22–27, 42–44

figuras en un plano de coordenadas, 340–341, 360
forma y distribución de datos, 10–11, 38
lineal, 342–345, 360, 361
para comparar patrones, 344–345, 362
patrones geométricos de crecimiento, 350–351, 364
porcentajes, 234
rectas de reglas numéricas, 342–343, 361
selección de escala, 14–15, 39
una historia, 26–27, 44

Gráfica circular, 265

Gráfica de barras, 14–19, 39–41
dobles, 16–19, 40–41
elaboración, 14–15, 17, 19, 39, 40, 41
identificación de errores, 14–15, 39
interpretación, 14–16, 18, 39, 40, 41
selección de escala, 14–15, 39

Gráfica de barras dobles, 16–19, 40–41
elaboración, 17, 19, 40, 41
interpretación, 16, 18, 40, 41

Grafica de frecuencias, 6–11, 36, 38
elaboración, 6, 8, 11, 38
distribución, 10–11, 38
interpretación, 7, 9, 10–11, 38
media y mediana, 8–9
moda y rango, 6–7, 36

Gráfica de líneas punteadas, 22–27, 42–44
elaboración, 22, 24, 42, 43
interpretación, 22–27, 42–44

Gráfica de una recta, 22–27, 42–44
elaboración, 22, 24, 42, 43
interpretación, 22–27, 42–44

Gráfica lineal, 342–345, 361, 362

H

Hawaianos, números y nombres, 57

Hexágono, 183, 201

I

Iguales, ángulos, 179

Impropias, fracciones, 112, 122–124, 126, 133, 138, 153–155

Índices de audiencia
usando una escala numérica, 10–11, 19, 38, 41

Isométrico, dibujo, 168–173, 195–197

J

Juegos
A dar en el blanco, 103, 145
Bingo de la adición, 249
¿Cómo funciona un ábaco?, 64
Confrontación en la recta numérica, 246–247
¿Cuánto frío hace?, 244
de azar, 29–35, 45–47
El desafío del color, 248, 272
El juego de estructuras misteriosas, 190–191, 204
El juego de potencias, 74–75
El juego del libro abierto, 24–25, 43
El juego nemotécnico, 22–23, 42
El juego Verde de la suerte, 30–33
Empequeñecimiento, 140
Fracciones equivalentes, 115
La carrera a los enteros, 121
La mejor estimación, 134
La mejor estimación, 139
Lados y ángulos, 181
Ordenamiento de naipes, 115
¿Quién tiene mi número?, 245, 270
Se dio en las cartas, 100
Valor de posición, 215, 221, 225, 258, 262

L

Lados
de un polígono, 176–177, 180–181, 198, 200
de un rectángulo, 96
equiláteros, 177
paralelos, 177

Líneas
paralelas, 176–177, 198

Líneas paralelas, 176–177, 198

Lógica
enunciados falso-verdadero, 240, 269
prueba de verdad, 324–325, 352
y exactitud de un enunciado, 286–287

Longitud
conversión entre unidades del sistema inglés, 308, 311
conversión entre unidades del sistema métrico, 313, 314
escala y, 280–283, 290–293, 304–305, 318
estima, 284–287, 308, 310
ordenamiento de medidas del sistema métrico, 313
unidades del sistema inglés, 280–283, 290–293, 308–309
unidades del sistema métrico, 292–293, 296–297
unidades no estándar, 292–293

M

Máximo común divisor, 99, 143

Mayas
números y nombres, 57

Media, 8–11, 37–38, 229, 290–291

Mediana, 8–11, 37, 38, 290–291

Medición
ángulos, 178–179, 199
área, 158, 182–183, 201, 263, 284–287, 294–295, 310, 314
compara sistemas de, 292–293, 313
convierte entre diversas unidades de longitud del sistema inglés, 308, 311
convierte entre diversas unidades de longitud del sistema métrico, 313, 314
fracciones de unidades, 280–283, 300–301, 308
ordenamiento de longitudes del sistema métrico, 313
perímetro, 182–183, 201
precisión y, 282–283
reajuste de escala, 280–283, 290–293, 300–301, 308, 309
tasa, 20–27
tiempo, 256
unidades de longitud del sistema inglés, 280–283, 290–293, 308–309
unidades de longitud del sistema métrico, 259, 292–293, 296–297
unidades no estándar, 292–293
volumen, 284–287, 294–295, 310, 314

Medidas del sistema métrico. *Ver* Medición

Mi diccionario de matemáticas, 97, 99, 111, 119, 123

Milésima de dólar, 256

Milisegundo, 256

Mínimo común denominador, 114

Mínimo común múltiplo, 100–101, 114, 144, 150

Moda, 6–11, 36–38, 290–291

Modela
adición y sustracción de enteros, 246–253, 271–274
adición y sustracción de fracciones, 118–119, 151
bases diferentes de diez, 72–73
decimales, 211, 256
división con fracciones, 136–137, 159
enteros en una recta numérica, 244–247, 250–251, 270, 271, 273
fracciones, 108–111, 147–148
fracciones en una recta numérica, 112–114, 118–119, 122, 131, 136, 149, 151
multiplicación con fracciones, 130–132, 156, 157
números, 52–53, 80
números mixtos y fracciones impropias, 122

numeros negativos, 244–253, 271–274
patrones, 332–337
porcentajes, 232, 234, 239, 265
propiedades de los números, 54–55, 81
valor de posición, 62–63, 68–69

Modelo. *Ver también* Casa modelo; Modela; Dibujo a escala; Modelo a escala de un ábaco chino, 62–65, 84, 85
de figuras tridimensionales, 166–167, 186–187, 192–193, 194, 205, 294–295, 304–305, 314, 318
de un aparato misterioso, 54–55, 58–59, 68–69

Muestreo, predicción y, 29–35, 45–47

Multiplicación
de decimales, 222–225, 261, 262
de fracciones, 130–135, 140–141, 156–158, 161
de números enteros, 102–105, 145, 146
de números mixtos, 135, 158
estima productos, 134, 158
orden de operaciones y, 102–104, 145, 146
potencias y, 72–73, 88, 89
relación con la división, 141, 161

Múltiplo, 66–67, 72–73, 86, 88, 100–101, 144, 328–329, 356
común, 100–101, 144
mínimo común, 100–101, 144

N

No estándar, unidades
de longitud, 292–293

Nombres
de decimales, 312
de factores de escala, 311
de fracciones, 108–111, 147, 148
de números, 56–57, 82
de porcentajes, decimales y fracciones, 232–234, 236, 238, 265

Normal, distribución, 10–11, 38

Notación desarrollada, 54–55, 81

Numeración. *Ver también* Sistemas de numeración
exponentes, 72–73, 88
nombres de números, 56–57, 82
notación desarrollada, 54–55, 81
representación múltiple de números, 52–53, 68–69, 80, 87, 110–113, 115, 122, 148, 149, 153
valor de posición, 60–69, 84–87

Numerador, 126

Número enteros, 94–105, 142–146
factores de, 94–99, 142, 143
múltiplos de, 100–101, 144
operaciones con, 102–105, 145, 146

primos, 96–99, 142, 143

Número negativo. *Ver también* Entero, 244–255, 270–275

Número primo, 96–97

Números con signos. *Ver* Entero; Número negativo

Números mixtos
fracciones impropias, 122, 153
operaciones con, 123–127, 135, 137–139, 153–155, 158–161

O

Operaciones inversas, 329, 334–335, 349, 350, 356, 363, 364

Opuestos, ángulos, 181

Orden de operaciones, 102–104, 145, 146

Ordenamiento
de decimales, 214–215, 217, 258, 259
de enteros, 244–245, 270
de fracciones, 108, 110–112, 114–115, 148–150, 217, 259, 308
de instrucciones para un recorrido, 203
de medidas de longitud del sistema métrico, 313
de números en formas múltiples, 217, 259
de porcentajes, 266, 268

Ordenamiento, usando probabilidad, 34–35

Origen
plano de coordenadas, 340

Ortogonal, dibujo, 170–173, 196–197

P

Par nulo, 252–253, 274

Pares ordenados
grafica, 338–345, 360–362
reglas de números y, 342–343, 361

Patrones
área, 306–307, 326–327, 355
aristas, caras, y vértices de poliedros, 202
calendario, 324–325, 354
de crecimiento, 350–353, 364, 365
decimales periódicos y, 228, 264
descripción y extensión de, 326–327, 355, 356
dibuja un diagrama para determinar, 328–329, 356
distribución de frecuencias y, 10–11, 38
elaboración, 324–325, 333, 348–351, 364

elige herramientas para describir, 346–353, 363–365
en bases diferentes de diez, 72–73, 88
en la conversión de decimales, 213, 257
en la división de decimales, 226, 263
en la multiplicación de decimales, 222–223, 261
en sistemas numéricos aditivos, 66–67, 86
en una gráfica de coordenadas, 344–345, 362
exponenciales, 72–73, 88
expresiones equivalentes para, 334–335, 358
expresiones para, 330–337, 357–359
geométricos, 195, 326–327, 350–351, 355, 364
nombres de números y, 56–57, 82
perímetro y, 334–335, 358
reglas de números y, 342–343, 361
representa, 328–329, 348–351, 356
resuelve un problema más simple para determinar, 348–349, 363
tablas de datos para, 326–329, 355, 356
toma de decisiones y, 352–353, 365
trabaja al revés para determinar, 327, 329, 349, 356, 363
tridimensionales, 326–327, 355
valor de posición y, 63, 67, 68–69
volumen y, 306–307
y pares ordenados, 342–343, 361

Perímetro
de polígonos, 182–183, 201
patrones, 334–335, 358

Pi, 159

Pirámide, 188–189, 203
instrucciones de dibujo, 189

Plano de coordenadas, 340–341, 360
compara patrones de números, 344–345, 362
descripción de una figura, 340–341, 360
grafica una regla numérica, 342–343, 361

Planos de edificios
construye casas de cubos a partir de, 170–171
de casas poliédricas, 193
de modelos hechos con cubos, 166–167, 194
evaluación y repaso, 172–173, 197
vista isométrica, 168–169, 195
vista ortogonal, 170–171, 196

Poliedro. *Ver también* Tridimensional, figura
como unidades básicas para modelos, 192–193, 205
construcción a partir de polígonos, 186–187, 202
definición, 186
identificación usando caras, vértices y aristas 186–187, 190–191, 202, 204

ÍNDICE • PANORAMA MATEMÁTICO 379

propiedades, 190–191, 204
representación bidimensional, 166–171, 188–189, 194–196, 203

Polígono regular. *Ver también* Polígono, 181

Polígonos
área, 158, 182–183, 201
construye poliedros a partir de, 186–187, 192–193, 202, 205
definición, 176
descripción, 182–183, 201
identificación usando ángulos, 178–181, 200
identificación usando lados, 176–177, 180–181, 188, 200
instrucciones para un recorrido, 179, 199
medida de ángulos, 178–179, 199
perímetro, 182–183, 201
propiedades, 176–177, 180–181, 198, 200
regular, 181

Porcentajes, 230–241, 265–269
comunes, 234–235, 266
de un número, 235–237, 266, 267
decimales y, 232, 238, 265, 268
engañosos, 240, 269
estima, 234, 236, 266, 267
fracciones y, 233–234, 236, 238–239, 265, 266, 268
gráficas circulares y, 265
mayores que 100, 239, 268
menores que uno, 238–239, 268
modela, 232, 234, 239, 265
ordenamiento, 266, 268
proporciones, 237
significado de, 232

Potencias. *Ver también* Exponentes, 70–79, 88–91

Precisión
medición y, 282–283

Predicción
a partir de una gráfica, 22–27, 42–44
probabilidad y, 30–35, 45–47
usando muestras, 29–35, 45–47
usando patrones, 57, 82, 328–329, 350–351, 356, 364
usando una escala, 302–305, 317, 318

Prisma, 97, 142, 188–189, 203
cubos, 96–97
instrucciones de dibujo, 188

Probabilidad, 29–35, 45–47
experimental, 29–35, 45–47
muestreo y, 29–35, 45–47
predicción y, 30–35, 45–47
teórica, 30–35, 45–47

Profesión
diseñador de casas, 164, 173, 174, 184
estadístico, 2, 4, 5, 12, 20, 28

Promedio. *Ver también* Media; Mediana; Moda
tamaño, 229, 290–291

Propias, fracciones, 122, 133, 138

Proporción. *Ver también* Razón
escala y, 284–287, 300–307, 316–319
porcentajes y, 237
probabilidad y, 30–35, 45–47

Puntos de referencia
porcentajes, 236, 267

R

Rango, 6–7, 35

Razonamiento espacial. *Ver también* Modela
construye poliedros a partir de polígonos, 186–187, 202
decimales, 211, 216, 256, 258, 259
dibuja prismas y pirámides, 188–189, 203
dibujos isométricos, 168–173, 195–197
dibujos ortogonales, 170–173, 196–197
embaldosa perímetros, 334–335
estima área, 284–287, 294–295, 310, 314
estima porcentajes, 234
estima volumen, 284–285, 294–295, 310, 314
fracciones, 108–111
haz polígonos a partir de descripciones 176–177, 190–191, 198, 204
mide ángulos y distancias en dibujos, 178–179, 199
modela bases diferentes de diez, 72–73
números en un aparato misterioso, 52–55, 68–69
números en una ábaco, 62–65, 84, 85
patrones geométricos, 326–327, 332–333, 336–337
porcentajes, 232, 234, 265
representación bidimensional de figuras tridimensionales, 166–167, 194
secciones de poliedros, 202

Razones. *Ver también* Proporción
decimales, 312–313
escala y, 280–283, 308–309
fracciones, 309–311
gráfica, 302–303
medidas semejantes y, 310, 311, 314
probabilidad como, 30–35, 45–47

Recorrido, 143, 151–153
descripción usando distancia y ángulos, 178–179, 199

Recta numérica
y decimales, 216, 258, 259

y fracciones, 112–114, 118–119, 122, 131, 136, 149, 151
y números negativos, 244–247, 250–251, 271, 273
y porcentajes, 234

Rectángulo, 182–183, 201
área, 158, 262
dimensiones, 96–97

Recto, ángulo, 179

Redondeo, 216, 259

Regla, 149, 151

Representaciones múltiples
de números, 52–53, 68–69, 80, 87
de un número usando expresiones con enteros, 246–247, 250–251, 271, 273
de un número usando expresiones con números enteros, 104, 146
enteros y modelos, 244–253, 271–274
expresiones equivalentes de patrones, 334–335, 358
fracciones, decimales y porcentajes, 232–234, 236, 238, 265
fracciones equivalentes, 108, 110–115, 148–150, 315
fracciones y decimales, 210–213, 233, 256, 257, 312, 316, 319
gráficas y diario, 25
gráficas y reglas de números, 344–345, 362
historias y gráficas, 26–27, 44
notación desarrollada y números estándar, 54–55, 81
números mixtos y fracciones impropias, 122, 153
números y nombres de números, 56–57, 82
pares ordenados y reglas de números, 342–343, 361
porcentajes y gráfica circular, 265
tablas y gráficas, 14–15, 23, 29
vistas desde distintas posiciones de ventaja, 188–189, 203
vistas isométricas y ortogonales, 170–173, 196–197
visuales y patrones de números, 336–337

Resuelve un problema más simple
para determinar un patrón, 348–349, 363

Rombo, 182–183, 201

Rompecabezas
Adivina mi número, 105
Cuadrados mágicos, 121, 152, 154
Decimales, 211
Fracciones, 151–153
Laberinto, 241
Número misterioso, 65
Sustracción, 251

Rotación, de una figura tridimensional, 168–169, 195

S

Sentido en los números. *Ver también* Estimación; Cálculo mental; Patrones
relaciones adición/Sustracción, 254, 275
colocación del punto decimal, 224
función del valor de posición en los sistemas de numeración, 62–63, 84
intercambio y valor de posición, 64–65, 85
patrones de los nombres de los números, 56–57, 82
potencia de exponentes, 74–75, 89
relaciones de tamaño, 300–301, 316
relaciones entre fracciones, decimales y porcentajes relaciones, 232–234, 236, 238, 265
relaciones entre la longitud, el área y el volumen, 284–287, 310
relaciones multiplicación/división, 141, 161
representaciones múltiples de números, 52–53, 68–69, 80, 87, 110–113, 115, 122, 148, 149, 153

Símbolos. *Ver también* Geométrica, notación
de agrupamiento, 102, 145, 334
dígitos periódicos, 228
mayor que, 112, 149, 150, 217, 258, 259, 270
menor que, 112, 149, 150, 217, 258, 259, 270

Sistema inglés. *Ver* Medición

Sistemas aditivos numéricos
analiza y mejora, 66–67, 86

Sistemas de numeración
aditivos, 66–67, 86
análisis de sistemas, 58–59, 83
bases diferentes de diez, 72–73, 88
comparación, 76–78, 90–91
desciframiento y repaso, 78–79, 91
expresiones exponenciales y, 70–79, 88–91
métrico, 90
propiedades, 52–59, 80–82
valor de posición y, 60–69, 84–87

Sucesión. *Ver* Patrones

Sustracción
de decimales, 221, 260
de enteros, 250–255, 273–275
de fracciones, 119–121, 124–125, 127, 151–152, 154–155
de números enteros, 102–105, 145, 146
de números mixtos, 124, 154
orden de operaciones y, 102–104, 145, 146
y adición, 254, 275

T

Tarea, 36–47, 80–91, 142–161, 194–205, 256–275, 308–319, 354–365

Tasa, 20–27, 42–44
salario, 344–345, 362

Temperatura, 229, 244

Tendencia central
medidas de, 6–11, 36–38

Tendencias, gráficas de líneas punteadas y, 22–27, 42–44

Teórica, probabilidad, 30–35, 45–47

Terminales, decimales, 228, 264

Términos reducidos, fracciones en, 315

Tiempo, 256

Trabaja al revés, para encontrar un patrón, 327, 329, 349, 356, 363

Transformaciones
convierte un polígono en otro polígono, 176–177, 198
rotación de figuras tridimensionales, 168–169, 195

Transformador, medición de ángulos, 178–179, 199

Trapecio, 182–183, 201

Triángulo, 182–183, 201

Tridimensional, figura. *Ver también* Poliedro
descripción, 167
dibujo bidimensional de, 166–167, 194
dibujo isométrico de, 168–173, 195–197
dibujo ortogonal de, 170–173, 196–197
patrones y, 326–327, 355
reajuste de escala, 294–297, 304–305, 314–315, 318
rotación de vistas, 195
visualiza y construye, 166–167

V

Valor de posición
ábaco y, 62–65, 84–85
decimal, 212, 257
definición, 63
en bases diferentes de diez, 72–73, 88
intercambio, 64–65, 85
juego, 215, 221, 225, 258, 262
notación desarrollada y, 54–55, 81
patrones, 63, 67, 68–69, 72–73
sistemas aditivos y, 66–67, 86
sistemas de numeración, 76–77, 90

Variables
convenciones de la notación algebraica y, 332, 334
describe patrones con, 330–337, 357–359
patrones con dos, 336–337, 359

Vértice, 186–187, 202

Volumen
estimación, 284–285, 294–295, 310, 314
exponentes y, 318
reajuste de escala, 294–297, 304–305, 314–315, 318

CRÉDITOS FOTOGRÁFICOS

A menos que se indique a continuación, toda la fotografía es de Chris Conroy y Donald B. Johnson.

3 (tr)cortesía KTVU-TV (Bill Martin); **16 17** Image Club Graphics; **17** (tr)cortesía KTVU-TV (Bill Martin); **49** (tc)Ken Whitmore/Getty Images, (tr)Will & Deni McIntyre/Getty Images; **60 61** Ken Whitmore/Getty Images; **70–71** Will & Deni McIntyre/Getty Images; **73 75 77 79** arte de barras es cortesía de Rosicrucian Egyptian Museum and Planetarium, propietarios; y operado por the Rosicrucian Order, AMORC, San José, CA; **93** (b)Aaron Haupt; **94** Matt Meadows; **96** Photodisc/Getty Images; **105** ThinkStock LLC/Index Stock Imagery; **106** Aaron Haupt; **116** Images.com/CORBIS; **128** Matt Meadows; **162** Images; **163** (tl tr)Images; **164** (tc)Slyvian Grandadam/Photo Researchers, (b)Photodisc/Getty Images; **165** (t)Norris Taylor/Photo Researchers, (c)Andrea Moore; **167** Norris Taylor/Photo Researchers; **174** Photodisc/Getty Images; **179 through 193** arte de barra extraido de Shelter © 1973 por Shelter Publications, Inc., P.O. Box 279, Bolinas, CA 94924/distribuido en librerías por Random House/impreso con permiso; **184** (trasfondo)Images, (primer plano)Photodisc/Getty Images; **206** (tl)foto del archivo de Glencoe, (tr)Photodisc/Getty Images; **207** (tl tc tr)Photodisc/Getty Images, (b)Najlah Feanny/CORBIS; **208 218** Photodisc/Getty Images; **229** Matt Meadows; **230** Photodisc/Getty Images; **237** David Young-Wolff/PhotoEdit; **239** Chris Windsor/Getty Images; **241 242** Photodisc/Getty Images; **249** Aaron Haupt; **321** (tc)Bruce Stromberg/Graphistock, (tr)Jeremy Walker/Getty Images; **338–339** Bruce Stromberg/Graphistock; **345** (b)Chad Ehlers/Photo Network; **346–347** Jeremy Walker/Getty Images.